本书的出版由国家社科项目「新型城镇化背景下陕西历史性小城镇保护策略研究」（16CKG019）以及闽江学院人才引进项目（MJY19009）资助。

陕西历史性小城镇保护策略研究

晁　舸◎著

科学出版社

北　京

内 容 简 介

　　本书在田野调查基础上，通过查阅方志、史籍、档案等资料，从"面—线—点"三个层次调查陕西传统城区的历史文化资源构成与保存现状。同时，本书以韩城、麟游、陈炉、米脂、高家堡、波罗、蜀河、石泉、漫川关这 9 座城镇为样本，试图通过系统的田野调查从定量层面揭示历史城镇的保护情况，进而全面掌握城镇传统资源保存现状，提出具有现实意义的城镇保护建议。

　　本书可供文化遗产学、文物保护技术等专业的师生阅读和参考。

图书在版编目（CIP）数据

　陕西历史性小城镇保护策略研究 ／ 晁舸著. —北京：科学出版社，2022.10

　ISBN 978-7-03-071953-9

　Ⅰ. ①陕⋯　Ⅱ. ①晁⋯　Ⅲ. ①小城镇－保护－研究－陕西　Ⅳ. ①TU984.241

　中国版本图书馆 CIP 数据核字（2022）第 049607 号

责任编辑：任晓刚／责任校对：张亚丹
责任印制：张　伟／封面设计：润一文化

科 学 出 版 社 出版
北京东黄城根北街 16 号
邮政编码：100717
http://www.sciencep.com

北京中石油彩色印刷有限责任公司 印刷
科学出版社发行　各地新华书店经销
*
2022 年 10 月第 一 版　开本：720×1000　1/16
2022 年 10 月第一次印刷　印张：18 1/2
字数：300 000
定价：**128.00 元**

（如有印装质量问题，我社负责调换）

目　　录

插 图 目 录

列 表 目 录

第一章　研 究 概 述

一、基本概念与研究缘起

历史性小城镇（smaller historic town）的概念最早由国际古迹遗址理事会（International Council on Monuments and Sites，ICOMOS）于 1975 年在联邦德国罗腾堡（Rothenburg）举行的第四次全体会议中提出，意指传统农业区域内的，区别于大城市的，具有鲜明特征的历史性中心聚落[①]。在中国，历史性小城镇主要包含古县城与古集镇两种聚落类型。对于以中国为代表的传统农业国家的文化遗产保护事业而言，这一概念有着重要的借鉴与指导意义。

作为传统农业大国，中国国土面积的近 60%为农业区域。在这一广阔的空间范围内，分布着数量众多的小城镇，其中有不少尚保存着较鲜明的历史风貌，是构筑地方文脉的主体。然而，近几十年的城镇化浪潮使其面临着前所未有的存续危机，如拆古建新与过度开发等急功近利的行为对历史风貌与文化传统带来不可逆转的破坏，城市文脉濒于断裂。从 20 世纪末开始的房地产开发更使历史性小城镇的保存状况雪上加霜。令人痛心不已的案例，如山东聊城、湖南岳阳、浙江南浔等地的旧城改造和旅游开发对古城本体及历史环境造成大规模破坏。

2014 年，国家提出"新型城镇化"的城市工作发展方针，确定了"以人为

---

① 国家文物局：《国际文化遗产保护文件选编》，北京：文物出版社，2007 年，第 89—91 页。

本、四化同步、优化布局、生态文明、文化传承"的基本原则，在经过几年的综合试点之后，这项政策于 2020 年全面铺开。在 2015 年 12 月 20 日召开的中央城市工作会议上，习近平同志指出新时期的城市工作"要保护弘扬中华优秀传统文化，延续城市历史文脉，保护好前人留下的文化遗产"①，同时"要结合自己的历史传承、区域文化、时代要求，打造自己的城市精神，对外树立形象，对内凝聚人心"②。事实上，这一表述与 2013 年中央城镇化工作会议上习近平同志所提出的"要以人为本，推进以人为核心的城镇化"，"要传承文化，发展有历史记忆、地域特色、民族特点的美丽城镇"③的城镇工作指导思想一脉相承。与之相应，《中共中央关于制定国民经济和社会发展第十三个五年规划的建议》中专门强调了"推进以人为核心的新型城镇化"，"加大传统村落民居和历史文化名村名镇保护力度"。此外，《中华人民共和国城乡规划法》（2019 年修正）也将镇的规划单独设置，并规定历史文化遗产保护应当作为镇总体规划的强制性内容。不难看出，在未来一段时期内，小城镇改造将成为中国城市工作的核心内容，特别是在"2020 年全面建成小康社会"，以及克服"人民日益增长的美好生活需要和不平衡不充分的发展之间的矛盾"，"提升人民幸福感"的时代背景下，它具有至关重要的意义，而"传承城市历史文脉"为其中的关键抓手之一。

二、陕西省历史性小城镇

（一）陕西省概况

陕西省地处我国第二级阶梯中部，位于东经 105°29′—111°15′，北纬 31°42′—39°35′，南北最大直线距离 863 千米，东西最大直线距离约 510 千米，总面积近 21 万平方千米。陕西省地跨南北，与多个省（区、市）毗邻，北为内蒙古，南为四川、重庆，东为山西，东南为河南、湖北，西为宁夏、甘肃。

---

① 《中央城市工作会议在北京举行》，http://www.xinhuanet.com//politics/2015-12/22/c_1117545528.htm，2015-12-22。

② 《中央城市工作会议在北京举行》，http://www.xinhuanet.com//politics/2015-12/22/c_1117545528.htm，2015-12-22。

③ 《中央城镇化工作会议：推进以人为核心的城镇化》，https://www.chinanews.cn/gn/2013/12-15/5620532.shtml，2013-12-15。

陕西省地形多元，由北至南依次分布高原、平原、山地，海拔为 460—3700 米。其中，位于北部的黄土高原和位于南部的秦岭—大巴山山区一共占去了省域面积的 76%，达 15.6 万平方千米。中部的关中平原虽然地域相对狭小，但沃野千里，自古就有"天府"之称，居住着陕西省 60% 以上的人口。黄河从省境东侧奔流而过，整个陕北和关中地区的河流几乎都属黄河支流（另有长江支流嘉陵江发源于宝鸡市凤县代王山），流域总面积达 13 万平方千米；陕南秦巴山区的河流均属长江支流。陕西省属于大陆性季风气候，夏秋降水较多，冬春则较为干燥，年均降水量从 300 毫米到 1200 毫米不等，从南向北递减，导致省境跨越了湿润区、半湿润区及半干旱区 3 个气候带。

陕西省历史悠久。早在旧石器时代，境内就有以蓝田人、大荔人为代表的直立人繁衍生息。进入新石器时代，更发展出以老官台、仰韶文化为代表的灿烂文化。三代时，陕西属九州的雍州。省名陕西的由来可上溯至西周时期。周初分封之时，以"陕"，即陕原，为周公与召公封地的分界，陕原以东属周公，以西则归召公。秦朝建立后，今关中、陕南地区属内史管辖，陕北地区则设上郡。西汉中叶，今陕西省辖区分属于司隶校尉部、朔方刺史部、益州刺史部和凉州刺史部。东汉时分属于司隶校尉部、并州刺史部、益州刺史部、凉州刺史部和荆州刺史部。唐贞观元年（627 年）分属于关内、山南两道。开元二十一年（733 年）分属于京畿道、关内道、山南东道和山南西道。

宋初设陕西路，为陕西省正式定名之始，后分设永兴军路，以军事鄜延、邠宁、环庆、秦凤、熙河五路设陕西五路经略使。元代设陕西行省，明代改为陕西省，后又改为陕西布政使司，除辖有今陕西省全境外，还辖元代甘肃行省的东部；清代改为陕西省，清中叶以后，北界逐渐推至长城以北，最终形成今天的省界。

辛亥革命后，陕西省共设 3 道，即关中道、榆林道、汉中道。1933 年，废除道的建制，以省统县；设立西京市，为中央直辖市。1936—1939 年，在省、县之间又陆续设立行政督察区专员公署。

1949 年，陕西省下辖 2 行署区，12 分区。陕北行署驻延安，辖榆林、绥德、黄龙 3 分区及延安、安塞、志丹、甘泉、延长、延川、子长、定边、靖边 9 个行署直辖县；陕南行署驻南郑市，辖商洛、安康、汉中 3 分区；关中的大荔、三原、邠县、咸阳、渭南、宝鸡 6 分区由原陕甘宁边区政府直接领导。

西安市为中央直辖市。

1950年2月10日，陕西省人民政府正式成立，撤销陕北行署区和黄龙、大荔、邠县、三原分区；1951年，撤销陕南行署区，改设南郑专区。

截至2021年，陕西省辖11个地级市（含杨凌示范区），30个市辖区、6个县级市、71个县（合计107个县级行政区划单位），以及1314个乡、镇、街道办事处。

（二）陕西省城镇聚落的历史特点、现状与问题

陕西省是中华文明的发源地之一，也是我国历史上城镇发展最早、水平最高的地区之一。早在远古的仰韶、龙山时代，陕西省从南至北的大多数地区出现了大量人类聚落：关中地区普遍流行环濠聚落，如半坡、姜寨；陕北地区发展出石筑山城的聚落形式，如石峁、后寨子峁；陕南地区则开始出现河滨型聚落，如李家村、阮家坝。可以说，三大区域城镇聚落的主要特征，远在新石器时代就已形成雏形。进入历史时期后，关中地区的聚落逐渐进化为被平面呈方形的环壕与城垣围绕的规整城镇；陕北地区由于地处农耕文化与游牧文化的过渡地带，自古以来纷争不断，战乱频仍，再加上秦汉以降，整个长城防御体系的建设，故城镇多为堡寨形式，军事防卫色彩明显；陕南地区位于秦巴山区，人类多居住于河谷阶地，地形狭窄，不论是史前聚落还是封建时代的城镇，多沿河岸分布，平面形态受地形因素影响较大，形状多不规整。从文化角度看，陕北城镇体现出明显的边塞文化；关中城镇是典型的农业文化；陕南城镇则以商贸文化为主。正因陕西省地跨南北及农耕游牧分界线，包含了丰富的文化多样性，以之作为对象的研究才可能产生具有普适性的成果。

目前，无论官方、学界还是民间，尚未有人统计过究竟还有多少座城镇保留着传统风貌。不过，或可从侧面进行粗略估计。截至2021年，陕西省已公布的国家级和省级历史文化名城、名镇共43座，具体有以下几种类型。

国家级历史文化名城（6座）：西安、延安、榆林、韩城、咸阳、汉中。

国家级历史文化名镇（7座）：陈炉、青木川、凤凰、高家堡、蜀河、熨斗、尧头。

省级历史文化名城（11座）：黄陵、凤翔、乾县、三原、蒲城、华阴、城固、勉县、府谷、神木、佳县。

省级历史文化名镇（19 座）：木头峪、甘谷驿、直罗、永乡、旧县、安定、美原、曹村、宫里、秦东、孙塬、高坝店、漫川关、红军、焕古、大河塔、鱼河、镇川、皇甫。

上述城镇中，西安、延安、榆林、咸阳、汉中 5 座属于大城市或特大城市，其余 38 座为小城镇，在陕西省 1056 座县、县级市、镇中占比极小，约为 4%。另外，这些"历史文化名城名镇"，仅从传统城镇风貌的角度来看，大多已名不副实。于是，这就引出一个问题——这些历史城镇到底还保有几分原貌？这是一个非常基础的问题，从常识层面讲，它应是一切城镇保护研究的理论前提，但遗憾的是，该问题迄今为止尚未得到回答。

三、研究现状

事实上，早在 20 世纪 80 年代，费孝通先生就曾指出"小城镇，大问题"，提醒学界不应忽视对小城镇的研究。历史城镇保护是一种存在于现实中的，具有合理性与必要性的实践形式。促成这种实践产生的思想，来源于两个相关研究领域——文化遗产保护理论与现代城市规划理论。

文化遗产保护理论发端于 19 世纪的欧洲，先后涌现出"风格式修复""反修复""文献学式修复""历史性修复""科学式修复""评价式修复"等不同思潮。以这些思想成果为基础，逐渐凝练出"真实性"（authenticity）与"完整性"（integrity）两项原则，也奠定了 1933 年《雅典宪章》与 1964 年《保护文物建筑及历史地段的国际宪章》（简称《威尼斯宪章》）的历史地位。1972 年，联合国教育、科学及文化组织（United Nations Educational, Scientific and Cultural Organization，UNESCO）在《保护世界文化和自然遗产公约》中提出"突出普遍价值"（outstanding universal value）概念，由此开启了保护理论的新维度——价值保护。其后数十年间，在上述三大原则的框架内，一系列与历史城区保护相关的国际文件相继出台，如《保护历史城镇与城区宪章》（简称《华盛顿宪章》），以及《新都市主义宪章》《苏州宣言》《北京宪章》《北京共识》《维也纳备忘录》等，都从不同角度对历史城区保护的规范与准则加以阐述。

现代城市规划理论始于 19 世纪末，迄今为止先后有霍华德的"田园城市"，柯布西耶的"现代城市"，赖特的"广亩城市"，沙里宁的"有机疏散", 林奇、雅各布斯、本特利等的"城市活力", 以及柯林·罗的"拼贴城市"等主要理论。其中, 与历史城区保护有关的主要是"城市活力论"与"拼贴城市论", 前者诞生于20世纪60年代, 主张城市需提供市民"人性化生存"的能力, 而这种能力的基础是城市的多样性; 后者则形成于后现代主义思潮流行的20世纪70年代, 认为城市是由历史记忆和建筑积淀所形成的历史性、地方性、功能性、生物性等要素的叠加, 城市规划的本质是一种"拼贴"。"拼贴"能够打破强加于城市的现代主义城市逻辑, 使历史、现在、未来得到共现。

在我国的城镇化进程中, 新旧城区之间的矛盾日益凸显, 与之相应的旧城改造问题逐渐成为学界关注的焦点。20世纪90年代初, 吴良镛在北京菊儿胡同的改造中提出"有机更新"理论, 即认为城市是一个有机体, 需要新陈代谢, 而城市建设应按照内在秩序, 顺应城市肌理, 在可持续发展的基础上探求城市机体更新。之后的"微循环"理论则是在"有机更新"的基础上, 进一步实行"小规模、渐进式、多样化、微循环"的保护更新方式。2001年, 王树声对绛州古城形成过程进行分析, 从而确定了保护的层次及内容, 并提出"时代功能注入", 即赋予历史建筑与环境一定程度的现代气息。2005年, 俞孔坚在浙江台州的规划中提出"反规划"的新思路, 即城市规划从强制性的不发展区域(历史街区、公共绿地等)着手, 先定义城市发展的底线, 再规划未来城市空间形态。2008年, 陈稳亮提出"弹性规划"理念, 主张在城市某一区域埋藏有地下文物且利用难度较大的情况下, 应采用设置公共绿地的形式作为保护并为未来的利用保留余地。2012年, 李浈、杨达结合芜湖古城的文化空间特征, 提出古城的再生策略, 即以"三区"(古代典礼文化区、传统民俗风情区和保留整治区)、"三带"(传统商业风情带、现代商业延伸带和生态景观带)为主题的空间架构。另外, 近年来, 那些因位置偏远而未被城镇化浪潮波及的古村落也吸引了学界的注意力, 关于这些村落的旅游开发问题也成为学界探讨的热点。

可见, 19—20世纪以来, 针对历史城区的保护行为整体呈现出三种发展趋势: 保护对象从单体建筑扩大至城市区域; 保护方法从以修复为主进化为以保存为主; 保护范围从建筑本体拓展到历史环境。这些成就反映出学界对城市问题的认识在不断深化, 不过, 研究者们或探讨大城市中老城区的改造, 或专注于传统村落的旅游开发, 对历史性小城镇的保护问题却鲜有问津, 更遑论提出系统性的方法框架。基于这一事实，本书认为，应以一个区域内的若干历史性小城镇为研究样本，开展系统性的田野调查——只有在全面掌握城镇传统风貌保存现状的前提下，才能提出具有现实意义的城镇保护建议。

四、研究方法

（一）样本选取

本书对研究样本的选择主要遵循两项原则：第一，样本的选取应覆盖研究范围内的主要区域；第二，所选取的样本应能代表研究范围内历史性小城镇的普遍保存状况。针对第一项原则，本书的做法是在关中、陕北、陕南三大区域内各选取若干城镇，以确保区域覆盖率。基于第二项原则，本书最终选取韩城、麟游、陈炉、米脂、高家堡、波罗、蜀河、石泉、漫川关这 9 座城镇为样本，每个区域 3 座，详见表 1-1。这 9 座城镇的共同点在于保存情况不算理想，但也不至于已被破坏殆尽，应能代表陕西省历史性小城镇的平均保存水平。一直以来，历史城镇保护方面的研究常会陷入一个误区，即研究者总倾向选择一个区域内历史风貌保存最好的城镇来研究。本书认为，这种研究思路并不正确，理由非常简单：那些历史风貌保存良好的“明星级”城镇，本身为各级政府重点关照的对象，享受着政策与资金上的倾斜，保护方面的问题本来就比较少，无法代表广大“默默无闻”的历史城镇的平均水平，而恰恰是这些无人问津的城镇，构成了地区历史风貌的主体。另外，那些顶着“历史文化名城名镇”头衔，实际上传统建筑、街巷早已片瓦无存的城镇，也不适合作为研究样本，因为在物质层面上已经没什么可保护的了。需要说明的是，本书最初计划调查 10 座城镇，其中 4 座在关中地区，分别是韩城、武功、麟游、陈炉，但经过实地调查后，排除了武功，原因是该城镇从历史格局到传统街巷、房屋，几乎衰退殆尽，已不具备作为研究样本的意义。

表 1-1 样本城镇一览

区域	文化特征/	古县城	古镇	数量/座
关中	农业区域传统中心聚落/手工业聚落	韩城、麟游	陈炉	3
陕北	多由军事堡寨发展而来	米脂	高家堡、波罗	3
陕南	多商贸集镇	石泉	蜀河、漫川关	3
合计				9

（二）调查研究方法

既有研究以定性分析、理论建模等为主，而本书则以田野调查为基础（现场调查图见图1-1），考虑到两者在基础资料的获取方法上存在一定差异，故需在此略做说明。

图 1-1　现场调查图

为全面掌握每一座样本城镇的保存现状，本书在田野调查工作中的基本思路是从"面—线—点"三个层次调查传统城区的历史文化资源构成与保存情况。

（1）"面"。调查历史环境、历史格局、传统空间轮廓和聚落形态。

（2）"线"。调查传统街巷。

（3）"点"。调查传统建筑。

具体到每一项，又根据实际情况，设定了相应的评估标准。

1. 历史环境

针对城镇的历史环境，本书提出 4 项基本指标，即地形地貌、水体、植被、周边聚落，各项的内容与评估权重如表1-2所示。

表1-2　历史环境评估示例表

城镇	地形地貌（40%）	水体（20%）	植被（20%）	周边聚落（20%）	总评
××	高（30）	高（15）	高（15）	中（10）	中（70）
××	中（20）	低（5）	中（10）	低（5）	低（40）

地形地貌（40%）：城镇周边的山峰、丘陵、平原、台塬等地形地貌元素，是支撑城镇历史环境的"骨架"，些许改变就会对环境产生较大影响，故对其赋予的权重较高。评估时按照其被改变的程度，可分为高（≥30）、中（≥20且<30）、低（<20）三档。

水体（20%）：城镇周边的江河、湖泊、溪流、池沼等自然水体元素，评估时按照其水量丰沛程度、水质污染程度，可分为高（≥15）、中（≥10且<15）、低（<10）三档。

植被（20%）：城镇周边的森林、草地、灌木等自然绿化元素，评估时按照其覆盖程度与生长情况，可分为高（≥15）、中（≥10且<15）、低（<10）三档。

周边聚落（20%）：城镇周边往往分布着伴生性的小型聚落，如村庄、堡寨等，评估时按照其保存现状，以及是否被现代城市建成区挤占等情况，可分为高（≥15）、中（≥10且<15）、低（<10）三档。

四项得分相加即为每一样本的总评得分，也分为高（≥80）、中（≥50且<80）、低（<50）三档。

2. 传统格局

城镇的传统格局主要由两方面因素决定：一为轮廓形态；二为街区布局。两者的内容与评估权重如表1-3所示。

表1-3 传统格局评估示例表

城镇	轮廓形态（50%）	街区布局（50%）	总评
××	低（20）	中（30）	中（50）
××	高（40）	高（40）	高（80）

轮廓形态（50%）：一般等同于城市的平面边界，通常由城垣及环壕等古代城防设施标记。评估时一般按照边界的清晰程度评分。例如，四面城墙均存留，可评为"高"（≥40）；城墙仅局部存留，可评为"中"（≥30且<40）；城墙已无存，可评为"差"（<30）。

街区布局（50%）：街区通过街巷围合而成，故取决于街巷道路布局是否发生变动。评估时按照街巷道路的位置、走向等发生变化的程度，可分为高（≥40）、中（≥30且<40）、低（<30）三档。

两项得分相加为每一样本的总评得分，也分为高（≥80）、中（≥50 且 <80）、低（<50）三档。

3. 街巷道路

对于街巷的评估内容主要包括街巷尺度、地面高差变化特征、地面铺装材料、地面铺装完整度、沿街立面、街道沿线的传统建筑比例、基本使用功能情况等方面的要素。这些要素之间有着内在的联系，同时反映城镇内部街巷风貌特色，见表 1-4 和表 1-5。

表 1-4　传统街巷评估示例表

街巷名称	街巷尺度（D/H）	地面高差变化特征	地面铺装材料	地面铺装完整度	沿街立面	街道沿线的传统建筑比例		基本使用功能情况	街巷基本信息	
						评价	数据		长度/米	宽度/米
××街	1.33	有高差	石料	好	丰富	高	90%	综合	480	4—11
××巷	1.32	有高差	石料	好	丰富	高	88%	商住使用	340	2.5—7.8

表 1-5　传统街巷保存现状分类标准示例表（韩城）

保存较好	路面采用传统铺装材料，沿街立面多属传统风格	
保存一般	路面采用非传统铺装材料，或沿街立面以非传统风格为主	
保存较差	路面采用非传统铺装材料，且沿街立面以非传统风格为主	

街巷尺度。采用街道的平均宽度和建筑的平均高度的比例（即 D/H）来衡量街道空间给人带来的总体感受（将街道的宽度设为 D，街道两侧建筑外墙的高度设为 H，两者之间的比例关系为 D/H）。中国传统街道合适

的 D/H=1∶2—2∶1，即 0.5—2，当 D/H 值小于 0.5 时空间变得逼仄，同时 D/H 在 1∶1—1∶1.5 区间内为最佳。

地面高差变化特征。用于衡量街道随着高度变化而产生的空间景观特色，分为有高差和无高差。

地面铺装材料。街巷地面铺装所使用的材质，如石料、沥青、砖等。

地面铺装完整度。主要是对现有街巷地面的石板（或者沥青路面）保存状况进行评估，分为好、一般、差三级。

沿街立面。沿街建筑作为构成街道空间的主要元素，在传达街道的内容与情感中处于举足轻重的地位。此处主要基于整体协调性的角度，从建筑外观形式、色彩方面进行评估。

街道沿线的传统建筑比例。主要分为高、中、低三级，对应的参考数据是高（80%—100%）、中（50%—79%）、低（低于 50%）。

基本使用功能情况。主要根据城镇建筑使用功能，分为综合、以居住为主、以商业为主或商住使用功能。

4. 重要建筑

本书中的"重要建筑"，指的是城镇中在历史上发挥政治、军事、经济、文化、宗教等方面功能的各类公共建筑，如衙署、文庙、学堂、寺观、坛祠、会馆等，是每一座传统城镇曾经的功能性建筑，是重要的组成部分。本书通过查阅方志、档案等资料，了解每座城镇历史上各类功能性建筑的总数及分布情况，再在田野调查中进行核查，两相比较即可得出该城镇重要建筑的保存比例，详见表 1-6。

表 1-6　重要建筑评估示例表

城镇	保存比例
××	54.6%
××	8.7%

5. 民居

本书主要从两个层面对样本城镇进行了调查研究。第一个层面是传统民居的赋存总量与占比；第二个层面则是在第一个层面上的展开，即现有传统民居的保存完整程度，可分为保存较好、保存一般、保存较差三个等级，其内容与标准如表 1-7—表 1-9 所示。

表 1-7　传统建筑评估示例表

城镇	建筑总量/栋	现代建筑/栋	现代建筑比例	传统建筑/栋	传统建筑比例	传统建筑保存现状					
						较好/栋	比例	一般/栋	比例	较差/栋	比例
××	2579	1847	71.6%	732	28.4%	75	10.2%	541	73.9%	116	15.8%
××	176	85	48.3%	91	51.7%	无	无	47	51.6%	44	48.4%

表 1-8　建筑时代属性分类标准示例表（韩城）

传统建筑	局部经过改建的土/砖木结构传统房屋，包括一部分文物保护单位	
现代建筑	砖混结构现代房屋，或主体结构完全改建为现代材料的传统房屋	

表 1-9　传统建筑保存现状评估标准示例表（韩城）

保存较好	屋面	无残损，可有风化	
	梁架	无残损，可有风化	
	墙壁	无残损，可有风化	
	门窗	无残损，可有风化	
保存一般	屋面	无残损或略残损	
	梁架	无残损或略残损	
	墙壁	有残损或明显残损	
	门窗	有残损或明显残损	
保存较差	屋面	略残损或明显残损	
	梁架	略残损或明显残损	
	墙壁	明显残损	
	门窗	明显残损	

（1）保存较好。平面格局完整，建筑结构稳定性较好，建筑风貌、质量较好，建筑装饰、附属文物、建筑原有使用功能的延续等较好。

（2）保存一般。平面格局仅局部发生改变，对整体格局的完整性影响较小，建筑因维护和保养不足使建筑质量及结构稳定性一般，建筑风貌改变较小，不影响整体环境风貌，建筑装饰保存一般，原有使用功能改变但不违背有效保护建筑的原则。

（3）保存较差。因拆建、搬移、损毁等平面格局发生较大改变，建筑结构稳定性差，极易发生倒塌，已改变原有建筑风貌，建筑已无继续使用或现有使用功能对建筑存在损毁情况。

6. 街区衰退

在全面掌握现状的基础上，尚需了解形成这种状况所花费的时间，进而获知市传统风貌在一定时段内的退化率。不过，考虑到相关历史数据（城区内所有传统建筑的历史资料、照片等）的阙如，本书选择调用各城镇卫星地图数据库内所储存的历史数据进行对比，可在一定程度上获知样本城镇在一定年限间的变化，并计算其年均变化速率。进而，在假设年均衰退速率不变的前提下，可对该城镇的理论衰退极限加以估算。这里又有两种算法，一种是假设之后的变化全部发生于传统部分，这样可以得出衰退年限的下限；另一种是假设变化均匀发生于城镇的每一部分，这样可以得出衰退年限的上限。

（三）保护策略的组织与依据

历史城镇保护方面，既有研究以城市规划学领域的理论推演和模型建构、应用为主，研究者片面关注其"城市"属性，却忽视了其"文物"属性。显然，对于历史城镇这类特殊对象而言，城市规划相关理论方法或可在长效调整机制方面有所作为，但在遏制破坏、缓解当下迫在眉睫的保存压力方面力有不逮。鉴于此，本书的研究思路如下：短期应以遏制破坏为当务之急，长期则应注重城市功能的恢复与平衡。需要说明的是，由于城镇保护目前尚无固定的方法论，本书在近期保护策略的组织方面部分借鉴了文物保护规划的结构，主要由三个层面的措施组成：第一层面，设定保护区划，包括保护范围、建设控制地带、景观协调区的划定，以及每一区划内保护基本原则的设置；第二层面，历史文化资源保护，包括历史环境、传统格局、街巷道路、重要建筑、传统民居等的保护措施；第三层面，辅助性保护措施，主要从管理体制、景观、环境、展示利用、基础设施等方面提出建议，改善城镇保护的"软性"和"硬性"环境。

本书参考的主要公约、宪章、法规、文件等主要如下：

（1）《关于保护景观和遗址的风貌与特性的建议》（UNESCO，1962年）。

（2）《威尼斯宪章》（ICOMOS，1964年）。

（3）《华盛顿宪章》（ICOMOS，1987年）。

（4）《关于历史性小城镇保护的国际研讨会的决议》（ICOMOS，1975年）。

（5）《国际文化旅游宪章》（ICOMOS，2002年）。

（6）《西安宣言》（ICOMOS，2005年）。

（7）《中华人民共和国文物保护法》（2017年）。

（8）《中华人民共和国文物保护法实施条例》（2017年）。

（9）《历史文化名城名镇名村保护条例》（2017年）。

（10）《文物保护工程管理办法》（2003年）。

（11）《文物消防安全检查规程（试行）》（2011年）。

（12）《中华人民共和国城乡规划法》（2019年）。

（13）《中国文物古迹保护准则》（2015年）。

（14）《全国重点文物保护单位保护规划编制要求》（2004年）。

（15）《陕西省文物保护管理条例》（2006年）。

（四）主要收获

本书总共调查建筑7320座，街巷48.343千米。调查结果显示，研究区域内样本城镇的保存现状总体呈现以下态势：

（1）历史环境保存情况普遍较差。

（2）传统格局保存情况普遍一般。

（3）传统街巷保存较好的平均比例仅53.08%。

（4）重要建筑留存至今的比例普遍较低，平均比例仅26.16%。

（5）民居中传统建筑占比偏低，平均比例仅35.4%；在传统建筑中，保存较好的平均比例仅6.9%，保存较差的平均比例为35.8%。

（6）街区年均衰退速率为 1.18%。若长此以往，在数十年内，大多数历史性小城镇的传统街区将不复存在。

基于以上调查结论，针对历史性小城镇的保护，本书进一步给出了近期建议与长期策略。短期（15 年内）应以遏制破坏为主要任务，可通过科学设定保护区划、系统性开展历史文化资源保护，并辅以管理体制调整、景观环境优化、基础设施改善等措施；长期则应在短期内遏制破坏的基础上，进一步对城镇发展的模式进行反思与调整，包括加强城镇保护立法、建立长效机制、恢复城镇固有功能、修复城镇肌理、开展有机更新等方面。远近结合，在传承历史文脉的同时改善人居环境，实现以人为本的城镇化。

第二章　关中地区历史性小城镇调查研究

第一节　韩　　城

一、城镇概况

（一）城镇概况与沿革

韩城位于关中盆地东北隅，北纬 35°18′—35°52′，东经 110°07′—110°37′，南北长 50.7 千米，东西宽 42.2 千米，总面积 1621 平方千米。行政上隶属于陕西省渭南市，西为黄龙县，北为宜川县，南为合阳县，东与山西乡宁县、河津市、万荣县隔黄河相望。

韩城地处黄土高原与关中平原的交界，境内地形多变，由西向东海拔逐渐由 900 米以上降至 400 米以下，地形由山地过渡为台塬再到平原、河谷。韩城处于暖温带半干旱区域，属大陆性季风气候。年均气温 13.5℃，年均降水量 560 毫米，降水多集中于夏秋，无霜期 208 天，年均日照 2436 小时。境内河流多为黄河一级支流，流程短，水量小，澽水河流经老城南侧，近年来淤积明显，水质污染严重，地下水储量丰富。

交通等基础设施较为完善。境内有 108 国道、304 省道、沿黄公路和阎禹高速，西太铁路穿境而过。电力、电信、有线电视等网络健全。

早在旧石器时代晚期，以禹门口文化为代表的古人类已在韩城繁衍生息。进入新石器时代后，在韩城境内出现大量的定居性聚落，目前已发现三十余处，大多属仰韶时期，一般分布在背风向阳、依山傍水的二级台地上。

夏、商两代，韩城属于雍州。西周初年，周武王之子封于韩，食采于韩原一带，称韩（侯）国。《诗经·韩奕》中"溥彼韩城，燕师所完"的记载即与此有关。周宣王时，秦仲少子康又受封于梁山，是谓梁（伯）国。周襄王十一年（前 641 年），为秦穆公所灭，今韩城市南古少梁即其都。

春秋时期，晋封韩武子万于今韩城所在地，称之为"韩原"。《博物志》载："夏阳西南有韩原，韩武子采邑。"周襄王七年（前 645 年），秦与晋惠公夷吾战于韩，秦败晋，虏其君，晋献河西地。周顷王二年（前 617 年）春，晋伐秦，取少梁。《太平寰宇记》中，"韩城，韩武子食采于韩原，亦秦晋战于此"。战国时，周贞定王二十八年（前 441 年），少梁城属魏。周威烈王十四年（前 412 年），魏攻占秦繁庞，秦城移籍姑。周安王二十六年（前 376 年），韩、赵、魏三分晋地，少梁属魏。周显王七年（前 362 年），秦败魏于少梁，俘魏相公孙座，攻取魏繁庞城。周显王十五年（前 354 年），秦与魏战元里（在今大荔县境内），取少梁。秦惠文王十一年（前 327 年），秦更少梁为夏阳，置邑。

秦属内史，为夏阳县。西汉太初元年（前 104 年），左内史更名为左冯翊，辖夏阳县。新莽时，改夏阳为冀亭，属列尉大夫治。东汉光武时，冀亭复名夏阳，属左冯翊。建武元年（25 年）至明帝永平二年（59 年），郃阳并入夏阳。魏晋时，韩城先后属冯翊郡和华山郡。隋开皇十八年（598 年），始置韩城县，属冯翊郡。唐武德元年（618 年）设西韩州，八年（625 年）时，州治迁至今韩城所在地。贞观八年（634 年）废州。乾元元年（758 年），改韩城为夏阳，隶河中府。天祐二年（905 年），更名韩原县。五代后梁属河中府，后唐复韩原为韩城，还属同州。北宋时，隶永兴路定国军冯翊郡，金设桢州，领韩城、郃阳二县。元废桢州，属同州。明代韩城隶属于西安府同州潼关道，清代继续沿用。

辛亥革命后，韩城属陕西省关中道。民国十七年（1928 年），改由陕西省直辖。民国二十八年（1939 年），属第八行政督察区。中华人民共和国成立后，韩城先后隶属于黄龙分区、大荔分区、渭南分区。1995 年 5 月渭南地改市以后，属渭南市管辖。2012 年 5 月，韩城被列为陕西省计划单列市。

（二）遗产构成

韩城的城市遗产包括古城城墙、城门遗址、宗祠建筑、传统公共建筑、传统民居建筑、其他文物建筑、历史街巷等。已公布文物保护单位32处，其中全国重点文物保护单位 6 处，分别为韩城文庙、韩城城隍庙、北营庙、韩城九郎庙、庆善寺大佛殿、毓秀桥；省级文物保护单位10处，分别为东营庙、吉灿升故居、韩城苏家民居、韩城高家祠堂、韩城解家民居、韩城郭家民居、韩城古街房10号、永丰昌（酱园）旧址、韩城县衙大堂、赳赳寨塔；市级文物保护单位16处，分别为学巷菩萨关帝庙、城北巷关帝庙、闯王行宫、状元楼、龙门书院、福寿坛、庙后二郎神庙、韩城古城区街房建筑群、韩城古城区民居建筑群、烈士陵园三连牌坊、烈士陵园八角亭、烈士陵园西木牌楼、烈士陵园东木牌楼、圆觉寺铁钟、开化寺铁钟、城墙及城门遗址，详见表2-1。

表 2-1　韩城老城区各级文物保护单位一览

保护级别	名称	时代
全国重点文物保护单位	韩城文庙	明
	韩城城隍庙	明
	北营庙	元
	韩城九郎庙	元
	庆善寺大佛殿	元
	毓秀桥	清
省级文物保护单位	东营庙	明
	吉灿升故居	明清
	韩城苏家民居	清
	韩城高家祠堂	明清
	韩城解家民居	清
	韩城郭家民居	清
	韩城古街房 10 号	清
	永丰昌（酱园）旧址	清
	韩城县衙大堂	清
	赳赳寨塔	金
市级文物保护单位	学巷菩萨关帝庙	清
	城北巷关帝庙	明
	闯王行宫	明
	状元楼	清
	龙门书院	清
	福寿坛	民国
	庙后二郎神庙	明

续表

保护级别	名称	时代
市级文物保护单位	韩城古城区街房建筑群	明清
	韩城古城区民居建筑群	明清
	烈士陵园三连牌坊	清
	烈士陵园八角亭	清
	烈士陵园西木牌楼	清
	烈士陵园东木牌楼	清
	圆觉寺铁钟	金
	开化寺铁钟	明
	城墙及城门遗址	明清

（1）城郭。韩城有史可查的最早的筑城活动为隋大业十一年（615 年），为夯土城垣，四面设门。初唐时，王勃曾造访韩城，登临城楼并留下名篇《夏日登韩城门楼寓望序》。金大定四年（1164 年）重修土城，四座城门改为砖砌，分别命名为"迎旴"（东门）、"梁奕"（西门）、"濠浮"（南门）、"拱震"（北门）。元至元二年（1265年）将县治迁至今城西北约20千米处的薛峰镇，四年后（1269 年）又迁回原址，其后一直沿用至今。明崇祯五年（1632年）重修西门，更名"望甸"。崇祯十三年（1640年），时任大学士薛国观上疏请求砌筑砖城，后由地方士绅出资，工程历时 5 个月，完工后城东西一里二百四十三步，南北一里三百二步，周长六里六十五步。高三丈，底宽三丈三尺，面宽一丈六尺，四门更名为"黄河东带"（东）、"梁奕西襟"（西）、"溥彼韩城"（南）、"龙门盛地"（北），墙外有环城路，路外挖有城壕。民国二十七年（1938 年），为方便城中百姓躲避日机轰炸及逃难，国民政府下令拆低城墙、填平城壕，剩余部分城墙及城楼在中华人民共和国成立后经过历次运动洗礼及破坏，已荡然无存。今环城路与旧日城墙位置大体相当。位于九郎庙巷与金城大街交会处的北门遗址及东门北侧沿九郎庙巷的一段城墙进行过考古发掘。

（2）街巷。韩城号称有街巷 72 条，经调查统计，城内现有主要街巷共 51 条，总长度 8163 米，以金城大街作为南北主要通道，大街两侧有大巷 13 个、小巷 29 个，以东西走向为主。明代即有"南门达北门，街宏而端，东门达西门，巷修而蛇"的记载。其中，书院街、草市街、北关东街 3 条街道为中华人民共和国成立后城市建设新开辟的道路，其余48条街巷为传统街巷，但其中14

条位于古城东北角的拆迁区，包括小隍庙街、九郎庙巷、弯弯巷、渤海巷、北关东街等，韩城老城区街巷（部分）详见图2-1。

北营庙巷　　　　箔子巷　　　　草市街　　　　陈家巷

崇义巷　　莲花池巷　　马道巷　　南营庙巷　　牌楼巷

高家巷　　　　隍庙街　　　　解家巷　　　　金城大街

上长巷　　狮子巷　　王巷　　小高巷　　学巷

金城西街　　　　丝纺巷　　　　县前巷　　　　新街巷

图2-1　韩城老城区街巷（部分）

古城巷道的名称来由可归纳为 6 种类型：一是以所居望族姓氏而命名；二

是以巷中庙宇而命名；三是以作坊行业而命名；四是以特殊建筑而命名；五是以崇义尚德而命名；六是以官名或其他方式而命名。

以所居望族姓氏而命名的街巷：解家巷、贾家巷、高家巷、小高巷、陈家巷、杨洞巷、张家巷、吴家巷、卫家巷、薛巷、王巷、程家巷等。

以巷中庙宇而命名的街巷：学巷、隍庙街、东营庙巷、西营庙巷、南营庙巷、北营庙巷、九郎庙巷、木爷庙巷、宫前巷、车寺巷等。

以作坊行业而命名的街巷：箔子巷、丝纺巷、猪市巷等。

以特殊建筑而命名的街巷：莲花池巷、狮子巷、县前巷、牌楼巷等。

以崇义尚德而命名的街巷：集义巷、集贤巷、崇义巷、聚魁巷、敦德巷、礼门巷等。

以官名或其他方式而命名的街巷：天官道、上长巷、新街巷、弯弯巷、马道巷、渤海巷等。

（三）重要建筑

1. 祠庙

（1）韩城文庙。韩城文庙始建年代不详，但戟门留有宋代特点。按明《韩城县志》所载，金正大年间曾扩建。明洪武四年（1371 年）建明伦堂，弘治三年（1490 年）建尊经阁，嘉靖八年（1529 年）建敬一亭，万历十九年（1591年）增泮池、大成殿台，天启四年（1624年）建屏垣、学署。整个建筑群组分为四进院落，南北中轴线长 180 米。

第一院，棂星门坊侧为浮雕彩色琉璃丹凤起舞，丹凤朝阳短墙，两侧为浮雕彩色琉璃巨龙八字壁，院内东有更衣亭，西有致斋所，各三间。东西有碑楼、碑亭各三座。东西墙墩各辟角门两个，各一间。

第二院，戟门外东西两侧为浮雕彩色琉璃巨龙八字壁，内东西两侧为彩画丹凤朝阳八字短壁，大成殿两侧配列悬山顶长廊式东西两庑，各十三间。殿庑间有坊式便门各一道。

第三院，明伦堂"正谊明道"山门西侧砌有砖瓦花格心围墙，明伦堂东西有耳房各三间，堂前月台，甬道两侧配各七间，其廊南山墙各辟拱洞角门，东名"义路"，西名"礼门"，北山墙头外侧与明伦堂东西山墙头南之间各有墙拱洞，砖刻洞额，东为"植矩"，西为"悬规"。

第四院，明伦堂后，尊经阁高台前，通道两侧，有硬山顶东西斋，各六间。

韩城文庙的附属建筑，虽自成体系，各自独立，但都与文庙、明伦堂相通，互为联系，为文庙、明伦堂借用。名宦祠，西与文庙第一院相通，现存祠宇一座三间，并有水井一眼；文昌祠，南与东马道相对，西与文庙第三院明伦堂并列，其悬山顶一间，卷棚顶献殿三间，悬山顶正殿三间尚存；堂祠之间还有硬山顶诒事房三间；启圣祠，南与西马道相对，东与文庙第三院明伦堂并列相通，现存祠宇一座三间。

韩城文庙及其附属各类建筑，现存共42座，114间，总面积2974平方米，另有水井一眼。中华人民共和国成立后新增建筑共 11 座，50 间，总建筑面积1316平方米。

（2）韩城城隍庙。韩城城隍庙始建时间不详，有案可查的最早维修记录见于《北五社五常会碑记》，有"元至正元年重新"的记载。至明万历十八年（1590 年）时，主体格局已形成，万历四十四年（1616 年）修建前照壁、影壁及壁屏门，至此全部建筑建设完毕。后虽屡有重修，但整体格局未发生变更。

整个建筑群组布局合理、轴线对称、主次分明、错落有致。共四进院落，中轴线总长 245 米，沿轴线从南至北依次坐落照壁、壁屏门、山门、政教坊、威明门、化育坊、广荐殿、明楹亭、德馨殿、灵佑殿，正殿两侧配列东西道院。

山门前建有"武靖华夷"坊，即壁屏门，单檐悬山顶，斗栱五铺作双抄。坊门两侧建有砖雕仿木构顶的长影壁，壁面为浮雕彩色琉璃图画各七幅。山门南向，建于高台基之上，面阔三间，明间辟门，石狮门墩，五架分心式，四椽栿，单檐悬山顶，斗栱五铺作出双抄，重栱计心造。东西枝门各一间，单檐悬山顶，斗栱六铺作三昂，重栱计心造。

进入山门即第一进院落，正中建有"明扶政教"坊，单檐卷棚悬山顶，三开间。东西两侧原建有翼廊三十余间，为客商居货之所，今无存。政教坊后为威明门，面阔三间，抬梁式，四椽栿，单檐悬山顶，筒瓦琉璃脊。

穿过威明门进入第二进院落，正前方可见广荐殿，面阔五间，抬梁式，四椽栿，单檐悬山顶，布筒瓦琉璃脊，斗栱四铺作单抄，重栱计心造。殿前原有东西戏楼及钟鼓楼，今仅存西戏楼。

广荐殿后为第三进院落，其中有德馨、灵佑两殿。德馨殿面阔三间，单檐歇山顶，抬梁式，七架六椽栿，布甬瓦琉璃脊，前檐两转角斗栱之角出一昂，其上饰有垂花，两侧山墙之上斗栱间有壁画各四幅。殿前有月台，殿前两侧有东西两庑，各十二间，抬梁式，四椽栿。灵佑殿为正殿，面阔五间，单檐歇山顶，抬梁式，七架六椽栿，布甬瓦琉璃脊，金柱两排各四根，斗栱五铺作双抄，重栱计心造，栱间封板有彩绘残迹。据明万历十八年（1590年）《韩城隍庙记》所载，此殿为"挟山而楹四"，现为六楹，显系后世改建。殿内原有明崇祯十五年（1642年）铸造的城隍铜坐像和铜香鼎，现移至韩城市博物馆。

灵佑殿至含光殿之间为第四进院落。含光殿面阔五间，单檐悬山顶，布甬瓦琉璃脊，抬梁式，四椽栿。斗栱五铺作双抄，重栱计心造。殿内栿下墨书"大清道光九年岁次己丑三月戊辰十八日壬子癸卯时竖柱上梁伏祈保佑无疆"，系重修记载。东西两侧为道院，为道士生活居住的处所。东道院仅存楼房三间，西道院有房四座十七间。

（3）韩城九郎庙。韩城九郎庙是一庙多神三组古建筑群。

一组祀奕应侯、成信侯、忠智侯、程婴、公孙杵臼。前两殿建于宋元丰年间，两殿均为单檐硬山顶，无斗栱铺作，面阔各三间。其后大殿为元至大年间增建，单檐歇山顶，布甬瓦琉璃脊，七架梁六椽栿，殿内有前后两排内柱，各四根，分别对应第一、二缝，斗栱为五铺作双下昂，无补间铺作，面阔五间，通阔16米，进深9米。

一组祀孙思邈，由前两殿和后砖拱正阳洞组成，居九郎庙之左，两殿前为单檐歇山顶，后为单檐硬山顶，两殿均为五架梁四椽栿，面阔各三间，前殿当心间3.6米，次间3.3米。正阳洞为砖拱卷棚顶，面阔6米，进深8.7米，斗栱铺作唯前殿为四铺作单抄。

一组两殿居庙东北角大殿之东，祀关圣大帝、火神、财神，两殿均为单檐硬山顶，面阔各三间，当心间3.2米，次间3米，两殿之间以报亭式雨搭和短墙连接，使两殿形成一个整体。

（4）庆善寺大佛殿。庆善寺大佛殿始建于唐贞观二年（628年），坐北向南，宋、元、明、清多次重修。面阔五间，通宽22.7米，进深三间六椽，15.4米，歇山顶。殿内施前、后金柱共八根，柱头置四椽栿，并向前后檐柱施单步梁，檐柱柱头置额枋，上施平身科及柱头科五铺作出双下昂斗栱。前檐明间施六抹头隔扇门六扇及帘架、余塞板，五架梁下可见清光绪十一年（1885 年）重修题记。大佛殿墙体为外包青砖，内衬土坯，高 1.2 米。筒瓦屋面，琉璃脊饰，砖砌台明，条石压沿。

（5）韩城高家祠堂。其始建于明代，系元末直隶河间府人士高益，于洪武元年（1368 年）致仕后所购。祠堂坐南向北，南北长约 26 米，东西宽约 15 米。中轴线自南向北依次分布门房、中厅、过厅、上房等主要建筑，前后两院各对称布置厢房。中厅东侧现存一组院落，南北相对，东西两侧建筑无存。

门房面阔三间，进深两间，抬梁式，硬山顶。大门原辟于明间，现于明间后檐中槛上方有走马板一方，楷书"韩令高公家庙"。厢房面阔四间，进深一间，抬梁式，硬山顶。上方建于高 1.3 米的砖砌基座上，面阔三间，进深六椽，有前后金柱向檐柱施单步梁，抬梁式，硬山顶。祠院墙体为外包青砖，内衬土坯，砖下碱，碱高 1 米。山门及厢房屋面布板瓦，筒瓦剪边，灰陶素脊，砖砌台明，条石压沿。

该祠堂是韩城古城区古建筑群的重要组成部分，是韩城市保存较好的祠堂之一，整个院落布局保存较为完整，地方特征明显，对于研究韩城地区传统民居具有较高价值。

（6）城北巷关帝庙。其始建年代不详，现存建筑重修于清乾隆年间。坐北向南，庙院通宽约 11 米，通长约 30 米。沿中轴线自南向北坐落山门、献殿、寝殿，两侧各有厢房一栋。山门面阔三间，进深两椽三架，抬梁式，硬山顶。山门明间后檐施单步梁作廊，廊深 1.3 米。厢房面阔三间，进深一间，抬梁式，硬山顶。厢房南、北两山可见原有券门。献殿面阔三间，进深四椽五架，抬梁式，硬山顶。寝殿做法同于献殿。关帝庙墙体为外包青砖，内衬土坯，砖下碱。仰瓦屋面，灰陶素脊，筒瓦剪边。

（7）庙后二郎神庙。其位于金城办庙后村大巷东口，为纪念治理濛水时李氏父子二人而建。始建于明嘉靖二年（1523 年），清同治六年（1867 年）、光绪二十三年（1897 年）重修。现存献殿、寝殿各三间及东侧两间耳房，坐北向南。献殿面阔三间，进深四椽，单檐悬山顶，素面清水脊。两侧各施五趟筒瓦。前檐明间设四扇木板门，斗拱四铺作，重栱计心造。内侧墙面和梁架上分别施水墨和彩绘人物、花卉。寝殿面阔三间，进深四椽，单檐悬山顶，素面清水脊。两殿之间以卷棚顶报亭式雨搭相连，雨搭梁架浮雕福寿万代纹。

（8）学巷菩萨关帝庙。学巷菩萨关帝庙始建年代不详，现存建筑重修于清咸丰年间。坐北朝南，沿中轴线自南向北坐落山门、献殿、寝殿。山门面阔三间，进深两椽，抬梁式，硬山顶。脊檩下施中柱。明间于中柱处置实榻门，上饰门簪、走马板。献殿面阔三间，进深两椽，抬梁式，硬山顶。柱头施三架梁，上施驼峰、蜀柱、叉手，承托脊檩。寝殿面阔同献殿，进深两椽，抬梁式，硬山顶。前檐明间施隔扇门。墙体外包青砖，内衬土坯，砖下碱。屋面布仰瓦，灰陶素脊，筒瓦剪边。砖砌台明，条石压沿。

魁星楼始建年代不详，现存建筑重修于清咸丰年间。坐东向西，平面呈正方形，4.5 米见方，通高 11 米，抬梁式阁楼建筑，攒尖顶。一层为砖券结构，西北向辟门。二层平面六边形，柱身包于墙内，于一层券门上方辟门，并作出檐。周边施花格墙。顶部为木结构。墙体外包青砖，内衬土坯，屋面布筒瓦，灰陶素脊。

2. 公共建筑

（1）北营庙。以崇祀关帝为主的庙宇，系由孙真人祠、关王祠及戏楼等组成的建筑群，位于旧县治北街之西，始建于元至大年间，占地面积 1700 平方米。

孙真人祠祀药王孙思邈。祠由南北相接的献殿与正殿组成，其间以短墙连接，未作雨搭。献殿面阔三间，单歇檐硬山顶，布甬瓦琉璃脊，梁架以三架梁两椽栿为基调，栿上置驼峰蜀柱并通间立枋、丁华抹颏栱及叉手承托脊椽。前檐山墙出墀头，雕饰八卦图案。正殿面阔三间，单檐硬山顶，梁架为三架梁两椽栿，栿上置蜀柱并通间枋、丁华抹颏栱及叉手承托脊椽。山墙前檐墀头雕饰万字拐图案。

关王祠由南北相连的抱厦、享殿、寝殿组成。抱厦居三殿之前，面阔五间，坊式悬山单檐卷棚顶，梁架为三架梁两椽栿加飞椽，两椽栿上置双驼峰与立枋及丁华抹颏栱承托平梁及两脊椽。享殿面阔五间，单檐硬山顶，前为歇檐，梁架为五架梁四椽栿，因前有廊以牵增加一步架和一椽，使前檐坡面增长。四椽栿上置驼峰并通间立、平枋承托平梁与平椽，平梁上施合蜀柱与通间立、平枋、丁华抹颏栱及叉手承托脊椽。寝殿平面布局呈凸字形，柱网按明三暗五后三排布，单檐前歇山后悬山顶，形制较为少见。梁架为六椽栿，六椽栿、四橡栿、平梁间置驼峰并通间立平枋，分别承托上下平橡。平梁上置合蜀柱、立平枋、丁华抹颏栱及叉手承托脊橡，柱头置一根通长原木代替普拍枋。

戏楼位于院落南侧，平面呈方形。单檐前歇山顶后卷棚硬山顶，四橡栿，抬梁分心式。戏楼两山分四间，除前檐转角斗栱外各施五铺作双抄斗栱四朵，斗栱间砖封。台面沿口置压阑石，装石阑望柱。

（2）毓秀桥。位于韩城市金城区金城大街南端，横跨濠水河，俗称南桥。通长 180 米，宽 4.5 米，为十孔石拱桥。桥底河床以条石铺设，桥墩呈梭状，每孔间筑菱形分水石墩，宽 5.9 米。桥面呈弓形，石缝间嵌铁锭加固。桥面两侧为砂石质栏板、望柱，柱头雕鼓饰。桥面南北两端各设头戴风雪帽胡人造像。

桥南原有三座木牌坊，现仅存一座。三连单檐歇山顶，通高 7 米，通宽 4.5 米。额枋上置四昂穿斗式重栱六攒，两侧施灯笼榫，下饰龙头雀替。次楼于檐角下施点柱，承托出挑，外侧柱身前后施戗木支撑梁架，主楼施抱鼓石稳定柱脚。屋面施筒瓦，灰陶素脊，条石墁地。

（3）龙门书院。清康熙十三年（1674 年）知县翟世琪创办东司义学，康熙五十七年（1718 年）知县杨鉴在此基础上创立龙门书院。乾隆四十三年（1778 年）知县蔡念祖重修。乾隆五十二年（1787 年）县令傅应奎于县署东侧重建书院，地址在今金城书院街与贾家巷十字西南角。中设讲堂五间，东西两斋栱二十四间，为诸生肄业之所。前有号房东西各十二间，为童试之场。中门匾曰"蛟龙起凤"。东西有角门，前有大门。最后有楼五间，落成之日书额"汪平"。汪平是傅应奎的字。嘉庆二十年（1815 年）知县冀兰泰重修，复名龙门书院。道光十八年（1838 年）知县刘建勋曾为书院立课章碑。光绪三十二年（1906 年）龙门书院改为韩城高等小学堂。民国十六年（1927 年）在此建韩城县立初级中学，校址设在龙门书院内。1942 年，中学迁于象山脚下紫云观。

龙门书院现存东西廊房各十二间，各长 38.5 米，均为歇檐抬梁式，四橡栿。讲堂五间，单檐硬山顶，抬梁式，四橡栿。因新开书院街将廊房与讲堂从中分开，讲堂成为街北的临街房，书院街因此而得名。

（4）状元楼。王杰（1725—1805 年），字伟人，历任吏部、礼部、兵部、工部侍郎，左都御史，兵部尚书。乾隆五十一年（1786 年）任军机大臣、尚书房总师傅。次年拜东阁大学士，总理礼部。嘉庆继位后为军机首辅大臣。

状元楼为王杰辞官之后居所，坐北向南，始建于清，通宽 15 米，通长 43 米。沿中轴线自南向北坐落有过厅、上房。又于轴线两侧分布有一进院东厢房，二进院东、西厢房。一进院东厢房面阔五间，进深一间并带前廊，为抬梁式，硬山顶。过厅面阔三间，进深两椽三架并带前后廊，为抬梁式，卷棚硬山顶。二进院东、西厢房面阔三间，进深一间。状元楼面阔三间，进深两椽三架，为抬梁式阁楼建筑，硬山顶。前檐居中辟门，由室内楼梯可至二楼。楼身前后檐墙每层各辟窗三处，两山每层辟窗一处。状元楼前檐置卷棚顶抱厦，屋面布仰瓦，筒瓦剪边，砖砌台明。古城状元楼建筑群是韩城古城古民居建筑群组成之一，对于研究韩城地区传统民居四合院有较高价值。

（5）闯王行宫。韩城古城金城大街 47 号店铺始建于明代，坐西向东，院落通宽约 25 米，通长约 30 米。公元 1644 年，农民起义军首领李自成于长安称帝后，率兵北上，经韩城东渡黄河直捣北京推翻明王朝。后兵败，李又经韩城返回长安。两次路经韩城，李自成均居住于 47 号店铺，故当地俗称"闯王行宫"。行宫轴线东端坐落有街房，又于轴线南侧有厢房一栋。

闯王行宫是韩城古城地区明清店铺建筑群组成之一，整个院落布局宽敞，用料及做法考究，对于研究韩城地区明清店铺做法具有较高价值。

街房面阔九间，进深两椽三架，为抬梁式阁楼建筑，硬山顶。前后檐柱自台明 3 米处置楞木，上铺楼板。一层沿街各开间施撒带门若干扇，二层各开间辟隔扇窗，施木下槛。厢房面阔三间，进深一间，为抬梁式阁楼建筑，硬山顶。前后檐柱自台明 3 米处施楞木，铺楼板，做阁楼。街房及南厢房前檐均施平座，由街房后檐南侧楼梯可至二层阁楼。店铺墙体为外包青砖，内衬土坯，砖下碱。屋面布仰瓦，筒瓦剪边，砖砌台明，条石压沿。

（四）民居

（1）永丰昌（酱园）旧址。始建于清代，坐西向东，院落通宽约 18 米，通长约 39 米。沿中轴线自东向西坐落有街房、过厅，又于轴线两侧有一进院、二进院厢房各两栋。

街房面阔五间，进深两椽三架，抬梁式阁楼建筑，硬山顶。一进院厢房面阔两间，进深一间。过厅面阔四间，进深四椽五架，抬梁式，硬山顶。过厅柱头置五架梁，其上施瓜柱、三架梁及叉手，承托脊檩。二进院面阔三间，进深一间，南厢房洞、西次间尚存隔扇槛窗。店铺墙体为外包青砖，内衬土坯，砖下碱。屋面布仰瓦，筒瓦剪边，砖砌台明，条石压沿。

永丰昌（酱园）旧址是韩城古城区古建筑群的组成之一，是韩城集商业与民居为一体的建筑，整个院落保存较为完整，对于研究韩城地区民居和商贸史有较高的参考价值。

（2）韩城苏家民居。韩城苏家民居始建于清代，"文化大革命"时被毁。现仅存"九间厅"一栋，坐南向北。

"九间厅"面阔九间，进深一间并前檐带单步梁，硬山顶，青灰色筒瓦覆盖，素面屋脊，正脊两端置吻兽。前檐东西两头一间为槛墙，设槛窗，为两扇木格窗，菱心格心，两侧设绦环板。其余七间各为四扇木格门。自西向东，第六间为院内通道。后檐为墙体（估计为后人改建），开新式窗。

韩城苏家民居"九间厅"是韩城古城区古建筑群的组成之一，大厅建筑体量硕大，为古城区仅存少有，建筑手法极具地方特色，对于研究清代韩城建筑手法具有较高价值。

（3）韩城古街房 10 号。韩城古街房 10 号始建于清代，坐东向西，院落通宽约 16 米，通长约 46 米。沿中轴线自西向东共有三进院，有街房、一进院过厅、二进院过厅、上房，又于轴线两侧有一进、二进、三进院厢房各两栋。

街房面阔五间，进深两椽三架，抬梁式阁楼建筑，硬山顶。前后檐柱自台明 3.3 米处置楞木，上铺楼板。一层沿街施撒带门若干扇，二层各开间正中辟直棂窗，施木下槛。二层阁楼后檐墙辟门一处，沿梯可进阁楼。一进院厢房面阔三间，进深一间。过厅面阔五间，进深四椽五架，抬梁式，硬山顶。前后檐柱自台明 3.2 米处置楞木，铺楼板，做阁楼。前檐明间檐下饰走马板，其上行书"敬胜则吉"。二进院厢房同一进院。二进院过厅面阔五间，进深四椽五架，抬梁式，硬山顶。前后檐柱自台明 3.2 米处置楞木，铺楼板，做阁楼。三进院厢房面阔两间，进深一间。上房为砖券建筑，平顶，辟窑洞三孔。店铺墙体为外包青砖，内衬土坯，砖下碱。屋面布仰瓦，筒瓦剪边，砖砌台明，条石压沿。

韩城古街房 10 号是韩城古城区古建筑群的组成之一，是韩城保存较好的街房之一，整个院落布局保存较为完整，对于研究韩城地区传统民居具有较高价值。

（4）韩城解家民居。韩城解家民居始建年代不详，该院落坐南向北，通长约 31 米，通宽约 15 米。沿中轴线自北向南坐落有门房、上房，又于轴线两侧各有厢房一栋。门房面阔五间，进深两椽三架，抬梁式，硬山顶。大门原辟于东侧稍间。东、西厢房面阔均六间，进深一间，抬梁式，硬山顶。灰布板瓦屋面，筒瓦剪边，灰陶素脊。上房面阔三间，进深两椽三架，抬梁式，硬山顶。

韩城解家民居是韩城古城区古建筑群的组成之一，是韩城保存较好的民居之一，整个院落布局主体建筑保存完整，对于研究韩城地区传统民居具有较高的历史价值。

（5）吉灿升故居。吉灿升故居始建于清代，为东西并列的四合院。东院，坎字中门，走马门楼，额题"世科第"，门内是四开屏门，额题"履中蹈和"，门外有上马石、拴马桩，门楼装修木、石、砖三雕俱全。院落南北长方形，北为门房五间楼房，南为厅房三大间，东、西为厢房各四间。院落西北角有小门，通往西院。四房全部为歇檐，形成回廊。西院艮字隅门，走马门楼，额题"诵清芬"，门外有上马石、拴马桩，门楼装修木、石、砖三雕俱全，东、西厢房各四间楼房，两厢北山墙之间为报亭式二道中门，额砖刻"式好无尤"，南为硬山卷棚顶厅房五间，明间满装屏门并帘架，次稍间安装满间亮格窗。厅内明间两侧装有屏风隔断，形成一明两暗，东次稍间原是吉灿升的居室，架式木床尚存，背墙次稍间各辟有小门，稍间小门通与厅相连的书房，曰"木石斋"。厅房两侧有通向后院的门洞和夹道，洞额均有砖刻题字，东为"行无事"，西为"留有余"。

吉灿升故居是韩城古城区古建筑群的重要组成部分，是韩城保存较好的民居之一，整个院落布局主体建筑保存完整，对于研究韩城地区传统民居具有较高的历史价值。

（6）韩城郭家民居。韩城郭家民居始建于清代，坐西向东，院落通宽约 26 米，通长约 31 米。沿宅院轴线南、北为两跨院。两跨院自东向西坐落有街房、上房及厢房各两栋。

街房面阔十间，进深两椽三架，抬梁式阁楼建筑，硬山顶。前后檐柱自台明 3.3 米处置楞木，上铺楼板。一层沿街施撒带门若干扇，二层各开间辟直棂窗，施下木槛。后檐墙二层辟门一处，沿梯可进阁楼。南、北跨院厢房共四栋。厢房面阔五间，进深一间，抬梁式，硬山顶。院内居中两栋厢房连墙并脊。厢房前后檐柱自台明 3.3 米处施楞木，上铺楼板，做阁楼。各院轴线向西为上房，北跨院上房面阔三间，进深两椽三架。南跨院上房面阔四间，进深两椽三架，抬梁式，硬山顶。墙体为外包青砖，内衬土坯，砖下碱。屋面布仰瓦，筒瓦剪边，砖砌台明，条石压沿。

韩城郭家民居是韩城古城区古建筑群的重要组成部分，是韩城保存较好的民居之一，整个院落布局主体建筑保存完整，对于研究韩城地区传统民居具有较高的历史价值。此外，韩城古城区街房建筑群为市级文物保护单位，已公布 60 处建筑；韩城古城区民居建筑群为市级文物保护单位，已公布 84 处建筑。

二、城镇现状

（一）保存与管理

为实现古城的整体性研究，本书从"面—线—点"三个层次进行古城保存现状评估。

1. 历史格局

（1）城镇轮廓。原夯土城墙包青砖，城墙四边各有城门一座，城墙外有环城路，路外挖有城壕，城墙、城门地上部分在中华人民共和国成立后陆续被拆除，现仅存的下部墙基也多被民居及后修道路占压。据考古调查证实城墙基址位置及范围，现状保存一般，城壕及城外道路因后期修建环城路破坏较为严重，城门未进行考古勘探工作，现仅从历史资料中确定城门大致位置，其具体保存状况不明。

现已考古发掘的两处城墙遗迹分别是位于韩城九郎庙与金城大街道路交会处和九郎庙巷东端残存片段城墙基址，其两处城墙基址残段均已实施有覆罩保护，现状保存较好。

总体而言，韩城原始的城镇轮廓标记（城墙、城壕）在地表均已无存，其原始位置已为环城路所覆盖，地下基址的保存情况并不明朗，具体情况见表 2-2。

表 2-2 韩城城墙、城门遗址保存现状评估

名称	保护级别	保护工程	保存情况
城墙东北角部分段	无	已实施	保存较好
其余城墙段落及四处城门	无	未实施	不明
城壕	无	未实施	不明

（2）街区布局。古城内侧现存趄趄寨、安居寨、赵家寨、庙后寨、城古寨五个古寨。古寨位置未曾改变，整体格局已被现代化建设破坏，传统建筑较少，大部分为现代二层平顶建筑，现仍为居住聚落，寨子都保存有部分寨门、寨墙，部分保存有明清题刻，保存情况一般。

根据现场调研情况与古城历史文献、图像记载及近代历史照片对比，可得以下结论。

在历史轴线方面，韩城古城历史上发展与变化的过程始终存在"趄趄寨塔—金城大街—毓秀桥"的主要空间轴线，其空间格局、走向及轴线两侧传统风貌基本保存较好。轴线上的重要地标建筑，如圆觉寺、北城门、南城门及城南四大牌楼均已无存，趄趄寨塔、毓秀桥保存较好，金城大街两侧建筑风貌保存较好。

在城内空间格局方面，"神东人西"的传统礼制空间格局保存较为完整。城东现存的韩城文庙、韩城城隍庙、韩城九郎庙、庆善寺大佛殿等宗庙建筑保存较好，圆觉寺铁钟等建筑损毁严重，仅存少量建筑遗迹。历史记载的具有防御功能的"五营五庙"的公共建筑格局保存较差，现仅存位于城北近北门的北营庙和位于城东的东营庙，其他防御性建筑已毁。

城内民居及历史街区保存一般，景区开发、古城改造拆毁原有历史建筑及历史街巷，新建建筑及道路破坏原有空间格局。古城中虽部分古建筑因年久失修等倒塌或被拆除，但组成古城格局的重点保护建筑大多得以原地保存，古城的建筑群总体格局保存较好。

总体而言，韩城老城区边缘区域街巷的位置及走向变动较多，因而传统街区布局保存情况一般。

综上，根据本书的评估标准，韩城在历史格局保存状况的两项指标中，轮廓形态一项应评为"低"，街区布局一项可评为"中"，故其历史格局保存现

状评分为"低",见表2-3。

表2-3 韩城历史格局保存现状

轮廓形态（50%）	街区布局（50%）	总评
低（20）	中（30）	低（50）

2. 街巷

经调查统计,严格来讲,保存较好的有金城大街等;保存一般的则有高家巷、西营庙巷、莲花池巷、新街巷、吴家巷等。值得注意的是,老城东北部及东部,由于房地产、旅游街区开发等已造成九郎庙巷、北关东街、弯弯巷、小隍庙街等老街巷消失,详见表2-4。

表2-4 韩城各街巷保存情况

街巷名称	街巷尺度（D/H）	地面高差变化特征	地面铺装材料	地面铺装完整度	沿街立面	街道沿线的传统建筑比例		基本使用功能情况	街巷基本信息	
						评价	数据		长度/米	宽度/米
金城大街	1.0	无	石料	较好	丰富	中	70%	商住	890	6
金城西街	0.6	无	水泥	较好	丰富	低	30%	商住	280	3.5
草市街	1.0	无	石料	较好	一般	低	17%	商住	545	6
隍庙街	0.9	无	石料	较好	丰富	低	20%	商住	300	5
书院街	0.9	无	石料/水泥	较好	丰富	低	10%	商住	460	5
学巷	0.8	无	石料	较好	丰富	中	65%	居住	305	3.5
上长巷	0.3	无	水泥	较好	一般	低	10%	居住	90	2
高家巷	0.9	无	水泥	一般	一般	低	10%	商住	330	5
小高巷	0.5	无	泥土	较差	单一	低	66%	居住	190	1.5—3
北营庙巷	0.6	无	水泥	较好	丰富	低	30%	居住	200	2.5
西营庙巷	0.6	无	水泥	一般	一般	低	10%	居住	108	2.5
杨洞巷	0.6	无	水泥	较好	一般	低	15%	居住	145	2
陈家巷	0.6	无	水泥	较好	一般	低	18%	居住	510	2
猫儿巷	0.3	无	青砖	一般	一般	低	40%	居住	40	1.5
程家巷	0.5	无	水泥	一般	一般	低	40%	商住	50	2
张家巷	0.8	无	水泥	较好	一般	低	10%	商住	280	5
解家巷	0.8	无	水泥	一般	一般	低	32%	居住	200	2.5
贾巷	1.0	无	水泥	较好	一般	低	5%	居住	200	3.5
薛家巷	0.3	无	青砖	一般	一般	低	5%	居住	155	1.6
丝坊巷	0.9	无	水泥	一般	一般	低	5%	商住	70	5
中营庙巷	0.4	无	青砖	一般	一般	低	10%	居住	50	1.5

续表

街巷名称	街巷尺度（D/H）	地面高差变化特征	地面铺装材料	地面铺装完整度	沿街立面	街道沿线的传统建筑比例		基本使用功能情况	街巷基本信息	
						评价	数据		长度/米	宽度/米
杜家巷	0.4	无	水泥	一般	一般	低	40%	居住	30	2
狮子巷	0.3	无	水泥	一般	一般	中	60%	居住	290	1.7
马道巷	0.3	无	水泥	一般	一般	高	80%	居住	70	1.6
贺巷	0.3	无	水泥	一般	一般	低	5%	居住	60	1.6
吴家巷	0.7	无	水泥	一般	一般	低	8%	商住	290	2.5
西牌楼巷	0.6	无	水泥	一般	一般	低	45%	居住	80	2
牌楼巷	0.5	无	水泥	一般	一般	低	15%	居住	105	2.5
天宫巷	0.7	无	水泥	一般	一般	低	25%	居住	105	3
卫小巷	0.3	无	水泥	一般	一般	低	20%	居住	50	1.8
小吴家巷	0.5	无	水泥	一般	一般	低	5%	居住	185	3
聚魁巷	0.5	无	水泥	一般	一般	低	0	居住	90	3
箔子巷	0.7	无	水泥	一般	一般	低	20%	商住	290	3
南营庙巷	0.7	无	水泥	一般	一般	中	50%	居住	260	2.5
崇义巷	0.6	无	水泥	一般	一般	低	45%	居住	100	2.5
新街巷	0.5	无	水泥	一般	一般	低	20%	居住	230	2.5
卫家巷	0.4	无	水泥	一般	一般	低	20%	居住	70	2
王巷	0.3	无	水泥	一般	一般	低	35%	居住	100	1.6
县前巷	1	无	水泥	一般	一般	低	20%	居住	60	5
莲花池巷	0.4	无	水泥	一般	一般	低	10%	居住	185	1.8
集贤巷	0.3	无	水泥	一般	一般	低	10%	居住	70	1.6
中前巷	0.5	无	水泥	一般	一般	中	50%	综合	45	2
礼门巷	无存									
小隍庙街	无存									
北关东街	无存									
九郎庙巷	无存									
渤海巷	无存									
弯弯巷	无存									
东营庙巷	无存									
东马道巷	无存									
薛巷	无存									

　　古城区现有多数街巷因后期改造，地面材质发生改变，水泥铺地、红砖铺地、青砖铺地混杂，破坏原街巷风貌（图 2-2）。具体数据方面，传统铺装材料保存 2935 米，占比 35.95%，沿街立面的传统风貌保存比例为 26.2%。

（a）废弃的大体量现代建筑

（b）保持原始路面的小巷

（c）经旅游开发改造后的传统街巷（弯弯巷）

（d）城中一般街巷的空间尺度（贾巷）

图 2-2　老城区环境

3. 传统建筑

（1）已定级文物建筑。韩城古城内现有已公布为文物保护单位的宗祠建筑 9 处，其中韩城城隍庙、韩城文庙、韩城九郎庙、庆善寺大佛殿及韩城高家祠堂 5 处整体保存较好；学巷菩萨关帝庙及福寿坛 2 处整体保存一般；庙后二郎神庙、城北巷关帝庙 2 处整体保存较差，详见表 2-5。

表 2-5　韩城宗祠建筑保存现状

序号	名称	保护级别	保护工程	保存情况
1	韩城城隍庙	全国重点文物保护单位	已实施	保存较好
2	韩城文庙	全国重点文物保护单位	已实施	保存较好
3	韩城九郎庙	全国重点文物保护单位	已实施	保存较好
4	庆善寺大佛殿	全国重点文物保护单位	已实施	保存较好
5	韩城高家祠堂	省级文物保护单位	已实施	保存较好
6	学巷菩萨关帝庙	市级文物保护单位	已实施	保存一般
7	福寿坛	市级文物保护单位	未实施	保存一般
8	庙后二郎神庙	市级文物保护单位	未实施	保存较差
9	城北巷关帝庙	市级文物保护单位	未实施	保存较差

韩城古城内现已实施保护工程的宗祠建筑有韩城城隍庙、韩城文庙、韩城九郎庙、庆善寺大佛殿等，目前已经对重点保护建筑实施不同程度的维修与保护，各文物保护单位院内尚存部分重点保护建筑有待维修，整体保存较好。

韩城高家祠堂为省级文物保护单位，院落格局保存较好，文物建筑已实施维修与保护，整体保存较好。

学巷菩萨关帝庙为市级文物保护单位，院落整体格局保存较为完整，建筑质量一般，传统风貌保存较好，整体保存一般。

福寿坛为市级文物保护单位，位于城东半坡上，院落整体格局保存较为完整，建筑风格别具特色，建筑质量一般，传统风貌保存较好，院落环境保存一般，整体保存一般。

庙后二郎神庙为市级文物保护单位，现已废弃，院落整体格局保存较为完整，院落环境较差。单体建筑残损严重，缺乏维护，建筑质量及传统风貌保存较差。

城北巷关帝庙为市级文物保护单位，现已废弃，建筑台基塌陷，建筑残损严重，结构稳定性较差，立面已改为水泥材质，建筑风貌改变较大。

韩城古城内现有已公布为文物保护单位的传统公共建筑 8 处，其中北营庙、毓秀桥、东营庙、赳赳寨塔 4 处整体保存较好；韩城县衙大堂、状元楼 2 处整体保存一般；龙门书院、闯王行宫 2 处保存较差，详见表 2-6。

表 2-6　韩城传统公共建筑保存现状

序号	名称	保护级别	保护工程	保存情况
1	北营庙	全国重点文物保护单位	已实施	保存较好
2	毓秀桥	全国重点文物保护单位	已实施	保存较好
3	东营庙	省级文物保护单位	已实施	保存较好
4	赳赳寨塔	省级文物保护单位	已实施	保存较好
5	韩城县衙大堂	省级文物保护单位	未实施	保存一般
6	状元楼	市级文物保护单位	未实施	保存一般
7	龙门书院	市级文物保护单位	未实施	保存较差
8	闯王行宫	市级文物保护单位	未实施	保存较差

北营庙为全国重点文物保护单位，院内大部分建筑已维修，现作为寺庙宗教空间使用，整体保存较好。

毓秀桥为全国重点文物保护单位，整体桥身及桥座质量较好，桥面现有少量破损，整体保存较好。

东营庙为省级文物保护单位，院落格局较为完整，已实施保护维修工程的古建筑现状保存较好，整体院落传统风貌保存较好。

赳赳寨塔为省级文物保护单位，经多次保护维修，建筑质量较好，建筑风貌保存较好。

韩城县衙大堂为省级文物保护单位，仅存一处七开间县衙大堂建筑，院落整体格局已破坏，建筑质量一般，建筑立面抹面改为水泥材质，门、窗改造较大，传统建筑风貌保存一般，文物建筑本体保存一般。

状元楼为市级文物保护单位，现已废弃，院落整体格局保存较为完整，单体建筑保存较好，后建白瓷砖入口大门，建筑风貌保存一般。

龙门书院为市级文物保护单位，现作为居住使用，部分古建筑早期拆毁，现仅保存东、西厢房和厅房，院落整体格局保存较差，其建筑残损严重，结构稳定性差，后期建筑改造较大，建筑质量较差，传统风貌保存较差。

闯王行宫为市级文物保护单位，现基本废弃，院落格局不完整，建筑质量及传统风貌保存较差，沿金城大街建筑现为韩城古城内居民居住、商业使用，利用情况一般。建筑破损情况严重，质量一般，院落环境较差。

韩城古城内现有已公布为文物保护单位的传统民居建筑共 8 处，其中韩城苏家民居、韩城郭家民居、吉灿升故居、韩城解家民居 4 处整体保存较好；永丰昌（酱园）旧址、韩城古街房 10 号、韩城古城区街房建筑群及韩城古城区民居建筑群 4 处整体保存一般，详见表 2-7。

表 2-7　代表性传统民居建筑保存现状

序号	名称	保护级别	保护工程	保存情况
1	韩城苏家民居	省级文物保护单位	已实施	保存较好
2	韩城郭家民居	省级文物保护单位	已实施	保存较好
3	吉灿升故居	省级文物保护单位	已实施	保存较好
4	永丰昌（酱园）旧址	省级文物保护单位	未实施	保存一般
5	韩城古街房 10 号	省级文物保护单位	未实施	保存一般
6	韩城解家民居	省级文物保护单位	未实施	保存较好
7	韩城古城区街房建筑群	市级文物保护单位	未实施	保存一般
8	韩城古城区民居建筑群	市级文物保护单位	未实施	保存一般

韩城苏家民居、韩城解家民居、吉灿升故居为省级文物保护单位，现做居住使用，院落整体格局保存较为完整，建筑质量较好，传统风貌保存较好。

韩城郭家民居为省级文物保护单位，整体格局保存较好，门房上仓下铺，后部厢房质量较好，建筑整体质量、风貌保存较好。

永丰昌（酱园）旧址为省级文物保护单位，现沿街底层作为商铺使用，上层作为居住使用，院落整体格局保存较好，经常年维护建筑质量较好，内院建筑后期改建为现代建筑，与传统建筑风貌不协调，整体保存一般。

韩城古街房 10 号为省级文物保护单位，现无人居住，院落整体格局保存较为完整，无人维护，建筑质量保存一般，建筑传统风貌保存一般，因此整体保存情况一般。

韩城古城区街房建筑群为市级文物保护单位，共79处建筑，其中蓝牌建筑54处，黄牌建筑25处。建筑群整体格局及保存较为完整，局部院落内建筑后期改建、加建，传统风貌保存较好，建筑质量参差不齐，原前店后宅的使用功能延续性较好，因此整体保存情况一般。

韩城古城区民居建筑群为市级文物保护单位，共154处建筑，其中蓝牌建筑68处，黄牌建筑86处。建筑群分散在韩城古城内，建筑院落格局整体保存较为完整，局部院落内建筑后期拆除、改建、加建较多，传统风貌保存较好，建筑质量参差不齐，因此整体保存情况一般。

韩城古城已公布的文物保护单位有31处，现全国重点文物保护单位中的部分重点保护建筑实施了保护维修工程，其余文物保护单位未实施保护维修，因无有力的监管机构及居民良好保护，建筑受自然及人为因素破坏日渐破败，建筑格局完整、结构稳定及建筑传统风貌保持受到极大影响，具体见图2-3和图2-4。

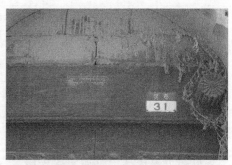

（a）由韩城市文物局公布的重点民居（蓝牌）　　（b）由韩城市住房和城乡建设局公布的重点民居（黄牌）

（c）现行的两套街巷标识　　　　　　　　（d）现行的街巷标识

图2-3　韩城现有标识系统

（a）书院主入口　　　　　　　（b）已斑驳不清的省级文物保护单位警示牌

（c）院中堆放的杂物　　　　　　　（d）简陋的文物库房

图 2-4　文物保护单位现状（龙门书院）

　　（2）传统民居建筑。对传统建筑的调查分为两步：一是要掌握传统建筑保留的数量与比例；二是这些保留下来的传统建筑的保存状况调查。经调查统计，老城区内建筑总量为 2579 栋，其中，传统建筑 732 栋，占全体建筑的28.4%（其中，各类文物保护单位占比为 13.8%，其余 14.6%为传统民居）；现代建筑 1847 栋，占 71.6%。从整体面貌来看，传统建筑占比不足 30%，作为"古城"的韩城老城区已名不副实；现存传统建筑的分布相对集中，主要在城北的杨洞巷、小高巷、北营庙巷，城南的张家巷、南营庙巷、箔子巷，城中部的薛家巷、解家巷、学巷，以及纵贯老城区全城的金城大街等处，其余数十道街巷和老城区边缘地带则基本为现代建筑。

确认所有现存传统建筑的保存状态是调查的第二项内容，目的是了解古城区传统风貌的退化情况。按照不同构件残损程度将其划分为保存较好、保存一般、保存较差三类状态。

经调查统计，三者现状如下：保存较好为 75 栋，占比 10.2%；保存一般为 541 栋，占比 73.9%；保存较差为 116 栋，占比 15.8%，详见表 2-8。其中保存较好的建筑多系城东三庙景区的文物保护单位，而保存较差的建筑多位于城区中西部；保存一般的建筑数量最多，若长期缺乏相应保护修缮措施，会逐渐劣化到较差状态。

表 2-8　韩城传统建筑保存情况统计

城镇	建筑总量/栋	现代建筑/栋	现代建筑比例	传统建筑/栋	传统建筑比例	传统建筑保存现状					
						较好/栋	比例	一般/栋	比例	较差/栋	比例
韩城	2579	1847	71.6%	732	28.4%	75	10.2%	541	73.9%	116	15.8%

注：由于四舍五入，数据有偏差

在全面掌握现状的基础上，尚需了解形成这种状况所花费的时间，进而获知城市传统风貌在一定时段内的退化率。不过，考虑到相关历史数据（城区内所有传统建筑的历史资料、照片等）的阙如，这里我们选择调用 2003—2018 年的韩城历史地图数据进行对比，结果如图 2-5 所示，经统计，彻底改变或消失的区域占老城区总面积的 18.6%，算下来年均退化率为 1.24%。假设年均退化率不变，按照本书的两类算法，其退化年限下限为 23 年，上限为 66 年。需要注意的是，该数据仅反映了规模较大且明显的街区变化，若再将居民私自拆建等零散分布的改变计算在内，估计这一比例会上升至 20%—25%，也就是说，老城区 2003—2018 年的年均退化率或可达到 1.3%—1.7%。虽然这些改变大多与近年来古城美食街、狮子巷、弯弯巷、九郎庙巷、小隍庙街等改造开发项目的实施有关，但考虑到上文统计的风貌类建筑仅占 14.6% 的现状，以及即将开展的位于城北的房地产开发和城西莲花池巷的拆迁等项目，倘若仍按照当下的退化率，那么恐怕在下一个 15 年间，这些风貌类建筑就有全体消亡之虞。

图 2-5　韩城老城区保存现状

　　综上所述，韩城城市遗产保存方面存在诸多问题。例如，城墙、城门及城外环路毁坏严重。1956 年，韩城城墙彻底拆除，原城壕及外环路被改为城市外环路，仅存东城门及东北段城墙基址。然而，在 2016 年某集团承包、开发东北部地产时，将老城东北角划入，导致该区域遗址被破坏。街巷方面，有书院街、隍庙街、陈家巷、西营庙巷、九郎庙巷、弯弯巷、莲花池巷、新街巷、吴家巷、薛巷等数十条街巷地面铺装材料改变或沿街立面改变，导致整体保存较差，其中既有城市干道（书院街）又有支路，但从总体上看，破坏主要发生在两类区域，一类为城市边缘地带，因与新城接壤，更易受到影响；另一类为主要商业通道，因交通压力大及商业活动需求，故道路尺度、铺装及沿街立面较易被改变。

至于传统建筑方面，问题则较为繁多。首先，在城市化过程中，部分古建筑拆除或迁移，原建筑占地变为他用。为满足现代化生活需求，居民加建或改建破坏原建筑平面格局。其次，建筑质量每况愈下。例如，屋面瓦作破损，局部塌陷；梁架承重木构件糟朽、开裂致使整体结构扭曲、变形；墙体裂缝、酥碱、返潮、局部塌陷；墙面粉刷层空鼓、脱落，表面雨水冲刷、污迹明显，墙身底部霉变，墙基局部下沉；地面铺装残破，凹凸不平，排水不畅，或改水泥材质铺地；门、窗等构件年久失修、糟朽，表面油饰脱落，或改造为现代门窗样式等。最后，建筑整体风貌改变。古城内大量民居、商铺建筑后期以现代建筑材料加建或改建，使建筑风貌发生较大变化；建筑屋顶架设太阳能热水器及电视天线设备，威胁建筑结构安全，影响建筑风貌；建筑院内、街巷两侧搭建临时构筑物，杂物堆积。少量原民居或商铺建筑现作为厂房、易燃物仓库使用。

自然因素，如日光、风雨侵蚀，地下水活动，可溶盐、微生物等造成的破坏是普遍的，但并非主要原因。从上述现象来看，韩城老城区受到的威胁主要来自各种人类活动。

4. 保护管理

韩城老城内现有全国重点文物保护单位 6 处，省级文物保护单位 10 处，市级文物保护单位 16 处。目前，老城由韩城市金城区文物保护管理所管理，尚无整个城址的"四有"工作档案，仅全国重点文物保护单位及少量省级文物保护单位"四有"工作初步建立。尚无建立针对韩城老城保护的法律法规，不能满足老城保护管理工作的现实需要，详见表2-9。

表 2-9　现有文物保护单位保护区划

名称	保护范围	建设控制地带
韩城城隍庙	重点保护区为庙内古建筑，一般保护区为庙院围墙内	与一般保护区范围相同
北营庙	重点保护区及一般保护区皆为庙院围墙以内	一般保护区四面外延 50 米
韩城九郎庙	重点保护区及一般保护区皆为庙院围墙以内	一般保护区四面外延 50 米
庆善寺大佛殿	重点保护区及一般保护区皆为大佛殿及其基址东、北外延 30 米，西、南外延 50 米	一般保护区四面外延 5 米
毓秀桥	重点保护区一般保护区皆为桥体及木牌坊四面外延 50 米	一般保护区东、西面外延 50 米，南、北外延 10 米
东营庙	重点保护区及一般保护区皆为庙院围墙以内	一般保护区东、西、南面外延 50 米，北至隍庙街
吉灿升故居	重点保护区及一般保护区皆为院围墙以内	一般保护区东外延 10 米，西外延 18 米，南外延 30 米，北外延 8 米
韩城苏家民居	重点保护区及一般保护区皆为主体 9 间建筑占地范围	一般保护区东、西各外延 18 米，南、北各外延 50 米
韩城高家祠堂	重点保护区及一般保护区皆为祠堂院墙以内	一般保护区东外延 35 米，西、南各外延 15 米，北外延 8 米
韩城解家民居	重点保护区及一般保护区皆为民居院墙以内	一般保护区东、西、南外延 50 米，北外延 8 米
韩城古街房 10 号	重点保护区及一般保护区皆为古街房院墙以内	一般保护区东外延 30 米，南、北各外延 15 米，西外延 8 米
永丰昌（酱园）旧址	重点保护区及一般保护区皆为院墙以内	一般保护区东外延 8 米，南、北各外延 8 米，西外延 15 米
韩城郭家民居	重点保护区及一般保护区皆为院墙以内	一般保护区东外延 8 米，南、北各外延 8 米，西外延 15 米
韩城县衙大堂	保护范围为金城区书院街司马迁专修学院院内	保护范围东外延 30 米，南、北各外延 15 米，西外延 8 米
赳赳寨塔	保护范围为塔基四周各外延 10 米	保护范围外延 15 米

　　韩城市金城区文物保护管理所负责老城的文物保护管理工作，现有在编人员 6 人，具有专业背景人员较少。城内实行文物保护员制度，对不可移动文物进行监督、巡视。管理设施配备较为简陋，管理用房为民居改建，缺乏专用的管理用房。老城保护资金主要由省、市、县的建设、文物等行政管理部门拨款。目前保护经费缺口较大，难以满足现实的保护管理需求。除国家级、省级文物保护单位外，其余市县级文物保护单位均未配备安防监控设备，对可能发生的盗窃、破坏等危害古民居的活动不能起到足够的防御作用。长期以来，城内建筑多为居民居住所用，对建筑的保护维修以居民自发的行为为主。目前，城内文庙、北营庙、庆善寺等古建筑由专业文物保护单位进行了保护修缮，但大部分传统民居未得到有效修缮。老城尚未进行系统的环境整治，古城整治的

方式及手段需要进行系统规划，提升整治效果。目前游客数量较少，尚未制定游客管理制度，也未对游客行为进行规范引导。

综上所述，老城部分文物保护单位"四有"工作已初步建立。已建立专门管理机构韩城市金城区文物保护管理所，部分文物保护单位竖立了文物保护单位标志，开始了保护档案建设。保护区划比较抽象，界线不明确，缺少实际可操作性，不能适应当前保护工作的需要，需要对保护区划进行调整。区划也缺少界桩等保护标识。长期以来，城内民居主要由居民住户进行日常保养及维修，已实施的保护工程存在对历史真实性的不当处理；尚未建立起以政府为主导、居民参与的管理维修机制；现有保护措施不能满足老城保护工作需要，亟待加强和改善；专门管理机构尚未设立，专业管理人员数量较少。内部管理制度尚不健全，亟待补充完善；保护档案建设未达到规范要求，仍需进一步补充完善；保护经费严重不足，极大地制约了老城保护管理工作的顺利开展；无安防设施配备，无灾害应急预案，对可能发生的危害古民居的活动不能起到足够的防御作用；居民日常维护技术手段较为落后，缺乏对古民居建筑本体及环境的日常监测。缺乏针对游客管理的规章制度，尚未对游客行为进行规范引导。

（二）环境与景观

老城西侧狮山、象山多处因开山采石及建设活动破坏山形地貌特征，山体植被大量减少，与城市选址密切相关的山体环境现状保存一般。南侧濛水河因受洪水冲击，河岸两侧堤坝、护坡破损严重，近年来多次发生雨季水量暴增，洪水溢洪，淹没周边民居和道路。濛水河上下游均有民居生活污水排放，污染较为严重，水质较差。老城东北台因城市建设扩张，出现大体量建筑及道路建设时削塬平地、挖地取土、破坏台塬植被、破坏台塬历史地貌的现象。新建的大体量建筑遮挡城市和台塬之间的视线通廊，破坏台塬天际线形态，整体保存状况一般。根据历史图片及文献记载，老城周边原先多为村庄和农田，现城市扩张、工业厂房建设，村庄边缘地不断扩大等侵蚀、占压农田，原历史农田环境保存一般。

综上，根据本书的评估标准，韩城在历史环境保存状况的四项指标中，地形地貌一项应评为"高"，水体一项应评为"低"，植被一项可评为"中"，周边聚落一项应评为"低"，故其历史环境保存现状评分为"中"，详见

表2-10。

表2-10　韩城历史环境现状评估

地形地貌（40%）	水体（20%）	植被（20%）	周边聚落（20%）	总评
高（30）	低（5）	中（10）	低（5）	中（50）

随着老城居民人口增多，居民生活水平提升，城内拆除古建筑后新建大量民居及企事业办公场所、公共服务设施等现代建筑。新增建筑导致城中建筑密度增大，建筑之间存在采光、通风及消防安全隐患等问题。新建建筑多使用现代红砖、水泥等建筑材料，大多为二层至四层，建筑体量、色彩、高度及风格等方面都与城市传统风貌不一致。

景观方面，老城区较好地保留了古城整体空间格局的景观要素——台塬、植被、河流、农田。从北部台塬地金塔公园位置看，整个老城景观视线通畅，韩城城隍庙外东侧新建中高层商业建筑及韩城文庙东北片区拆除古建筑新建仿古建筑及四层看家楼，影响古城传统空间环境。城中电力线路架空设置，电杆位置明显，上空电线复杂交错松散，影响整体景观环境。北门片区、隍庙街东端、金城大街南端三处景观节点环境较差，环城路的两侧景观带与城市传统风貌不相符。

（三）设施与利用

道路交通方面，老城西南方向有连接西环路与韩城新城的巍山南路，道路宽度约15米，水泥路面，近年一直作为新城和老城联系的主要道路，车流较混乱。城东侧新修道路黄河大街连接新城和老城，道路宽度约25米，沥青路面，交通便利。老城对外交通系统整体较为便利，对古城内重点保护建筑及周边环境影响较小。

老城内大部分街巷地面基本保持原石板路铺装，部分街巷诸如书院街为沥青路面。街巷整体路面平整，环境卫生较好，基本保持了道路的传统风貌，与整体环境相协调。但韩城文庙北部、西部，韩城城隍庙西部片区的拆除情况破坏了小隍庙街、渤海巷、九郎庙巷、弯弯巷等传统街巷的城市肌理。

给排水方面，老城生活用水来自区域内水厂，供水面积基本覆盖整个古城，水质较好，但因供应区域较大，供水站供应能力不足，水压较小。城内排水方式多为雨污合流，仅部分街巷新设埋地排水设施，旧排水设施不成系统，排水灌渠分布不均，且管径较小，多有破损及堵塞现象，造成城区排水不畅，城内低洼地区经常发生严重积水现象。

此外，城内大部分地区电力、通信管线采用架空敷设，通信设备沿外墙设置，布局凌乱，对建筑防火安全造成威胁，且影响古城风貌。除全国重点文物保护单位外，其余地区消防设施较不齐全。建筑密度较大，建筑安全防火问题突出。城内仅少数重点文物保护单位布有安防监控设施，其他区域未安装系统的安防监控设施。城内街巷环境卫生较差，主要街巷两侧商业建筑居多，道路两侧杂乱货物堆积，餐饮商铺侵占道路，路面油渍污染较为严重。城内现存公共卫生间不足，且条件较差，不能满足公共卫生设施需求。居民厕所多集中于院内，多为旱厕，无专用的生活污水处理设施，卫生条件较差。

利用方面，老城的全国重点文物保护单位经历年保护维修，现基本向公众展示开放，部分省级文物保护单位向公众展示开放，老城整体未进行展示的统筹规划，仅以单点作为展示内容，对历史街巷、历史环境、民居、商铺建筑未做充分展示。现单点的展示对象主要采用陈列方式展示建筑原貌，缺乏文字、图片等阐释内容，缺乏电子技术的直观展示方式，不能充分揭示古城丰富的历史文化内涵。现有展示路线单一，可观赏节点少，缺少对古城历史环境的展示线路设计，不能完整展示城市选址的特色。

三、保护建议

（一）保存与管理

1. 保护区划调整

在综合考虑了历史城镇文物本体分布的空间范围、城镇外围潜在遗存的可能方位、城镇周边地形地貌、文物保护基本要求及环境景观等方面因素之后，本书建议，对于韩城老城的保护区划可参照以下不同层次进行设定，所涉及的区域总面积为 8.02 平方千米。保护区划设定的目的，是在不变动当前行政区划的前提下，将历史城镇转化为法理意义上的"特区"。在这一区域内，凡涉及文物本体及其历史环境的一切行为，必须符合诸如《威尼斯宪章》《华盛顿宪章》《关于历史性小城镇保护的国际研讨会的决议》等国际文化遗产保护领域重要共识的基本精神；必须遵守《中华人民共和国文物保护法》的相关规定；必须依据《中华人民共和国文物保护法实施条例》《历史文化名城名镇名村保护条例》《陕西省文物保护管理条例》等来规范实践。以上三个"必须"，是其能够有别于其他区域的根本属性。

1）保护范围

（1）四至边界。

西界：西环路西侧。

东界：东环路东侧。

北界：草市街北侧。

南界：濠水桥南约 300 米一线。

（2）控制点。韩城保护范围控制点如表 2-11 所示。

表 2-11 韩城保护范围控制点

编号	坐标	备注
控制点 1	N35°27′15.51″；E110°26′23.51″	南城门外濠水河东侧拦河坝东北端
控制点 2	N35°27′11.77″；E110°26′19.37″	南城门外濠水河东侧拦河坝东南端
控制点 3	N35°27′18.71″；E110°26′01.52″	

（3）面积。总面积为 0.85 平方千米。

（4）基本设定。历史城镇是珍贵的文化资源，一旦遭到破坏便不可再生。因而，在保护范围内，文物保护的原真性与完整性两大原则具有不可动摇的优先地位。原则上，保护范围内只能开展各类与文物保护相关的施工，如遗址的保护加固、古建筑的修缮维护、考古勘探与发掘、环境提升与改善、景观再造、文物展示等。而且在保护措施、工程等实施过程中，必须遵循可逆性、可读性及最小干预等原则，并依法报文物主管部门审批，同时向上一级文物主管部门备案。至于各类建设性施工，除非能够证明其与文物保护直接相关，如博物馆、保护用房、保护大棚等，或与满足范围内当地居民生产生活基本需求有关，如基本交通、给排水、电力电信、燃气、环卫等，其选址不与文物所在地重叠，且外观与城镇传统风貌相协调，否则应一律禁止。当环境、景观类工程施工时，必须定期开展审查，以确保城镇历史环境的原真性与完整性不被改变。对于已存在于保护范围内的聚落、建筑群或单体建筑，可视情况采取不同措施——若该聚落、建筑群或单体建筑已对文物本体造成破坏，或虽未造成破坏，但产生了实质性威胁的，应尽快拆除，并协助居民搬离遗址区；若该聚落、建筑群或单体建筑位于保护范围内，但对文物本体不造成直接破坏，也没有实质性威胁的，短期内可暂不搬迁，不过，必须对其整体规模、容积率等进行严格限制与监控。同时，还应对其外观加以修整，使其与城镇传统风貌相适应，且须严格控制高度，一般不宜超过 6 米。最后，还应对保护范围内的人口承载力进行测算，以某一年限为止，设定人口密度上限。

2）建设控制地带

（1）四至边界。

西界：西环路以西约 600 米处南北向生产道路西侧。

东界：黄河大街东侧。

北界：陵西路、陵东路及巍山南路与 304 省道交叉口西侧东西向道路一线。

南界：保护范围南端控制点 2 向南约 100 米一线。

（2）控制点。韩城建设控制地带控制点具体见表 2-12。

表 2-12　韩城建设控制地带控制点

编号	坐标	备注
控制点 4	N35°28′09.53″；E110°25′41.11″	金城街道清真寺西侧约 100 米路口
控制点 5	N35°28′06.99″；E110°26′09.64″	草市街北 260 米，108 国道（巍山南路）和 304 省道交会处
控制点 6	N35°28′12.55″；E110°26′10.82″	陵西路和巍山南路交会处
控制点 7	N35°28′12.47″；E110°26′26.40″	陵西路和陵东路交会处
控制点 8	N35°28′05.59″；E110°26′31.95″	
控制点 9	N35°28′04.01″；E110°26′43.83″	
控制点 10	N35°27′05.03″；E110°26′41.85″	城古村西北侧
控制点 11	N35°27′06.60″；E110°26′26.50″	
控制点 12	N35°27′09.02″；E110°26′19.07″	
控制点 13	N35°27′13.52″；E110°25′44.04″	涧南村东侧
控制点 14	N35°27′20.75″；E110°25′44.40″	
控制点 15	N35°27′21.47″；E110°25′35.50″	
控制点 16	N35°27′25.73″；E110°25′36.13″	
控制点 17	N35°27′26.71″；E110°25′33.57″	

（3）面积。总面积为 2.17 平方千米。

（4）基本设定。建设控制地带具有文物保护与景观风貌控制的双重属性。一方面，其设立可为潜在的遗迹、遗存的保护提供空间保障；另一方面，可通过对某些规则、规范的预先设定，最大限度地杜绝可能发生的威胁，在一定程度上实现"预防性保护"。建设控制地带内，文物保护的原真性、完整性两大原则仍应作为各类活动的前提。区内用地性质可包括文物古迹用地（A7）、绿地广场用地（G）、公共设施用地（U）、道路交通用地（S）、居住用地（R）、公共管理服务用地（A）、商业用地（B），其分配优先级排序应为 A7＞G＞U＞S＞R＞A＞B。应注意，绿地广场用地类别应以公园绿地（G1）为主，以生产防护绿地（G2）、广场用地（G3）为辅；道路交通用地类别应仅限于城市道路用地（S1）、公共交通设施用地（S41）及社会停车场用地（S42）几个小类；居住用地类别应仅允许规划一类居住用地（R1）；公共管理服务用地类别应仅限行政办公用地（A1）、文化设施用地（A2）和教育科研用地（A3）；商业用地类别应仅限零售商业用地（B11）、餐饮用地（B13）、旅馆用地（B14）及娱乐康体设施用地（B3）。建设控制地带内，应开展全范围考古勘探，以明确与城镇有关的潜在遗存的分布情况。可进行一般性建设，但工程选址必须避开已探明遗存的位置，并向文物主管部门备案。区内建筑必须与城镇传统风貌相适应，并严格控制高度，一般不宜超过 9 米。除考古勘探、文物保护和建筑风貌改善之外，建设控制地带内还应注重自然环境的保护与恢复。一方面，必须禁止任何可能造成地形地貌、水体、植被等环境元素变更的行为；另一方面，应严格约束企业的工业废水、废气、废料排放，以及个人的生产生活垃圾处理。最后，还应对保护范围内的人口承载力进行测算，以某一年限为止，设定人口密度上限。

3）景观协调区

（1）四至边界。

西界：西环路以西约 1500 米一线，西临北涧西村及临水小区。

东界：东环路以东约 710 米一线。

北界：草市街以北约 860 米的香山西路一线。

南界：毓秀桥与京昆线交会处往南约 640 米一线，北临涧南村。

（2）控制点。韩城景观协调区控制点详见表2-13。

表2-13　韩城景观协调区控制点

编号	坐标	备注
控制点18	N35°28′22.69″；E110°25′06.52″	
控制点19	N35°28′20.84″；E110°25′18.38″	
控制点20	N35°28′30.86″；E110°25′20.46″	临水小区东北角，304省道北侧
控制点21	N35°28′34.73″；E110°26′29.43″	龙门大街南段与香山西路交会处
控制点22	N35°28′18.30″；E110°26′27.86″	龙门大街南段与金塔西路交会处
控制点23	N35°28′12.23″；E110°26′59.00″	金塔中路与韩塬南路交会处
控制点24	N35°28′01.02″；E110°26′56.53″	韩塬南路与复兴路交会处
控制点25	N35°28′00.10″；E110°27′00.43″	
控制点26	N35°27′47.09″；E110°27′01.55″	
控制点27	N35°27′30.90″；E110°27′00.81″	
控制点28	N35°27′17.80″；E110°27′07.17″	
控制点29	N35°26′54.53″；E110°27′06.41″	沿黄观光路南侧
控制点30	N35°26′59.49″；E110°25′12.43″	
控制点31	N35°27′13.69″；E110°25′13.41″	
控制点32	N35°27′15.43″；E110°24′55.28″	
控制点33	N35°28′11.76″；E110°25′02.98″	
控制点34	N35°28′14.96″；E110°25′04.17″	

（3）面积。总面积为5平方千米。

（4）基本设定。景观协调区的用地性质应以绿地广场用地（G）为主，以公共设施用地（U）、道路交通用地（S）、居住用地（R）、公共管理服务用地（A）、商业用地（B）等为辅。该区域功能较为单纯，应以城镇历史环境的修复与维护为主，同时可在传统与现代聚落环境之间设立必要的防御及缓冲区域。应注重保护与城镇选址直接相关的地形地貌特征，禁止各类破坏山体及平整土地的行为；还应严格约束任何企业及个人对自然水体的污染，以及对农地、林地、草地等维持城镇历史环境的关键元素的破坏。建设方面，应尽可能使用环保型材料，建筑风格应与城镇传统风貌相协调，建筑体量不宜过大，以低层、多层建筑为主，层数不超过 7 层，高度不超过 24 米。

2. 遗产保存

1）历史格局

城镇轮廓方面，拆除城墙、城门遗迹本体上与古城保护、展示无关的所有建筑物和构筑物，清除遗迹本体上的有害植被及所有垃圾。进行考古勘探后，对清理出的城墙、城门遗迹根据实际情况采取覆盖保护，局部采取覆罩保护，对覆盖保护的遗址段采用植被或其他方式进行标识展示。

保护城镇传统的街区布局，对于留存至今的街巷道路，应确保其基本位置、走向等不发生改变；对于局部改变的，则应在可能的情况下，恢复其原有位置及走向；对于已消失的街区，可考虑采用植物或非植物方式标识其原有布局，并配套相关说明；应禁止在老城内修建新道路。

2）传统街巷

古城内现有保存情况较好的历史街巷采取日常保养，应保留现有主要传统街巷的空间尺度和铺装形式，以及日常路面整修和保养。古城内现有保存情况一般的历史街巷应采取现状修整，停止破坏和现代化改造工程，对路面铺地采取原石板材质，街道明渠改造，保留地埋排水系统和水井等基本工程，并及时进行整修，恢复传统街巷风貌。古城内现有保存较差的历史街巷应采取重点修复，韩城文庙北部、西部，韩城城隍庙西部大片区古建筑拆毁的同时会破坏小隍庙街、渤海巷、弯弯巷、东营庙巷等传统街巷，应对传统街巷开展恢复工作，恢复其街巷原有空间尺度和铺装材质，恢复传统城市肌理。

3）建筑保护与风貌整饬

如前文所述，韩城老城内目前尚存的传统建筑主要由一定数量的各级文物保护单位和未定级的“非文物”类民居构成，鉴于这两类建筑在年代风格断定及维护资金来源方面存在差异，本书认为应当采用“区别对待”的方式加以保护，才能具备较强的现实性。

（1）各级文物保护单位。这类建筑的始建年代、改建时间及营造风格与技法等通常都比较明确，易于制订针对性较强的保护修复方案，并且其维护费用由各级政府的文物保护专项经费保障，故宜采用规范且专业的文物保护措施，在保护措施设计和实施的过程中，应注意不得损害文物及其环境的原真性与完整性，所使用的材料必须具有可逆性与可读性，方案的设计应遵循最小干预原则。这类措施主要有维护、加固、替换及修复。

维护：针对保存情况较理想的传统建筑所采取的简易保养手段，规范且持续的常规维护，能够有效延缓建筑构件的自然衰退，并降低各类文物病害的损伤。其措施包括日常巡查、定期检修、针对病害部位的长期监测、建筑内部及周边的环境维持等。

事实上，常规维护是韩城老城内所有文物保护单位的必要措施，不过，根据目前的保存状况，有些文物保护单位仅采用该措施即可，如韩城城隍庙、韩城文庙、韩城九郎庙、庆善寺大佛殿、东营庙、韩城苏家民居、韩城解家民居、韩城郭家民居、吉灿升故居、学巷菩萨关帝庙等。

加固：当传统建筑的结构或立面材料失去稳定性，若放任该趋势继续发展将严重影响文物安全时，就必须尽快使其恢复稳定。加固可采取物理的（如支护、锚固等）或化学的（如灌浆、黏接等）方式，在实施过程中应使用可降解的或便于拆解、剔除的材料，且材料的色泽与外观质感应在尽量接近原始材料色泽与外观质感的同时保留一定的差异度；加固结构的形态、构造及体量等应在满足力学性能的前提下尽可能简单化、隐蔽化、轻量化。

韩城老城内，建议在维护基础上进一步采取加固措施的文物保护单位有毓秀桥、金塔、烈士陵园三连牌坊、烈士陵园东木牌坊、烈士陵园西木牌坊、烈士陵园八角亭等。

替换：当传统建筑的局部结构或材料已不堪使用，或现代添加物对其结构稳定性、风格统一性存在负面影响时，就必须考虑进行结构及材质的替换。实施过程中，应优先选择传统材料与工艺，只有当传统材料与工艺不可考时，才可使用现代材料与技术，但必须严格控制使用范围并预先试验，替换部分的色彩、形式与质感应尽量接近原始材料，替换部分应注明施工时间。

韩城老城内，建议在维护基础上进一步采取局部替换措施的文物保护单位有北营庙、韩城高家祠堂、韩城古街房10号、永丰昌（酱园）旧址、韩城县衙大堂、状元楼、福寿坛、韩城古城区街房建筑群、韩城古城区民居建筑群等。

修复：对于保存情况堪忧、受破坏严重的传统建筑，仅实施局部替换无法解决根本问题，必须将全面修复纳入考量。因涉及大量的材料替换、结构补强、缺损补配等操作，故应更加审慎，对历史上各个时期的改动痕迹应同等看待，必须避免对不同时期风格的主观倾向。每处构件的修复方案都必须做到有据可依，并且优先选择传统材料与工艺，只有当传统材料与工艺不可考时，才可使用现代材料与技术，但必须严格控制使用范围并预先试验，修复部分的色彩、形式与质感应尽量接近原始材料，修复部分应注明施工时间。另外，操作中还应注意某些特殊构件的艺术特性，如额枋位置彩画的重绘。

韩城老城内，建议在维护基础上进一步采取修复措施的文物保护单位如下：城北巷关帝庙、闯王行宫、龙门书院、庙后二郎神庙等。

（2）非文物类传统民居。一般来说，这类建筑的始建年代、改建时间及营造工艺、风格等不易确定，故无法制订统一的保护修复方案。另外，这些传统民居大多未进行文物定级，不享受政府的保护专项拨款，养护资金基本需要居民自筹，因而不宜采用文物保护单位的专业保护措施，而应以恢复风貌为主要诉求。当然，要实现这一目的，必须由文物主管部门牵头，委托专业机构在参照重要建筑保护措施的基础上，制订民居维护修复的指导性建议及参考方案，以引导、规范民间的修缮行为。方案公布后倡议全体居民共同遵守并加强监督。不过，对这类建筑采取任何保护措施的前提，是对每一栋建筑进行登记建档，这里可以本书的调查结果为参考。从该类建筑的实际情况出发，结合我国现有文物保护体制，本书建议，对该类建筑的保护可以考虑以下几类方式。

现状维持与监控：对于保存较好的传统民居建筑，建议采取保留原状的处理方式。这类建筑本身结构稳定，外观风貌保持良好，其梁架结构及外立面进行一般日常维护保养即可，建筑内部可进行装修改造，但不改变基本建筑结构。为防止其保存状态进一步劣化，地方文物主管部门可依托民间文物保护力量（如文物保护员）建立长期监测预警机制；对于出现明显衰退趋势的建筑，可设立重点监控制度。

改善：对于保存状况一般的传统民居建筑，建议采取改善的处理方式。这类建筑通常结构稳定，但屋面、外立面等有一定程度的残损或改变，对日常使用及城镇风貌有一定影响。其梁架结构及外立面进行一般日常维护保养即可，但外部的破损与改变部分需加以修复，修复时应倡导使用原始材料与工艺。建筑内部可进行装修改造，但不改变基本建筑结构。

整修：对于保存状况较差的传统民居建筑，建议进行全面整修。这类建筑不仅外立面、屋面残损，梁架结构也经常存在各类病害，建筑质量严重下降，已基本不具备使用功能。整修时可对其梁架结构视情况进行局部或全部替换，并可对房屋屋面、外墙、门窗等进行更换，修复时应倡导使用原始材料与工艺。建筑内部可进行装修改造，但不改变基本建筑结构。

整饬：对于建筑质量尚可，但建筑外观被显著改变的传统建筑，建议采用外观整饬的手段。整饬内容包括但不限于将屋面恢复为传统形式、将屋面材料更换为传统材料、将外墙材料更换为传统材料、将门窗更换为传统门窗等。

对于城镇中大量的现代民居建筑，也可参照上述方式进行外观整饬。因本身属于"仿古"，故不可搞"一刀切"式的统一行动，否则容易弄巧成拙，制造大量风格僵化、工艺粗陋的低水平沿街立面，反而有损城镇的文化内涵与品位。

3. 管理机制

韩城老城的保护管理工作应注重以下三个方面：加强运行管理，强调专业管理，健全管理机构配置；落实保护规划对保护区划的管理规定；加强工程管理，近期应注重本体保护工程和展示设施工程及环境整治工程管理。各项保护管理工作都应依托专门设立的保护管理机构来开展。

1）机构与设置

建议由地方政府牵头，地方文物主管部门、住房和城乡建设部门、交通部门、园林部门、环卫部门等共同组建专业的历史城镇保护管理机构。机构的主要职责如下：负责历史城镇保护规章制度的制定；负责各类保护工作的组织与实施；负责与地方政府各部门合作，对城区内各类基础设施建设方案、建筑方案、商业开发计划等进行联合审核、检查、监控；负责就城镇保护事项与地方政府部门、企事业单位、当地居民等进行协调与协商。机构内设置三个领导岗位，即总协调人、负责人、常务负责人。总协调人可由地方政府主管文物工作的领导兼任，主要负责与地方政府各部门间的业务协调；负责人必须由地方文物主管部门领导兼任，主要负责机构内部的组织、宏观管理及与地方政府的沟通联络；常务负责人则是机构的实际运营者与管理者，建议采取公开招聘的形式，从考古、文博、建筑等相关行业选拔具备丰富不可移动文物保护工作经验的人员担任。此外，应聘请一定数量的行业内专家，组建学术顾问组，负责技术指导；邀请当地居民作为地方联络人，负责保护政策的普及与反馈意见的收集。

2）制度建设

应健全、完善与机构内部运行有关的各项制度，制定并公布文物安全条例、"三防"应急预案、城镇文物与历史风貌保护行为准则、传统建筑保护条例等规章，并建立各类未定级传统建筑的登记建档工作制度。同时，应组织相关领域专业力量，尽快研究制定《传统建筑修缮指导意见》《传统建筑修缮方案示例》等指导性技术文件，并向社会公布。

应建立历史城镇保护居民联络会制度，可邀请一定数量的当地居民代表，定期（一个季度或半年）召开座谈会，向当地居民公布最新的保护工作进展及下阶段的工作计划，并收集反馈意见。此外，还应设立非定期的表决会机制，当涉及重大规章的制定、公布，重要工程的设计、施工等方面事项时，可临时召开表决会，以及时征求民众意见与建议，并进行民主表决，提高民众对历史城镇保护的参与感与积极性。

3）常规维护管理

应进一步完善地方文物保护员制度，并在此基础上建立日常巡视制度。考虑到实际情况，建议可分片包干，采取保护范围内每日一巡、建设控制地带内每两日一巡、景观协调区内每周一巡的工作频率。建立文物建筑常规维护制度，定期保养，延缓其衰退。建立传统建筑维修监督指导制度，规范民间修缮行为，保护城镇风貌。在以上工作内容的基础上，可尝试与社会力量合作，进行城镇传统建筑保护数据库及实时监控系统的建设。

4）施工监管

保护管理机构应负责城镇保护区划范围内保护修复、环境整治、景观提升、展示利用、基础设施改善等各类工程申报的组织协调、施工单位资质审查、工程方案审核、施工过程跟踪监控、竣工验收等工作。

（二）环境与景观

1. 历史环境

（1）地形地貌。考虑到历史城镇周边地形地貌的变化往往体量巨大，使其尽复原状将耗费庞大的人力、物力，不具备现实可行性，因而对其保护应以遏制破坏为主，应严格禁止各种破坏地形地貌特征的生产生活活动，如开山采石，修建梯田，平整土地，挖掘池塘、壕沟、水渠等。

（2）水体。河道疏浚清淤，修整河岸，保持河流的传统尺度与走向。配置污水处理设施，禁止生产生活污水直排河流。禁止任何单位及个人向自然水体中倾倒废弃物。

（3）植被。开展城镇周边山体、台塬绿化及城镇道路绿化，绿化方案设计时应注意选用本地传统植物品种，保护范围内的道路绿化应避免种植深根性乔木。

（4）周边聚落。应严格限制周边现有聚落的规模，防止其过度扩张；对聚落内部建筑的体量和立面形式应做出限制，具体可参照建设控制地带要求，但可适度放宽；对于历史上一度存在，但现已消失的聚落，应在考古勘探、发掘的基础上对其位置做出标识与说明。

2. 景观风貌控制

1）基本设定

恢复城镇主要空间轴线方向的视觉通畅，对阻碍视线的现代建筑进行改造或拆除。保护城镇的传统天际线形态，对超过限制高度的现代建筑进行改造。恢复城镇的传统屋面形态，对现代建筑屋顶进行风格化改造。对影响、破坏传统街巷空间特征及尺度比例的现代建筑进行改造或拆除。在重要建筑、代表性民居院落及传统建筑片区周边应适度减少绿化覆盖率，起到景观突显效果；在政府、学校、医院等较大体量现代建筑周边应加强绿化，实现隐蔽化处理。城区内各种线路、管道等，应逐步改为地埋方式铺设。城区中各种指示标牌、说明牌等应逐步更换为传统材质与形式；清理各种现代化的广告牌、灯箱、标语牌、店铺招牌、霓虹灯；清理城中的废弃物、垃圾堆等。

2）景观轴线

从古城北"赳赳寨塔—圆觉寺—赳赳塔景观点"景观节点至北门景观节点，向南沿金城大街至南门景观节点，继续向南"毓秀桥—牌楼"景观节点的景观轴线，串起了北营庙、韩城高家祠堂片区、金城大街沿街传统商贸带、韩城古民居片区、濠水河驳岸景观区等景观。这一景观轴线不仅是韩城古城空间结构的突出表现，也是韩城古城主要城市轴线蕴含的文化特征的呈现。

韩城古城博物馆节点—隍庙街—三庙古建筑群—书院街—西门节点的景观轴线串联了韩城文庙、韩城城隍庙、东营庙、韩城古街房 10 号、永丰昌（酱园）旧址、人民公园、龙门书院、韩城县衙大堂等景观节点，这一景观轴线充分体现了韩城古城丰富的建筑文化和建筑艺术魅力。

3）主要景观片区

古城内外规划设立九处景观片区，即三庙古建筑区、韩城古民居片区（两处）、北营庙、韩城高家祠堂片区、县衙遗址公园、渤海巷文化街区、弯弯巷文化街区、隍庙古街文化区及文化娱乐体验区。

4）主要观景点和视线通廊

（1）主要观景点。规划设立多处观景点，分别为"赳赳寨塔—圆觉寺—赳赳塔景观点"，"毓秀桥—牌楼"，南门节点、东门节点、西门节点、北门节点，以及各个文物保护单位及其周边环境组成的景观节点。完善景观节点的设施建设，在保证文物安全和游客安全的基础上，全面展示韩城古城独特的景观风貌与环境背景。

（2）视线通廊。规划主要视线通廊共四条，基本涵盖主要景观节点和观景点，分别为"赳赳寨塔—圆觉寺—赳赳塔景观点"—"毓秀桥—牌楼"景观节点；韩城古城博物馆景观点—西门节点；濠水河南侧观景点—南门节点；东侧台塬观景点—整个城区。

清理规划确定的视线通廊的景观干扰因素，严格控制视线通廊视域范围的相关建设。

（三）设施与利用

1. 基础设施

基础设施改造必须以保护和展示为中心，不得对重点保护建筑和景观风貌造成破坏。应将老城的基础设施建设与改造纳入城市基础设施建设和改造整体规划。基础设施改造应以道路系统为框架，给排水、电力、通信、燃气、供热等管线均沿道路地下埋设。改造应使城区内居民的生活环境得到改善，改善城区内污水任意排放、固体垃圾随意堆放的状况，改善古城的卫生状况，同时还应满足观光旅游发展的需求。

基础设施的改造应按规划分区、分期实施。已实施基础设施改造的区域，应逐步废弃原有的对重点保护建筑和环境景观造成破坏的基础设施；尚未实施基础设施改造的区域，可继续利用现有的基础设施，不应改建、扩建、新建。

沿主要街巷埋设给水管道，将古城给水设施纳入韩城市政给水管网系统。在已采用新的给水系统的区域，应废弃各村现有的给水系统；在新的给水系统尚未建成的区域，暂时继续使用现有的给水系统，不得新建、改建、扩建。生活用水水质要求达到生活饮用水卫生标准，农业和绿化灌溉用水可考虑采用经净化处理的中水。供水量设计指标应符合当地的需求，经济合理，节省水资源。排水管网设计应考虑雨水和污水分流。雨水采用明渠排放，排入区外河道。对古城区所有居民和单位的生活污水，利用新技术，分区修建小型污水处理设施，使生活污水达到二级排放标准，就地灌溉使用或排入河道。暂时继续使用现有的排水系统，不得新建、改建、扩建。城内外的农田和绿化带灌溉要求使用节水的喷灌和滴灌设施，禁止使用大水漫灌的方式。在古城范围内的各级文物保护单位、公共建筑、旅游服务区等设置灭火器，沿主要街巷设置消火栓。

将城内居民和企事业单位高排放、高污染、分散型的燃气和供暖设施，逐步改造为低排放、低污染、集中型的燃气和供暖设施。燃气和供暖设施改造必须统一规划，集中供气、供暖，管道沿道路地下埋设，进入各民居、企事业单位和旅游服务区、保护管理区。

将老城的垃圾处理纳入市政环卫系统，实施统一管理。在保护范围内设置垃圾箱，按需建立移动垃圾站，建设控制地带内按需建立垃圾站。在主要展示街巷道路旁、服务区等处设置垃圾箱，建立旅游垃圾处理系统。在入口服务区、停车场、保护管理中心及各级文物保护单位、博物馆附近修建公共卫生间。公共卫生间建筑形式外观应与古城整体景观协调，公共卫生间数量、面积和内部设施参照旅游景区公共卫生间建设标准修建。

可在古城东门、南门、西门外设置旅游服务区，满足韩城古城管理和游客餐饮、购物、娱乐、休息、医疗等需求。其中，韩城文庙东街东端为主服务区，占地面积不超过 5000 平方米，服务区的房屋建筑形式应与古城景观相协调，内部设施参照旅游景区标准修建；南门、西门外服务区为次要服务区，占地面积以 1000 平方米以下较为适宜。

2. 展示利用

为实现老城的合理利用，应对城内的用地性质进行一定程度的调整，结合土地利用现状制订征用及调整计划并纳入韩城市总体规划；强化规划范围内传统特色商业服务和文化、旅游的职能，形成以居住为主，文化休闲、旅游观光及传统商业服务为辅的多功能区域；严格控制在规划范围内进行大型商业、文化、公共设施等项目的建设；用地性质应考虑基础设施可能提供的容量和条件及建筑规模格局等因素。

开展保护范围及建设控制地带内土地利用现状专项评估，依据历史环境景观修复要求确定用地布局，制订征用及调整计划。将古城内公布的文物保护单位保护区划用地调整为文物古迹用地。将文庙西侧、北关东大街周边、隍庙街道路两侧现已拆除片区的用地恢复为原居住用地、文化设施用地、城市绿地，恢复原有历史观街巷。环城东路东侧已拆迁片区调整为商业用地、文化设施用地、道路广场用地及城市绿地。韩城文庙东关街处于古城主入口，规划设立入口停车场，用地性质调整为道路广场用地。韩城县衙大堂规划设立县衙遗址公园，将城区内教育用地调整为城市绿地。

老城的展示利用应遵循"全面保护、体现格局、重点展示"的原则；以不破坏遗产为前提，以体现古城的真实性、可读性和遗产的历史文化价值，以及实现古城的社会教育功能为目标；力求实现展示与保护相结合、文物本体展示与景观展示相结合、单体文物建筑展示与整体格局展示相结合、物质文化遗产与非物质文化遗产展示相结合。可以古城整体格局、历史文化、政治文化、军事文化、商业文化、宗法文化、农耕文化、民俗文化为主要展示主题，全面展示其承载的历史、文化价值，具体可包括以下主题：古城文化核心区（三庙古建筑片区、传统民居展示片区、传统公共建筑展示片区、古街房商业带、遗址公园展示片区）；历史文化街区；城东文化体验区；金塔景观展示区；毓秀滨河休闲区；生态田园区；历史台源体验区；等等。展示内容可包括但不限于：遗存本体，即构成古城的各要素，如城墙城门遗址、宗祠建筑、传统公共建筑、传统民居建筑、相关文物建筑、历史街巷及古树名木等；遗存环境，即古城址、堡寨、山体、台源、河流、平川等要素；无形文化遗产，如建筑材料、工艺、结构、装饰、风格、形制等反映出的建筑文化，以及行鼓、阵鼓、秧歌、狮舞杂技、门楣题字等。展示方式可以考虑城镇格局、环境、建筑、陈列馆、遗址标识和覆罩、场景模拟等。其中，城镇格局展示主要包括古城选址、地形地貌、城垣与环壕、街巷等不同要素。环境展示主要指在实施环境综合整治、景观风貌控制等措施后，有目的地选取一些基础条件较好的地段或节点加以重点培育，使之呈现出宜人的生态及人居环境。建筑展示可以现有的文物保护单位为依托进行，并进一步选取其中保存较好的作为专题陈列馆，也可另建新馆。陈列馆内通过文字、图片等资料和实物展品，配合多媒体、声、光、电等多种现代展示技术手段进行室内陈列展示，为游客提供相关历史信息的全方位介绍，充分展示文物价值。场馆选址应考虑交通便利性，故在隍庙街外片区较为适宜。遗址标识和覆罩展示主要针对城墙及城门遗址，建议对现已无存的城墙及四座城门采用植被或砂石等方式加以标识，对进行过考古发掘的东门北侧城墙基址采用覆罩方式进行展示。场景模拟为补充性展示方式，主要通过当地居民传统生产、生活方式及古街商业活动的场景模拟，还原古城生活场景，以直观的形式展现城市文化特色，增加人们的沉浸感。

在游线的组织上，应根据不同的游览方式，设计不同长度的路线。如游客选择乘坐电动车，路线可设计为黄河大街—文庙东关街—主入口—古城博物馆—三庙古建筑区—环城东路—北门—城北历史文化街区—环城西路—环城南路—濠水河。如游客选择共享单车或公共自行车，则可设计为东主入口—三庙古建筑区—隍庙古街文化区—金城大街古街房建筑群—北营庙、韩城九郎庙、韩城高家祠堂—北门—城北历史文化街区—西门—环城公园—濠水河—毓秀桥—东主入口，或东主入口—古城博物馆—三庙古建筑区—隍庙古街文化区—金城大街古街房建筑群—县衙遗址公园—西门—环城公园—濠水河—毓秀桥—东主入口。如步行，可设计为东主入口—古城博物馆—三庙古建筑区—隍庙古街文化区—金城大街古街房建筑群—北营庙、韩城九郎庙、韩城高家祠堂—北门—赳赳寨塔、圆觉寺—金塔公园—次入口，或东主入口—古城博物馆—三庙古建筑区—隍庙古街文化圈—金城大街古街房建筑群—县衙遗址公园—北营庙、韩城高家祠堂—北门—赳赳寨塔、圆觉寺—金塔公园—次入口。

同时，应考虑建立游客服务中心—游客服务点—服务设施三级游客服务体系。结合主要出入口设置游客中心，设计和配置完善、便利的游客服务设施，分别于老城西门外、隍庙街东端及古城南门处设置三处游客服务中心，三处总建筑面积不超过 1200 平方米。主要配套服务设施应包括信息中心、公共卫生间、停车场、公交站点、公共自行车存取点、餐饮服务点、饮水处、医疗服务点、讲解服务点等。结合老城开放展示的重点保护建筑及古民居设置游客服务点，分别位于县衙遗址公园、老城东北角、老城东南角及城外东侧处，提供必要及基础性游客服务。主要配套服务设施包括信息中心、公共卫生间、停车场、公交站点、公共自行车存取点、餐饮服务点、饮水处、医疗服务点、讲解服务点等。关注游客需求，及时解决游客服务需求，提高综合服务能力。针对游客安全保障制定各项日常规章制度，制定高峰时期游客安全保障应急预案。

老城的主要游览区域与其建议保护范围基本重合，则其可游览面积约为 0.85 平方千米。结合老城的具体地形情况，游客的游览空间为 150 米^2/人。周转率按每天开放参观 12 小时计，取值为 2。日最大环境容量 C=（A÷a）×D=（850000÷150）×2=11333（人次）。按每年 365 个参观日计算，年最大环境容量为 365×11333=4136545（人次）。

近期（15 年内）的保护工作建议可按照轻重缓急分为三步。第一个五年内，建议完成古城重点保护建筑保护措施、近期环境整治项目、一般展示项目，进行旨在了解韩城古城布局结构的考古勘察；完成保护规划编制、报批与公布程序；按照国家文物局要求，完善"四有"档案，开展古城文物信息数据库建设；落实和完成保护和管理工程项目，如文物保护征地、保护范围界桩、文物保护碑、安防监控设施、重要文物点保护展示工程；完成保护范围、建设控制地带内环境整治工程，如电线迁埋、垃圾清理、台塬植被调整、河流治理等；完成展示工程，如古城博物馆、近期展示工程项目、入口服务区、停车场建设工程等；制定并公布《韩城历史城区保护管理条例》。第二个五年内，建议完善文物信息数据库建设、加强保护工作，依据各项检测数据调整和制定相关对策，完成公园范围内环境综合整治工作，完成展示工程建设，丰富展示内容、提升展示效果，加强历史环境修复与整体景观环境风貌保护，推动考古工作和相关研究工作，加大宣传力度，开展文物保护教育活动。第三个五年内，可继续致力于提高保护工作科技含量、改善生态环境、深化教育宣传等工作。

第二节　麟　游

一、城镇概况

（一）城镇概况与沿革

麟游县位于关中西部，行政上隶属于陕西省宝鸡市，西为宝鸡市千阳县，北为咸阳市彬州市，东为咸阳市乾县、永寿县，南为宝鸡市岐山县、扶风县、凤翔区。县域东西长 65 千米，南北宽 46 千米，总面积 1704 平方千米。县域地处渭河北岸低山丘陵区，地势西高东低，海拔为 740—1664 米，平均海拔 1271 米，地貌以山地与河谷为主。气候属温带半湿润大陆性季风气候，降水多集中于夏秋两季，冬春则较为干燥，年均降水量为 621.9 毫米，年均气温 9.3℃，年无霜期 178 天。

麟游矿产资源丰富，煤炭、石油、天然气、黏土等均有赋存，尤其煤炭蕴藏量巨大，仅麟北煤矿一处的蕴藏量就达 40 亿吨。陇海铁路、菏宝高速、342 国道、306 省道等交通干线从境内穿过，交通较为便利。

截至 2020 年末，麟游户籍人口为 86081 人（其中男性为 45666 人，占比约 53.1%；女性为 40415 人，占比约 46.9%）。其中，18 岁以下为 14653 人，18—34 岁为 22940 人，35—60 岁为 34370 人，60 岁以上为 14118 人。城镇化率为 38.27%。全县人口出生率为 7.6‰、人口自然增长率为 1.6‰。

早在旧石器时代，今麟游境内已有原始人类繁衍生息。进入新石器时代后，逐渐发展出以史家原、瑶庄、槐树湾等遗址为代表的文化。夏代之时，今麟游所在为古雍州地界。商代时，周人先祖于漆水之滨建置杜林邑，至古公亶父时，因受北狄袭扰，从麟游迁移至周原一带。

春秋时麟游为秦国疆域。秦始皇统一六国后，于麟游分置杜阳、漆两县，隶属于内史管辖。西汉时将两县改隶于右扶风郡，此后直至北魏，均属扶风郡。西魏时始置麟游郡，唐武德年间改称西麟州，贞观元年（627 年）撤州改县，隶于岐州，五代时改隶于凤翔府，此后直至清末，县名及隶属关系未发生改变。

民国期间，麟游先后隶属于陕西省关中道、陕西省第九区行政督察专员公署。中华人民共和国成立后，麟游先后隶属于彬县专区、宝鸡专区、凤翔县[①]，自 1961 年起复归宝鸡，至今未变。

（二）遗产构成

1. 城郭

麟游城垣最早建于唐贞观六年（632 年），系由九成宫迁城至童山所筑。后经五代、宋、金、元等朝代，已颓败不堪，明景泰年间由知县张翀循旧修补。天顺年间，知县张绅增修外城，周长超过九里。崇祯七年（1634 年），城为李自成义军所破。崇祯十年（1637 年），知县夏绍禹请款修复旧城。

清康熙年间，知县杨镳修葺城垣。乾隆十六年（1751 年），东谯楼因暴雨坍塌，知县蒋正凯捐资修复。乾隆三十六年（1771 年），知县区充花费九千六百七十金大修城垣，完工后城周三里，高三丈、阔一丈，南城墙为曲尺形。除南墙外，其余三面均辟城门，西门名"获麟门"，东门名"武川门"，北门名"邠风门"，城门上建谯楼，遍覆雉堞。道光二十年（1840 年），知县陈典重修南城女墙，增建魁星楼。同治三年（1864 年），知县李清玉增建城西敌楼，旋圮。同治六年（1867 年），知县曾吉光补葺南城，建东南角魁星楼。光绪三年（1877 年），知县侯恩济以工代赈，加固城垣。光绪五年（1879 年），知县厉乃庆改修女墙。

民国二十七年（1938 年），东城垣坍塌，县内筹款并推举刘绩臣负责修缮工作。中华人民共和国成立后，在"文化大革命"期间，城门及城楼被拆除，其余墙体大多得到保留。

2. 街巷

麟游城内原有主要街巷 4 条，呈两横两纵布局，但无固定名称。其中主街两条，一横一纵，一条为连接东西城门的街道，将城区分为南北两个部分，长 318 米，沿街坐落城中主要公共建筑，自西向东有义仓、关帝庙、城隍庙、学署、县署、马王庙、龙神祠；另一条北起北门，南端与东西门街交会，长 213 米。主巷

---

① 今宝鸡市凤翔区。

也有两条,一横一纵,一条为西门内的南北向巷道,南起东西门街,北经甄公祠,长125米;另一条东起北门街,西经书院与甄公巷相交,长170米。中华人民共和国成立后,城内居民又在4条主要街巷周边开辟出7条巷道。

3. 建筑与民居

清代时,麟游一度较为繁华,建有不少公共建筑,城内有县署、学署、书院、常平仓、南下平原义仓、兴谷里义仓、关帝庙、城隍庙、马王庙、神龙祠、李公祠、甄公祠等,北门外有历坛、兴国寺、仙游观、天元阁、玉皇阁、崔府君祠,东门外有春场、南坛、文庙、文昌宫、昭忠祠、节孝祠、魁星阁、八蜡庙、火星庙、猛将庙、虎公祠等,西门外有演武场、汤泽园、麟溪桥、山王庙、五龙祠、凌虚阁等。目前城内外仍存留的仅有城隍庙。

麟游城内空间狭小,除去各类公共建筑占地外,民居主要分布于城南、城西北、西门内、东门内等。传统民居建筑形式主要为两面坡式关中四合院;建筑材料方面,梁架为木构,墙体则为青砖或土坯砌筑。

二、城镇现状

(一)保存与管理

为实现古城的整体性研究,本书从"面—线—点"三个层次进行古城保存现状评估。

1. 历史格局

(1)轮廓形态。麟游城原本的轮廓由城墙和城壕共同勾勒。经勘测,北城墙原长390米,残长330米,残高5—6米;南城墙原长390米,残高3—5米;西城墙原长325米,残长265米,残高4—6米;东城墙原长270米,残长252米,残高3—6米。城墙全长1375米,接近县志中"周三里"的记载。除南城墙外依托自然地势,下临高崖,其余三面城墙外原先均有城壕,后随城墙一同废弃(图2-6)。城壕东段和北段已填平为耕地,西段填平为道路。现场勘察时,城壕边界仍可辨认,估计原宽度约为15米。西、北、东三面城墙原各有城门一座,西曰获麟门,北曰邠风门,东曰武川门。城门地上部分在中华人民共和国成立后陆续被拆除,因未进行过考古勘探,城门基址是否存在尚不清楚。麟游的城墙、城门、城壕均未实施过保护工程,文物本体的保存状况堪

忧，但从历史格局的标识作用角度来看，其界线较为清晰，城镇轮廓保存较
好，详见表2-14。

（a）西北城角残余马面　　　　　　　　　　　　（b）西城墙

（c）北城墙　　　　　　　　　　　　　　　　（d）东城墙

图2-6　城墙局部现状

表2-14　麟游城墙、城门遗址保存现状评估

名称	保护级别	保护工程	残长/原长/米	保存情况
北城墙	无	未实施	330/390	残高5—6米，西北角马面尚存，东北角有一段约36米城墙缺失
西城墙	无	未实施	265/325	残高4—6米，西南角马面尚存，西门南侧两段约60米城墙缺失
东城墙	无	未实施	252/270	残高3—6米，东北角马面尚存，中段约18米城墙缺失
南城墙	无	未实施	390	残高3—5米，西南角马面尚存
城壕	无	未实施	1050	城南为自然山崖，无城壕。东段、北段填为农田，西段填为道路
北城门	无	未实施		无存
西城门	无	未实施		无存
东城门	无	未实施		无存

（2）街区布局。虽然后世新增了 7 条巷道，但麟游城内原本的"两横两纵"街巷格局得以保留，其位置、走向至今未发生明显变化，因而城镇的空间轴线与布局基本未受影响，传统街区布局保存较好。

综上，根据本书的评估标准，麟游在历史格局保存状况的两项指标——轮廓形态和街区布局上均可评为"高"，故其历史格局保存现状评分为"高"，详见表 2-15。

表 2-15 麟游历史格局保存现状

轮廓形态（50%）	街区布局（50%）	总评
高（40）	高（40）	高（80）

2. 街巷

经调查统计，麟游城中保存较好的街巷为 1079 米，占比 70.62%，保存一般的为 449 米，占比 29.38%。城中主要道路已全部铺设水泥路面，导致传统地面铺装材料保存较差，仅个别次级巷道仍维持传统黄土路面，长 293 米，占比 19.18%。麟游沿街立面传统风貌保存比例为 43.6%，详见表 2-16。

表 2-16 麟游各街巷保存情况

街巷名称	街巷尺度（D/H）	地面高差变化特征	地面铺装材料	地面铺装完整度	沿街立面	街道沿线的传统建筑比例 评价	街道沿线的传统建筑比例 数据	基本使用功能情况	街巷基本信息 长度/米	街巷基本信息 宽度/米
1 号街巷（东西门街）	1.33	无高差	水泥	较好	单一	中	76%	居住	388	4—11
2 号街巷（北门街）	1.32	无高差	水泥	较好	单一	中	70%	居住	213	2.5—7.8
3 号街巷（学堂巷）	1.3	无高差	水泥	较好	单一	低	18%	居住	170	4—12
4 号街巷	2	无高差	水泥	较好	单一	中	64%	居住	308	12
5 号街巷（甄公巷）	2	无高差	土路	一般	单一	中	77%	居住	125	8—12
6 号街巷	0.5	无高差	水泥	一般	单一	低	0	居住	50	2.4—3.4
7 号街巷	0.4	无高差	水泥	一般	单一	低	0	居住	53	1—2.5
8 号街巷	0.8	无高差	水泥	一般	单一	低	17%	居住	53	2.7—3.7
9 号街巷	0.8	无高差	土路	一般	单一	高	83%	居住	80	1.5—4
10 号街巷		无高差	土路	一般	单一	低	0	居住	45	2—4
11 号街巷		无高差	土路	一般	单一	中	75%	居住	43	3—5

3. 传统建筑

麟游城中仅城隍庙一处为已定级的文物保护单位（县级），保存比例约8.7%。该建筑院落整体格局已基本无存，仅剩后殿一座，经维修后建筑质量一般，前院建筑已改建为现代形式，与传统建筑风貌不协调，整体保存较差。

经调查统计，老城区内建筑总量为176栋，其中，传统建筑91栋，占全体建筑的51.7%；现代建筑85栋，占48.3%。传统建筑占比刚刚过半，作为"古城"勉强及格；现存传统建筑的分布相对集中，主要在城南、城西北、西门内、东门内等（图2-7）。

（a）　　　　　　　　　　　　　　　（b）

图2-7　部分传统民居现状

确认所有现存传统建筑的保存状态是调查的第二项内容，目的是了解古城区传统风貌的退化情况。按照不同构件残损程度将其划分为保存较好、保存一般、保存较差三类状态。麟游老城区保存现状见图2-8。

图 2-8　麟游老城区保存现状

经调查统计，三者现状如下：保存较好为 0 栋；保存一般为 47 栋，占比 51.6%；保存较差为 44 栋，占比 48.4%（表 2-17）。

表 2-17　麟游传统建筑保存情况统计

城镇	建筑总量/栋	现代建筑/栋	现代建筑比例	传统建筑/栋	传统建筑比例	传统建筑保存现状					
						较好/栋	比例	一般/栋	比例	较差/栋	比例
麟游	176	85	48.3%	91	51.7%	0	0	47	51.6%	44	48.4%

在全面掌握现状的基础上，尚需了解形成这种状况所花费的时间，进而获知城市传统风貌在一定时段内的退化率。不过，考虑到相关历史数据（城区内所有传统建筑的历史资料、照片等）的阙如，这里我们选择调用 2013—2021

年的麟游历史地图数据进行对比，彻底改变或消失的区域占老城区总面积的6.6%，算下来年均退化率为 0.83%。假设年均退化率不变，按照本书的两类算法，其衰退的年限下限为 62 年，上限为 113 年。

麟游老城区在历史格局、建筑形式、外观、装饰和建筑材料等方面在一定程度上保存了当地传统形式及特色，真实性一般。整体聚落格局、规模较完整；城中历史上的重要建筑现大多无存或改作他用；组成历史环境的各种要素完整性较好；传统文化内涵保存一般，完整性一般。城内缺乏现代化基础设施，当地居民的生产生活方式对古城有一定程度的影响，部分传统建筑原有功能发生改变，大部分文物尚未定级，也未实施保护工程，整体延续性较差。

综上所述，麟游城市遗产保存方面存在诸多问题。例如，城防系统损毁严重。四面城墙虽保留，但坍塌剥落严重，城门已拆毁，城壕被填平。街巷方面，有五条因地面铺装材料改变或沿街立面改变从而整体保存较差。总体上看，破坏主要发生在城镇边缘地带。

传统建筑方面的问题较为复杂。首先，部分古建筑在城市化进程中被拆除或迁移，取而代之的是现代化建筑。另外，居民的加建或改建也破坏了原建筑平面格局。其次，由于年深日久，建筑质量每况愈下。例如，屋面瓦作破损，局部塌陷；梁架承重木构件糟朽、开裂致使整体结构扭曲、变形；墙面受潮返碱、墙体裂缝、局部塌陷；墙身底部霉变，墙基局部下沉；地面铺装残破，凹凸不平，排水不畅，或被水泥地面所取代；门、窗等构件年久失修、糟朽，表面油漆脱落，或改造为现代门窗样式等。最后，建筑整体风貌改变。古城内大量民居、商铺建筑后期以现代建筑材料加建或改建，严重影响建筑风貌；建筑屋顶架设太阳能热水器及电视天线设备，不仅威胁建筑结构安全，而且影响建筑风貌；建筑院内、街巷两侧搭建临时构筑物，杂物堆积。

此外，日光、风雨侵蚀、地下水活动、可溶盐、微生物等自然因素也会对传统建筑造成一定的损坏。从上述现象来看，麟游老城区受到的威胁主要来自各种人类活动。

4. 保护管理

麟游老城在行政层面属麟游县城关村，目前城内仅有一处县级文物保护单位（城隍庙），老城本身没有保护等级，无"四有"档案，基层行政主体也未开展任何保护管理工作。尚未制定针对麟游老城保护的法律法规，不能满足老城保护管理工作的现实需要。缺少专门管理机构、配套管理设施、保护经费及安防设施配备，无法防御可能发生的盗窃、破坏等行为。

长期以来，城内建筑多为居民住宅，对建筑的保护维修在很大程度上依靠居民的自发行为。目前大部分民居类古建筑尚未得到有效修缮，系统化的环境整治更无从谈起。因此，建议对古城整治的方式及手段进行系统规划，提升整治效果。另外，由于目前游客数量较少，故尚未制定游客管理制度，游客行为未能得到规范引导。

综上，城内大部分建筑未定级；缺少专门管理机构及管理设施。未设定保护区划，无保护措施，无保护管理制度，无保护经费，无安防设施。尚未建立起以政府为主导、居民参与的管理维修机制，亦缺少系统化的环境整治规划。缺乏针对游客管理的规章制度，尚未对游客行为进行规范引导。可见，麟游老城的保护体制基本属于"真空"状态。

（二）环境与景观

麟游老城西侧、北侧为丘陵、台塬地貌，东侧、南侧为漆水河谷地，东南、西南方向隔河与火石山、青莲山相望。地形地貌一项无明显变化，故可评为"高"；漆水河从老城脚下蜿蜒流过，水量丰沛，水质良好，故水体一项可评为"高"；老城被农田和林地环绕，自然绿化程度高，因而植被一项也可评为"高"；老城西南侧山脚下为中华人民共和国成立后修建的新城，其修建破坏了老城周边的历史聚落布局，故周边聚落一项仅能评为"中"。综上，麟游老城历史环境保存现状的总体评分为"中"，详见表2-18。

表2-18　麟游老城历史环境现状评估

地形地貌（40%）	水体（20%）	植被（20%）	周边聚落（20%）	总评
高（30）	高（15）	高（15）	中（10）	中（70）

随着老城居民人口逐年迁出，城内许多传统建筑因年久失修而坍塌。另外，新增建筑导致古城建筑密度增大，建筑之间存在采光、通风及消防安全隐患等，麟游古城内重点保护建筑的安全问题堪忧。新建建筑多使用现代红砖、

水泥等建筑材料，大多为一层或两层，建筑体量、色彩、高度及风格等方面都与古城传统风貌不一致。

麟游老城较好地保留了古城整体空间格局的景观要素——台塬、植被、河流、农田。从城外北部银杏树位置眺望整个老城景观视线通畅。老城北门、西门、东门三处景观节点环境较差。城内电力线路架空设置，电杆位置明显，上空电线复杂交错松散，影响整体景观环境。

（三）设施与利用

道路交通方面，老城西南与东南方向有连接古城东西门街与麟游新城的现代道路，道路为水泥硬化路面，宽约 5 米，近年一直作为新城与老城联系的主要道路。老城北侧有连接北门街与北门村的现代道路，道路为水泥硬化路面，宽约 5 米，长约 150 米。老城西侧有村际道路，水泥硬化路面，宽约 5 米。老城对外交通系统较为落后，对古城整体风貌及周边环境影响较小。老城内 1 号、2 号、3 号、4 号、6 号、7 号、8 号街巷地面铺装材料已替换为水泥，其余街巷仍保留黄土路面。街巷整体路面平整，环境卫生较好。

给排水方面，老城生活用水来自区域内水厂，供水面积基本覆盖整个古城，水质较好，但因供应区域较大，供水站供应能力不足，水压较小。老城排水方式多为雨污合流，沿地表散排，无现代排水设施。

此外，城内大部分地区电力、通信管线采用架空敷设，通信设备沿外墙设置，布局凌乱，对建筑防火安全造成威胁，且影响古城风貌。城内消防设施较不齐全，且城内建筑以土木结构为主，建筑安全防火问题突出。尚未在文物保护单位安装安防监控设施。老城内街巷环境卫生一般，未配置垃圾箱及垃圾回收处理设施。老城无公共卫生间，整个老城居民厕所多集中于院内，多为旱厕，无专用的生活污水处理设施，卫生条件较差。

利用方面，老城唯一的县级文物保护单位现为免费开放，但主要采用陈列方式展示建筑原貌，缺乏文字、图片等阐释内容，缺乏电子技术的直观展示方式，不能充分揭示建筑的历史文化内涵。整个老城未进行展示的统筹规划，对构成整体格局的历史环境、街巷、重要建筑、民居、商铺等未进行展示说明，无法令游客对老城区的历史与现状形成整体认识。

三、保护建议

（一）保存与管理

1. 保护区划调整

在综合考虑了历史城镇文物本体分布的空间范围、城镇外围潜在遗存的可能方位、城镇周边地形地貌、文物保护基本要求及环境景观等方面因素之后，本书建议，对于麟游老城的保护区划可参照以下不同层次进行设定，所涉及的区域总面积为 2.45 平方千米。

1）保护范围

（1）四至边界。

西界：西城墙外延 50 米一线。

东界：东城墙外延 50 米一线。

北界：北城墙外延 50 米一线，北抵北门村南界。

南界：南城墙外延 50 米一线。

（2）控制点。麟游保护范围控制点见表 2-19。

表 2-19　麟游保护范围控制点

编号	坐标
控制点 1	N34° 41′ 11.71″ ；E107° 48′ 31.95″
控制点 2	N34° 41′ 09.01″ ；E107° 48′ 50.84″
控制点 3	N34° 40′ 56.65″ ；E107° 48′ 48.78″
控制点 4	N34° 40′ 57.93″ ；E107° 48′ 33.24″

（3）面积。总面积为 0.17 平方千米。

（4）基本设定。在保护范围内，应坚定不移地遵循文物保护的原真性与完整性两大原则，因为历史城镇这一文化资源弥足珍贵，一旦遭到破坏，便无法修复如初。保护范围内只能开展各类与文物保护相关的施工，如遗址的保护、古建筑的修缮、考古勘探与发掘、环境提升与改善、景观再造、文物展示等。在保护措施设计和实施的过程中，必须遵循可逆性、可读性及最小干预等原则，并依法报文物主管部门审批，同时向上一级文物主管部门备案。对于各类建设性的施工，除非能够证明其与文物保护直接相关，如博物馆、保护用房、保护大棚等，或与满足范围内当地居民生产生活基本需求有关，如基本交通、给排水、电力电信、燃气、环卫等，其选址不与文物重叠，且外观与城镇传统风貌相协调，否则应一律禁止。对于环境、景观类工程的施工，必须定期开展审查，以确保城镇历史环境的原真性与完整性。对于已存在于保护范围内的建筑群或单体建筑，可视情况采取不同措施——若其已对文物本体造成破坏，或虽未造成破坏，但产生了实质性威胁的，应尽快拆除，并协助居民搬离遗址区；若其位于保护范围内，但对文物本体不造成直接破坏，也无实质性威胁的，居民可暂不搬迁，但是必须对其整体规模、容积率等进行严格的限制与监控。同时，还应对其外观加以修整，使其与城镇传统风貌相适应。

2）建设控制地带

（1）四至边界。

西界：小河沟道路东侧。

东界：日凤线（342 国道）道路西侧。

北界：北门村北界。

南界：杜阳路道路北侧。

（2）控制点。麟游建设控制地带控制点见表 2-20。

表 2-20 麟游建设控制地带控制点

编号	坐标	备注
控制点 5	N34°41′18.40″；E107°48′26.73″	
控制点 6	N34°41′14.86″；E107°49′05.77″	
控制点 7	N34°40′46.01″；E107°49′03.62″	日凤线与杜阳路交会处
控制点 8	N34°40′48.29″；E107°48′38.88″	

（3）面积。总面积为 0.7 平方千米。

（4）基本设定。建设控制地带的设立不仅可为潜在的遗迹提供空间保障，而且可通过对某些规则、规范的预先设定，最大限度杜绝可能发生的威胁，在一定程度上实现"预防性保护"。建设控制地带内，依然必须遵循文物保护的原真性、完整性两大原则。区内用地性质可包括文物古迹用地（A7）、绿地广场用地（G）、公共设施用地（U）、道路交通用地（S）、居住用地（R）、公共管理服务用地（A）、商业用地（B），其分配优先级排序应为 A7＞G＞U＞S＞R＞A＞B。应注意，绿地广场用地类别应以公园绿地（G1）为主，以生产防护绿地（G2）、广场用地（G3）为辅；道路交通用地类别应仅限于城市道路用地（S1）、公共交通设施用地（S41）及社会停车场用地（S42）这几个小类；居住用地类别应仅允许规划一类居住用地（R1）；公共管理服务用地类别应仅限行政办公用地（A1）、文化设施用地（A2）和教育科研用地（A3）；商业用地类别应仅限零售商业用地（B11）、餐饮用地（B13）、旅馆用地（B14）及娱乐康体设施用地（B3）。建设控制地带内，应开展全范围考古勘探，以明确与城镇有关的潜在遗存的分布情况。可进行一般性建设，但工程选址必须避开已探明遗存的位置，并向文物主管部门备案。在区内进行工程建设时，不得破坏城镇传统风貌。除此之外，建设控制地带内还应注重自然环境的保护与恢复。第一，禁止任何破坏地形地貌、水体、植被等环境元素的行为；第二，严格控制企业的工业废水、废气、废料排放，以及个人的生产生活垃圾的处理。

3）景观协调区

（1）四至边界。

西界：老城西侧台塬边缘。

东界：漆水河东侧台塬边缘。

北界：老城北约400米老城湾台塬边缘。

南界：漆水河南侧台塬边缘。

（2）控制点。麟游景观协调区控制点见表2-21。

表2-21　麟游景观协调区控制点

编号	坐标
控制点9	N34° 41′ 27.10″；E107° 48′ 20.26″
控制点10	N34° 41′ 19.70″；E107° 49′ 22.14″
控制点11	N34° 41′ 11.74″；E107° 49′ 31.55″
控制点12	N34° 40′ 48.13″；E107° 49′ 26.93″
控制点13	N34° 40′ 34.60″；E107° 49′ 06.17″
控制点14	N34° 40′ 35.89″；E107° 48′ 28.80″
控制点15	N34° 40′ 42.01″；E107° 48′ 17.39″
控制点16	N34° 40′ 53.76″；E107° 48′ 27.59″
控制点17	N34° 41′ 01.08″；E107° 48′ 20.11″
控制点18	N34° 41′ 08.60″；E107° 48′ 17.40″
控制点19	N34° 41′ 13.02″；E107° 48′ 17.61″
控制点20	N34° 41′ 15.26″；E107° 48′ 20.58″

（3）面积。总面积为 1.58 平方千米。

（4）基本设定。景观协调区的用地性质应以绿地广场用地（G）为主，以公共设施用地（U）、道路交通用地（S）、居住用地（R）、公共管理服务用地（A）、商业用地（B）等为辅。该区域功能较为单一，应重点关注城镇历史环境的修复与维护，同时可在传统与现代聚落环境之间设立必要的防御及过渡区域。第一，保护与城镇选址直接相关的地形地貌特征，禁止各类破坏山体及平整土地的行为；第二，严格约束企业及个人对自然水体的污染，以及对农地、林地、草地等维持城镇历史环境的关键元素的破坏。建设方面，应注意建筑风格与城镇传统风貌相适应，建筑体量不宜过大，以低层、多层建筑为主，层数不超过 7 层，高度不超过 24 米。

2. 遗产保存

1）历史格局

在城镇轮廓保护方面，应采取以下措施。首先，拆除城墙、城门遗迹本体上与古城保护、展示无关的所有建筑物和构筑物；其次，对于历代居民在城墙内外侧开凿的窑洞，考虑到其大多年久失修，对上方及两侧墙体夯土结构的稳定性威胁较大，故应全部予以填埋；清除遗迹本体上的有害植被及所有垃圾。进行考古勘探后，根据实际情况对清理出的城墙、城门遗迹采取覆盖保护措施，局部采取覆罩保护措施，采用植被或其他方式对覆盖保护的遗址段进行标识展示。

此外，应保护城镇传统的街区布局，对于留存至今的街巷道路，应确保其基本位置、走向等不发生改变；对于局部改变的街区，则应尽可能恢复其原有位置及走向；对于已消失的街区，建议采用植物或非植物方式标识其原有布局，并配套相关说明。另外，在老城内修建新道路是不可取的。

2）传统街巷

目前，麟游城中 1 号和 2 号街巷传统建筑风貌保存比例较好，但路面铺装材料已全面现代化，建议恢复为石板铺装；5 号、9 号、11 号街巷传统建筑风貌保存比例尚可，路面铺装虽为原始材料——黄土，但防水性差，雨季常泥泞不堪，影响居民出行，建议一并改造为石板材质路面；对于城中北部及东部保存较差的 3 号、4 号、6 号、7 号、8 号街巷应重点修复，恢复其街巷原有空间尺度和铺装材料。

3）建筑保护与风貌整饬

如前文所述，麟游老城内目前尚存的传统建筑主要由一处县级文物保护单位和未定级的"非文物"类民居构成，这两类建筑在年代风格断定及维护资金来源方面存在差异，因此，为了使其保护具备较强的现实性，在保护时应当采用"区别对待"的方式。

（1）一处县级文物保护单位。这类建筑的始建年代、改建时间及营造风格与技法等通常都比较明确，这就使得保护修复方案的订制具有较强的针对性。另外，其保护经费方面具有优势。其维护费用由各级政府的文物保护专项经费来保障，故宜采用规范且专业的文物保护措施。在保护措施设计和实施的过程中应坚持最小干预原则，不得损害文物及其环境的原真性与完整性，所使用的材料必须具有可逆性与可读性。这类措施主要有维护、加固、替换及修复。考虑到麟游老城内目前仅有一处已定级文物保护单位（城隍庙，县级文物保护单位），且保存较差，故应加强保护；另外，目前尚存的四面城墙，保存较差，尽管尚未定级，但不宜放任不管，建议优先实施必要的保护措施。

常规维护是麟游老城区内所有文物保护单位的必要措施。

麟游老城区内，建议对城墙遗址在维护基础上进一步采取加固措施。

麟游老城区内，建议在日常维护基础上采取局部替换保护措施的文物保护单位为城隍庙。

麟游老城区内，建议对城墙遗址的一些重要特征段落，如马面、敌台、城门等在日常维护基础上采取修复措施。

（2）未定级的"非文物"类民居。首先，由于其始建年代、改建时间及营造工艺、风格等不明确，故无法制订统一的保护修复方案。其次，这类建筑大多未进行文物定级，不享受政府的保护专项拨款，因而不宜以文物保护单位的标准对其采取专业保护措施，而应以恢复风貌为主要诉求。当然，要恢复其风貌，必须由文物主管部门牵头，委托专业机构在参照重要建筑保护措施的基础上，制订民居维护修复的指导性建议及参考方案，以引导、规范民间的修缮行为。方案公布后倡议全体居民共同遵守并加强监督。应注意的是，必须在对每一栋建筑进行登记建档的前提下对其采取保护措施，这里可以本书的调查结果为参考。从该类建筑的实际情况出发，结合我国现有文物保护体制，本书建议对该类建筑的保护可以考虑以下几类方式。

改善：对于保存状况一般的传统民居建筑，建议采取改善的处理方式。这类建筑主要集中于城内西南及东北部，一般结构稳定，但屋面、外立面等出现了一定程度的残损，不仅影响日常居住，更对镇风貌有一定影响。针对这种情况，仅需对其梁架结构及外立面进行一般日常维护保养，对其残损部分需加以修复，修复时应倡导使用原始材料与工艺。另外，可对建筑内部进行装修改造，但须保证基本建筑结构不变。

整修：对于保存状况较差的传统民居建筑，建议进行全面整修。这类建筑多位于城内十字街沿线及城门附近，受各类现代化改造影响较大，不仅屋面、外立面残损，而且梁架结构稳定性较差，已基本不具备使用功能。整修时可视情况对其梁架结构进行局部或全部替换，并可对房屋屋面、门窗等进行更换，修复时应倡导使用原始材料与工艺。建筑内部可进行装修改造，但不改变基本建筑结构。

整饬：对于建筑质量尚可，但建筑外观被显著改变的传统建筑，可考虑进行外观整饬。具体包括将屋面恢复为传统形式、将屋面材料更换为传统材料、将门窗更换为传统门窗、将外墙材料更换为传统材料等。

对于经过整修后建筑质量与传统风貌已达标的民居建筑，采用定期巡视与保养、维护的措施。建议地方文物主管部门充分依托和发动民间文物保护力量，建立长期监测预警机制。对于城镇中的现代民居建筑，也可参照上述方式进行外观整饬，但应开展充分的建筑类型学研究，在此基础上形成多种配套方案，以避免风格上的僵化。

3. 管理机制

麟游老城的保护管理工作应注重以下三个方面：提高运行管理水平，加强专业管理，完善管理机构体系；落实保护规划对保护区划的管理规定；强化工程管理，注重本体保护工程、展示设施工程及环境整治工程管理。各项保护管理工作都应依托专门设立的保护管理机构来开展。

1）机构与设置

建议由地方政府牵头，地方文物主管部门、住房和城乡建设部门、交通部门、园林部门、环卫部门等共同组建专业的历史城镇保护管理机构。机构的主要职责如下：制定历史城镇保护规章制度；组织与实施各类保护工作；与地方政府各部门合作，联合审核、检查、监控城区内各类基础设施建设方案、建筑方案、商业开发计划等；对城镇保护事项与地方政府部门、企业事业单位、当地居民等进行协调与协商。机构内设置三个领导岗位，即总协调人、负责人、常务负责人。总协调人主要负责与地方政府各部门间的业务协调，可由地方政府主管文物工作的领导兼任；负责人主要负责机构内部的组织、宏观管理及与地方政府的沟通联络，必须由地方文物主管部门领导兼任；常务负责人则是机构的实际运营者与管理者，建议从考古、文博、建筑等行业以公开招聘的形式选拔具备丰富不可移动文物保护工作经验的人员担任。此外，应聘请一定数量的行业内专家，组建学术顾问组，负责技术指导，还应邀请当地居民作为保护专员，负责保护政策的宣传与反馈意见的收集。

2）制度建设

健全与完善机构内部运行的各项制度，制定并公布文物安全条例、"三防"应急预案、城镇文物与历史风貌保护行为准则、传统建筑保护条例等规章，并建立各类未定级传统建筑的登记建档工作制度。与此同时，融合相关领域专业力量，尽快制定并向社会公布《传统建筑修缮指导意见》《传统建筑修缮方案示例》等指导性技术文件。

在此基础上，建立历史城镇保护居民联络会制度，主要流程如下：邀请一定数量的当地居民代表，每一个季度或半年召开一次座谈会，向当地居民公布最新的保护工作进展及下阶段的工作计划，并收集反馈意见。除召开定期的座谈会以外，还应设立非定期的表决会机制，当涉及重大规章的制定、公布，以及重要工程的设计、施工等方面事项时，可临时召开表决会，征求民众的意见与建议，并进行民主评议，以激励民众积极参与历史城镇保护工作。

3）常规维护管理

应建立日常巡视制度。可根据实际情况，进行分片包干，工作频率采取保护范围内每日一巡、建设控制地带内每两日一巡、景观协调区内每周一巡。此外，还可考虑建立文物建筑常规维护制度，定期保养，延缓其衰退；建立传统建筑维修监督指导制度，规范民间修缮行为，保护城镇风貌，也可积极寻求社会力量的帮助，建设城镇传统建筑保护数据库及实时监控系统。

4）施工监管

城镇保护区划范围内保护修复、环境整治、景观提升、展示利用、基础设施改善等各类工程申报的组织协调、施工单位资质审查、工程方案审核、施工过程跟踪监控和竣工验收等工作应由相关机构来落实。

（二）环境与景观

1. 历史环境

（1）麟游县县治自中华人民共和国建立后即迁至山下新址，数十年来老县城所在山体的地形、地貌并未受到城镇化进程的明显破坏。因此，对其保护应以遏制破坏为主，严格禁止各种破坏地形地貌特征的生产生活活动，如开山采石，平整土地，挖掘池塘、壕沟、水渠等。

（2）水体：对流经老城东侧及南侧的漆水河河道疏浚清淤，修整河岸，保持河流的传统宽度与走向，同时配置污水处理设施。禁止生产生活污水直排河流，禁止任何单位及个人向自然水体中倾倒废弃物，从源头净化水体。位于城墙北侧与东侧的城壕遗址，经考古勘探、发掘后，可考虑适度整修与恢复旧日景观。

（3）植被：对城镇周边山体、台塬绿化及城镇道路进行绿化，绿化方案设计时应注意选用本地传统植物品种，保护范围内的道路绿化应避免种植深根性乔木。同时，禁止村民在保护区内砍伐与放牧。

（4）周边聚落：应严格限制周边现有聚落的规模，防止其过度扩张；对聚落内部建筑的体量和立面形式进行限制，具体可参照建设控制地带要求，但可适度放宽；对于历史上一度存在但现已消失的聚落，应在考古勘探、发掘的基础上，以植被或其他方式对其位置做出标识与说明。

2. 景观风貌控制

1）基本设定

恢复城镇主要空间轴线方向的视觉通畅，拆除或改造阻碍视线的现代建筑；保护城镇的传统天际线形态，拆除或改造超过限制高度的现代建筑，以及影响、破坏传统街巷空间特征及尺度比例的现代建筑。恢复城镇的传统屋面形态，对现代建筑屋顶进行风格化改造。在重要建筑、代表性民居院落及传统建筑片区周边，应适度减少绿化覆盖率，起到凸显景观的效果；在政府、学校、医院等体量较大的现代建筑周边，应加强绿化，实现隐蔽化处理。城区内各种线路、管道等，应逐步改为地埋方式铺设；城区中各种指示标牌、说明牌等应逐步更换为传统材质与形式。清理各种现代化的广告牌、灯箱、标语牌、店铺招牌、霓虹灯；清理城中堆积的杂物、垃圾等。

2）景观轴线

共有两条景观轴线。一条从城北古银杏景观节点至北门景观节点，向南沿北门街至中央路口景观节点；另一条从西门沿东西门街至东门。

3）主要景观片区

建议在城内外设立 5 处景观片区，即城北古银杏片区、北门片区、西门片区、东门片区、城隍庙片区。

4）主要观景点和视线通廊

（1）主要观景点。建议设立 6 处观景点，分别为古银杏观景点、北门观景点、西门观景点、东门观景点、中央观景点、城隍庙观景点。完善景观节点的设施建设，在保证文物安全和游客安全的基础上，全面展示古城独特的景观风貌。

（2）视线通廊。建议设定 3 条视线通廊，分别为古银杏至中央观景点、西门至东门、4 号街巷。清理确定的视线通廊的景观干扰因素，严格控制视线通廊视域范围的相关建设。

（三）设施与利用

1. 基础设施

首先，基础设施改造应侧重保护和展示，不得破坏重点保护建筑和景观风貌。其次，基础设施改造应以道路系统为框架，给排水、电力、通信、燃气、供热等管线均沿道路地下埋设。最后，基础设施改造应使城内居民的生活环境得到改善，彻底改善古城的卫生状况，根治城区内污水任意排放、固体垃圾随意堆放的问题，同时满足观光旅游发展的需求。

此外，基础设施改造应按规划分区、分期实施。对于已实施基础设施改造的区域，应逐步废弃原有的对重点保护建筑和环境景观造成破坏的基础设施；对于尚未实施基础设施改造的区域，不应改建、扩建、新建，可继续利用现有的基础设施。

沿主要街巷埋设给水管道，将古城给水设施纳入麟游市政给水管网系统。对于已采用新的给水系统的区域，应废弃各村现有的给水系统；对于尚未建成新的给水系统的区域，暂时继续使用现有的给水系统，不得新建、改建、扩建。生活用水水质必须达到生活饮用水卫生标准，农业和绿化灌溉用水则可考虑采用经净化处理的中水。供水量设计指标应因地制宜，经济合理，节约水资源。排水管网设计应考虑雨水和污水分流。雨水采用明渠排放，排入区外河道；对古城内所有单位和居民的生活污水，利用新技术分区修建小型污水处理设施，使生活污水达到二级排放标准，就地灌溉使用或排入河道。城内外的农田和绿化带灌溉要求使用节水的喷灌和滴灌设施，禁止大水漫灌。在古城范围内的各级文物保护单位、公共建筑、旅游服务区等设置灭火器，沿主要街巷设置消火栓。

将城内居民和企事业单位高排放、高污染、分散型的燃气和供暖设施，逐步改造为低排放、低污染、集中型的燃气和供暖设施。燃气和供暖设施改造必须统一规划，集中供气、供暖，管道沿道路地下埋设，进入各民居、企事业单位和旅游服务区、保护管理区。

应将古城的垃圾处理纳入市政环卫系统，实施统一管理。在保护范围内设置垃圾箱，按需建立移动垃圾站，在建设控制地带内按需建立垃圾站。在主要展示街巷旁、服务区等处设置垃圾箱，建立旅游垃圾处理系统。在入口服务区、停车场、保护管理中心及各级文物保护单位、博物馆附近修建公共卫生间。公共卫生间建筑形式外观应与古城整体景观协调，卫生间数量、面积和内部设施参照旅游景区公共卫生间建设标准修建。

在老城东门、北门、西门外设置旅游服务区，满足古城管理和游客餐饮、购物、娱乐、休息、医疗等需求，其中东门为主服务区。服务区的房屋建筑形式应与古城景观相协调，内部设施参照旅游景区标准修建。北门、西门外服务区为次要服务区。

2. 展示利用

麟游老城的展示应遵循"全面保护、重点展示"的原则；以不破坏遗产为前提，体现老城区的真实性、可读性和遗产的历史文化价值；力求实现展示与保护相结合、文物本体展示与景观展示相结合、单体文物建筑展示与整体格局展示相结合、物质文化遗产展示与非物质文化遗产展示相结合。以古城整体格局、历史文化、政治文化、商业文化、农耕文化、民俗文化为主要展示主题，全面展示古城承载的历史、文化价值。具体可包括古城文化核心区、生态田园区、历史遗迹体验区等。展示内容可包括但不限于：遗存本体，即构成古城的各要素，如城墙城门遗址、传统公共建筑、传统民居建筑、历史街巷及古树名木等；遗存环境，即古城址、堡寨、山体、台塬、河流、平川等要素；无形文化遗产，如古城建筑选址、材料、工艺、结构、装饰、风格、形制等反映出的建筑文化。展示方式包括城镇格局、环境、建筑、陈列馆、遗址标识和覆罩、场景模拟等。其中，城镇格局展示主要包括古城选址、地形地貌、城垣与环壕、街巷等不同要素。环境展示主要指在实施环境综合整治、景观风貌控制等措施后，有目的地选取一些基础条件较好的地段或节点加以重点培育，使之呈现出宜人的生态及人居环境。建筑展示可以现有的文物保护单位为依托，并进一步选取其中保存较好的部分作为专题陈列馆，也可另建新馆。馆内通过文字、图片等资料和实物展品，配合多媒体、声、光、电等多种现代展示技术手段进行室内陈列展示，为游客提供相关历史信息的全方位介绍，充分展示文物价值。场馆选址应考虑交通便利性，故在东城门附近较为适宜。遗址标识和覆罩展示主要针对城墙及城门遗址，建议采用植被或砂石等方式对城门和城壕遗址加以标识，对考古发掘出土的城墙、城门基址、重要建筑基址等采取覆罩方式进行现状保护展示。场景模拟主要通过对当地居民传统生产、生活方式及古街商业活动的模拟，还原古城生活场景，以直观的形式展现城市文化特色，增加游客的沉浸感。

因麟游老城规模较小，故游线设计一条环线即可，具体如下：东门—古城博物馆—城隍庙—西门—历史台塬区—田园风光区—古银杏—北门—东门。同时，应考虑建立游客服务中心—游客服务点—服务设施三级游客服务体系。建议在古城东门外设置游客服务中心，建筑面积不超过 400 平方米。主要配套服务设施有信息中心、公共卫生间、停车场、公交站点、公共自行车存取点、餐饮服务点、饮水处、医疗服务点、讲解服务点。关注游客需求，及时解决游客服务需求，提高综合服务能力。针对游客安全保障制定各项日常规章制度，制定高峰时期游客安全保障应急预案。

老城的主要游览区域与其建议保护范围基本重合，则其可游览面积约为0.17平方千米。结合老城的具体地形情况，游客的游览空间为 150 米²/人。周转率按每天开放参观 12 小时计，取值为 2。日最大环境容量 C=（A÷a）×D=（170000÷150）×2=2267（人次）。按每年365个参观日计算，年最大环境容量为 365×2267=827455（人次）。

近期（15 年内）的保护工作建议可按照轻重缓急分为三步。第一个五年内，进行旨在了解古城布局结构的考古勘察，并完成古城重点建筑保护措施、近期环境整治项目及一般展示项目。完成保护规划编制、报批与公布程序；按照国家文物局要求，完善"四有"档案，建设古城文物信息数据库；落实保护和管理工程项目，如文物保护征地、保护范围界桩、文物保护碑、安防监控设施、重要文物点保护展示工程；完成保护范围及建设控制地带内的环境整治工程，如电线迁埋、台塬植被调整、水环境治理等；完成展示工程，如古城博物馆、近期展示工程项目、入口服务区、停车场建设等；制定并公布《麟游历史城区保护管理条例》。第二个五年内，对文物信息数据库进行进一步完善，加强保护工作，依据各项检测数据对前期的相关对策进行调整，完成古城范围内环境综合整治工作。完成一期展示工程建设，开展二期展示工程建设，即丰富展示内容、提升展示效果，加强历史环境修复与整体景观环境风貌保护。同时，推动考古工作和相关研究工作，进行多种形式的宣传，开展文物保护教育活动。第三个五年内，继续以科技手段助力保护工作，改善生态环境，深化教育宣传，营造浓厚的文物保护氛围。

第三节　陈　　炉

一、城镇概况

（一）城镇概况与沿革

陈炉镇位于陕西省铜川市印台区东南部，西北距铜川市区约 15 千米，东接富平县，西临王益乡，南眺黄堡镇，北连王石凹街道，镇域面积约为 99.7 平方千米。镇域地处黄土高原与关中平原的交界地带，属于低山丘陵区，地貌以山地、台塬及谷地为主，地势南高北低，海拔 900—1600 米。气候属于温带半湿润大陆性季风气候，降雨多集中于夏秋两季，冬春相对干燥，年均降水量 610 毫米，年均气温 9.6℃，无霜期 180 天。陈炉境内矿产资源较为丰富，有煤炭、坩土、石灰石、墨玉等赋存，其中以石灰石储量最大且分布广泛，达 1.3 亿吨。

早在新石器时代，现陈炉镇域内就已有原始先民活动，在穆家庄、永兴村等地都发现了早期的聚落遗址。直至宋代之前，陈炉之名不见于文献，一直作为耀州窑青瓷烧制中心黄堡镇的一部分，当时的黄堡窑生产规模巨大，据传"南北沿河十里，皆其陶冶之地"，而陈炉所在的"镇东橡树岭北兴隆沟有数十户居民以业陶、农业为生"[①]。金元之际，战乱频仍，黄堡镇所在地交通便利，故受到战火波及，"惜自金元兵乱之后，镇地陶场，均毁于火"。黄堡陨落后，继起者为立地、上店、陈炉三镇，其中立地、上店窑均于晚清时废弃，一直持续烧造的唯有陈炉窑。据清嘉庆二十一年（1816 年）重修陈炉西社窑神庙碑文所载，该镇以"某某号"为名的陶瓷商行多达 29 家。民国三十年（1941 年），黎锦熙等人在开始编纂《同官县志》时，曾对陈炉做了调查统计。结果显示，其时该镇有居民 800 余户，分为瓷户、窑户、行户、贩户四类，瓷户负责制作瓷坯、制备木炭，制坯完成后送至窑户家烧造，窑户又分为"三行"，即烧制碗盏的碗窑、烧制瓮罐的瓮窑和烧制小件的黑窑；行户相当于采购商，将由窑户处购得的瓷器产品转卖给贩户，由贩户分销至各地。当时全镇有窑口四十余处，与之配套的制坯作坊 121 处，全年瓷器产量达 8503100 件，总产值 883350 元，产品销至陕西、甘肃全境及河南西部。

1986 年，陈炉正式建镇，为铜川市管辖。社会主义三大改造期间，陈炉将全镇匠工合并为 7 个手工业者合作社，旋即进一步合并成立陈炉陶瓷厂。2008 年，住房和城乡建设部将陈炉列入第四批中国历史文化名镇。

（二）遗产构成

1. 城郭

陈炉镇依自然山势而建，房屋高低错落，街巷蜿蜒曲折，易守难攻，故历代以来未修筑城垣。不过，当地的一些大族出于防卫需要，择镇四隅高地修建

---

① 民国《同官县志·工商志》，民国三十三年（1944 年）铅印本。

城堡，"在南曰南堡，北曰北堡，西曰西堡，西堡之南曰永受堡"[1]，各堡均采用四围夯土筑窑，外墙砖石砌固的形式修建。其中，年代最久的为永受堡（又名永寿堡），建于明中期，后建的三堡均受其节制。全堡平面呈正方形，约50米见方，东墙辟门，砖券门洞高约2米。西堡（崔家堡）位于镇西北，始建于明崇祯九年（1636年），三面临壑，地势险要，东墙原有堡门一座，现已无存。北堡位于镇东北的北沟村后崖组东侧，平面呈南北长、东西窄的形态，系明末时邑人在始建于元代的兴山寺基础上扩建而来（图2-9）。堡门辟于南墙，仅余门道，宽约2米，东侧残留东堡墙约6米，西墙残长约4米，北墙约5米。南堡位于镇东南，今仅余东墙局部，长约20米，墙外有城壕，宽约6米，深约2米。

图2-9　从腰街远眺北堡

2. 街巷

陈炉的街巷系统基本依自然地势形成，无明显规划。目前有街巷21条，总

---

① 民国《同官县志·民国志》，民国三十三年（1944年）铅印本。

长度为17192米，其中主街有两条，分别为上街，长约2363米，由北至南分为三段，即上街北头、腰街、上街南头；坡子，位于北堡西侧山坡，长约750米。上街与坡子两条老街，因先前的商业功能，其空间形态较为常规，沿街两侧均建有房屋，且门户相对；其余巷陌或围绕主街辐射形成，或依随山势，但均为一侧建房、另一侧开放的非常规空间格局。时至今日，上街与坡子两条传统商业街早已不复往日，沿街商铺逐渐变为住宅。新兴的商业街，即新街位于镇西南侧，交通便利，与盘山公路相连，长约310米，为水泥硬化路面。

3. 建筑与民居

历史上，陈炉曾遍布祠庙等公共建筑，以及窑炉、泥池、作坊等生产设施。"陈炉八景"有"古刹密集琼云护"之说，极言整座炉山香火旺盛，云雾缭绕之景象。有文献记载，中华人民共和国成立前，全镇各类祠庙多达数十处，可见民间信仰之盛。其中规模较大的有兴山寺、清凉寺、窑神庙（西社）、关帝庙、娘娘庙、佛爷庙、药王庙，后因时代变迁等原因大多毁弃，详见表2-22。

表2-22 陈炉重要建筑一览

名称	位置	使用情况
兴山寺	北堡	佛教寺院，始建于金元之际，清康熙年间废弃
清凉寺	北沟	佛教寺院，始建于金元之际，1932年改建为同官县第二高级小学
窑神庙（西社）	湾里	祭祀窑神，毁于"文化大革命"时期
关帝庙	上街	祭祀关帝，清时占地数十亩，民国时期被国民党军队拆除用于修建军台岭工事
娘娘庙	北堡	祭祀姜嫄，清时废弃，民国仍有遗构，现已无存
佛爷庙	永受堡	佛教寺院，"破四旧"时毁弃
药王庙	坡子	祭祀孙思邈，中华人民共和国成立后一度作为镇政府使用，现已无存

当地传统民居以"一横两竖"式窑洞三合院为主要形式，一般正中为正房，两侧为明窑厢房。院落尺度基本在15米见方，但随自然地势会有波动。目前，传统民居较多保留于上街和坡子两街附近。

总体而言，陈炉的城市特色十分鲜明，主要体现在以下三个方面。

（1）古代北方青瓷文化的活化石。耀州窑的青瓷"巧如范金，精如琢玉"，在历史上，尤其是宋金时期天下知名，宋神宗元丰至徽宗崇宁年间一度作为贡瓷，作为北方系青瓷的代表，与定窑、钧窑、磁州窑、龙泉窑、景德镇窑共列宋代六大窑系，其影响力远达全国，令南北方不少窑口纷纷效仿，如河南宜阳窑、宝丰窑、新安城关窑、内乡大窑店窑，广东西村窑，广西永福窑，等等。黄堡镇为其早期中心，而陈炉镇则为其后继者与替代者，从1400年前直至今日，烧造活动从未中断，创造了世界上同一地方陶瓷烧造时间最长的纪录，堪称陶瓷文化活化石。

（2）随行而居的聚落形态。陈炉的聚落形态十分独特，系一种以"社"为单位的分区聚居模式。"社"是宗族与生产分工相结合的产物，全镇共分为 11 社，分别为东三社——上街北头、腰街、南头；西八社——湾里（桥南、桥北）、坡子、宋家崖、咀头、水泉头、窑院、永兴社。社与社之间的区划奉行"三行不乱""四户分立"的准则。"三行"指碗窑、瓮窑和黑窑，碗窑主要烧制盘盏一类，主要分布于东三社、窑院、咀头、永受村；瓮窑烧瓮罐，主要分布在水泉头和坡子；黑窑位于湾里，以烧制小件为主。"四户"指瓷户、窑户、行户、贩户，瓷户即专门生产器物瓷坯的从业者；窑户为作坊或瓷窑的业主，为瓷户提供烧制场所、设备及燃料；行户为本地采购商，对各窑出产的商品统一收购后再批发给贩户；贩户即分销商，负责将产品运至外地售卖。可见，窑户即固定的生产场所，是各社聚居形态的决定性因素，而"三行不乱""四户分立"的说法也反映了这种以产业结构为基础的聚落组织形式。

（3）因地制宜的民居建造形式。陈炉当地多为窑洞民居，窑洞本身属于北方黄土高原地区常见的居住形式，而陈炉却在房舍的组合排布上独树一帜。下排窑洞的顶部往往是上排窑洞的院子，于是下排窑洞与上排窑洞之间、上下排窑洞与自然山体之间形成彼此无法分割但又有所区别的形态特点，人居与自然环境间和谐相融。另外，由于高岭石储量丰富，当地居民砌窑洞时多用瓷土烧制砖瓦，这一点与其他地区普遍使用黏土有所不同。宅院的院墙也多使用烧陶后剩下的匣钵垒就，而生产过程中的破碎陶片、瓷片则用来铺路，形成了因地制宜、就地取材的独特营造形式，详见图 2-10—图 2-12。

图 2-10　瓦罐（匣钵）砌墙

　（a）　　　　　　　　　　　　　　　　　　　（b）

图 2-11　独具特色的墙面装饰

图 2-12　陈炉现有标识系统

二、城镇现状

（一）保存与管理

为实现古镇的整体性研究，本书从"面—线—点"三个层次进行古镇保存现状评估。

1. **历史格局**

（1）轮廓形态。作为一座历史上的"工业城市"，陈炉的城镇轮廓与方正的平原城市，以及黄土高原地区的军事城堡式城镇都有很大的差异。陈炉的城防体系主要由雄踞西北、东北、西南、东南四个方位的堡寨，以及因山就势的地貌组成，因而没有传统意义上的城墙。虽然没有城墙、城壕来标记城镇边界，但四堡至今屹立，而且城镇主体的界线由自然地势勾勒得仍旧十分清晰。

（2）街区布局。陈炉镇内原本的街巷格局大部分得以保留，其位置、走向至今未发生明显变化，因而城镇的空间轴线与布局基本未受影响，传统街区布局保存较好。

综上，根据本书的评估标准，陈炉在历史格局保存状况的两项指标——轮廓形态和街区布局上均可评为"高"，故其历史格局保存现状评分为"高"，详见表 2-23。

表 2-23　陈炉历史格局保存现状

轮廓形态（50%）	街区布局（50%）	总评
高（40）	高（40）	高（80）

2. **街巷**

经调查统计，陈炉城中的街巷保存较好的为 8902 米，占比 51.78%，保存一般的为 8290 米，占比 48.22%。古镇西南侧的若干条道路已替换为沥青路面，但城中道路仍以青砖、瓷砖、黄土等铺装材料为主，维持传统铺装材料的街巷总长为 7790 米，占比 45.31%。近几十年来，当地居民流行用红砖装饰窑洞外立面，导致沿街立面传统风貌保存比例不高，仅为 29.5%，详见表 2-24。

表 2-24　陈炉各街巷保存情况

街巷名称	街巷尺度（D/H）	地面高差变化特征	地面铺装材料	地面铺装完整度	沿街立面	街道沿线的传统建筑比例		基本使用功能情况	街巷基本信息	
						评价	数据		长度/米	宽度/米
1 号街巷（上街北头）	1.33	有高差	红砖	较好	单一	低	43%	综合	450	12
2 号街巷（腰街）	1.32	有高差	红砖	较好	单一	低	24%	居住	663	10
3 号街巷（上街南头）	1.3	有高差	水泥	较好	单一	低	32%	居住	1250	12
4 号街巷	2	有高差	红砖	较好	单一	高	100%	居住	313	12
5 号街巷	2	有高差	红砖	一般	单一	低	0	居住	400	5
6 号街巷	0.5	无高差	红砖	一般	单一	低	0	居住	563	2.6—3.9
7 号街巷	0.4	无高差	红砖	一般	单一	低	0	居住	375	2.4—2.8
8 号街巷	0.8	无高差	红砖	一般	单一	中	57%	居住	600	2.1—5.3
9 号街巷	0.8	无高差	红砖	一般	单一	中	62%	居住	763	2—3.9
10 号街巷	0.6	无高差	水泥	一般	单一	低	0	综合	375	2—5.2
11 号街巷	0.7	有高差	水泥	一般	单一	低	0	综合	238	1.5—5
12 号街巷	1	有高差	水泥	一般	单一	低	0	居住	313	2.2—8.2
13 号街巷	1.2	有高差	红砖	一般	单一	低	17%	居住	238	—
14 号街巷	1	有高差	水泥	一般	单一	低	0	综合	250	2—8.5
15 号街巷	0.8	有高差	水泥	一般	单一	低	6%	居住	750	2—2.6
16 号街巷（坡子）	0.6	有高差	红砖	一般	单一	中	62%	居住	750	2.7—3.8
17 号街巷	0.8	有高差	红砖	一般	单一	中	75%	居住	1550	2—4
18 号街巷	0.8	有高差	红砖	一般	单一	中	65%	居住	1125	2—4
19 号街巷	2	有高差	沥青	较好	单一	低	25%	综合	3813	8
20 号街巷	2	有高差	沥青	较好	单一	低	0	综合	1375	8
21 号街巷	2.3	有高差	沥青	较好	单一	中	52%	综合	1038	8

3. 传统建筑

经调查统计，陈炉镇内建筑总量为 587 栋，其中，传统建筑 192 栋，约占全体建筑的 32.7%；现代建筑为 395 栋，约占 67.3%。传统建筑占比仅三成，作为"古镇"已名不副实；现存传统建筑的分布相对集中，主要在城东的腰街和中部偏西北的坡子（图 2-13）。

确认所有现存传统建筑的保存状态是调查的第二项内容，目的是了解古镇传统风貌的退化情况。按照不同构件残损程度将其划分为保存较好、保存一般、保存较差三类状态。

图 2-13　陈炉老城区保存现状

经调查统计，三者现状如下：保存较好为 0 栋；保存一般为 131 栋，占比 68.2%；保存较差为 61 栋，占比 31.8%，详见表 2-25。

表 2-25　陈炉传统建筑保存情况统计

城镇	建筑总量/栋	现代建筑/栋	现代建筑比例	传统建筑/栋	传统建筑比例	传统建筑保存现状					
						较好/栋	比例	一般/栋	比例	较差/栋	比例
陈炉	587	395	67.3%	192	32.7%	0	0	131	68.2%	61	31.8%

在全面掌握现状的基础上，尚需了解形成这种状况所花费的时间，进而获知城市传统风貌在一定时段内的退化率。不过，考虑到相关历史数据（城区内所有传统建筑的历史资料、照片等）的阙如，这里我们选择调用 2011—2021

年的陈炉历史地图数据进行对比，经统计，彻底改变或消失的区域占老城总面积的 8.8%，算下来年均退化率为 0.88%。假设年均退化率不变，按照本书的两类算法，其衰退的年限下限为 37 年，上限为 104 年。

陈炉老城在历史格局、建筑形式、外观、装饰和建筑材料等方面在一定程度上保存了当地传统形式及特色，真实性一般。整体聚落格局、规模较完整；城中历史上的重要建筑现大多无存或改作他用；组成历史环境的各种要素完整性较好；传统文化内涵保存一般，完整性一般。镇内缺乏现代化基础设施，当地居民的生产生活方式对古镇有一定程度的影响，部分传统建筑原有功能发生改变，大部分文物尚未定级，也未实施保护工程，整体延续性较差。

综上所述，陈炉城市遗产保存方面存在许多问题。例如，城防系统保存状况不佳，曾经承担陈炉防御功能的四座堡寨中，仅永受堡格局较为完整，其余三堡均不同程度残损，其中南堡受到的破坏最严重，仅余一段堡墙。街巷方面，有 14 条因地面铺装材料改变或沿街立面改变从而整体保存较差，其中既有城市干道又有支路。总体上看，破坏主要发生在两类区域，一类为城市边缘地带，因与新城接壤，更易受到影响；另一类为主要商业通道，因交通压力大及商业活动需求，故道路尺度、铺装及沿街立面较易被改变。

至于传统建筑方面，也存在诸多问题。首先，在城市化浪潮中，部分古建筑被拆除或迁移，原建筑占地变为他用。为满足现代化生活需求，居民加建或改建破坏原建筑平面格局。其次，建筑质量日渐劣化。例如，屋面瓦作破损，局部塌陷；梁架承重木构件糟朽、开裂致使整体结构扭曲、变形；墙体裂缝、局部塌陷；墙面粉刷层空鼓、脱落，表面雨水冲刷、污迹明显，墙身底部霉变，墙基局部下沉；门、窗表面油饰脱落、木质糟朽，甚至改造为现代门窗样式等。最后，建筑整体风貌改变。古镇内大量民居、商铺建筑后期以现代建筑材料加建或改建，使建筑风貌发生较大变化，威胁建筑结构安全；建筑屋顶杂物堆积，影响建筑风貌；少量原民居或商铺建筑现作为厂房、易燃物仓库使用，存在安全隐患。

自然因素如日光、风雨侵蚀、地下水活动、可溶盐、微生物等也会对传统建筑造成一定的破坏，但并非主要因素。从上述现象来看，陈炉老城区传统建筑受到的威胁主要来自各种人类活动。

4. 保护管理

目前陈炉仅有一处文物保护单位，即陈炉窑址（全国重点文物保护单位），但古镇本身没有保护等级，既无"四有"档案，基层行政主体也未开展统一的保护管理工作。关于陈炉镇传统建筑的保护，缺少针对性的法律法规，导致古镇保护管理工作难以落实。无专门管理机构，无配套管理设施，无保护经费，无安防设施配备，对可能发生的盗窃、破坏等行为不能起到足够的防御作用。

由于镇内建筑多为居民居住所用，故长期以来对建筑的保护维修都以居民自发的行为为主，受限于缺乏系统的环境整治工程，目前大部分民居类古建筑尚未得到有效修缮。因此，古镇整治的方式及手段，需要进行系统规划，提升整治效果。同时，因为游客数量较少，所以尚未制定游客管理制度，导致古镇传统建筑受到游客不文明行为的威胁。

综上，陈炉镇内大部分建筑未定级，无专门管理机构及管理设施。未设定保护区划，无保护标识，无保护措施，无保护管理制度，无保护经费，无安防设施，无灾害应急预案。尚未建立起以政府为主导、居民参与的管理维修机制。缺乏针对游客管理的规章制度，尚未对游客行为进行规范引导。

（二）环境与景观

陈炉居山巅高处，四周群山环绕，西北为崔家岭、军台岭，东北为北桃岭、刘家岭，东南为阳坪，南为南山，西南为刘家沟，呈现出较为典型的黄土台塬丘陵地貌。地形地貌一项变化不大，故可评为"高"；老城周围为基本农田（梯田）、草地、灌木环绕，自然绿化程度一般，因而植被一项应评为"中"；古镇周边村落位置未发生变化，但规模与整体风貌变化较大，故周边聚落一项可评为"中"。综上，陈炉历史环境保存现状的总体评分为"中"，详见表2-26。

表2-26　陈炉历史环境现状评估

地形地貌（40%）	水体（20%）	植被（20%）	周边聚落（20%）	总评
高（30）	高（15）	中（10）	中（10）	中（65）

随着老城人口逐年迁出，镇内传统建筑空置比例上升，许多房屋因年久失

修而坍塌。新增建筑导致古镇建筑密度增大，建筑之间采光、通风及消防安全隐患等问题突出，陈炉古镇内重点保护建筑的安全存在隐患。新建建筑多使用现代红砖、水泥等建筑材料，大多为一层或两层，建筑体量、色彩、高度及风格等方面都与古镇传统风貌不一致。

陈炉老城较好地保留了古镇整体空间格局的景观要素——台塬、植被、河流、农田。从镇北永兴寺位置眺望整个古镇，景观视线通畅。永受堡、西堡、坡子、腰街四处景观节点环境较差。镇内电力线路架空设置，电杆位置明显，上空电线复杂交错松散，影响整体景观环境。

（三）设施与利用

道路交通方面，陈炉西北、西南与东南方向有现代道路，为沥青硬化路面，宽约为 8 米。近年来一直作为与铜川市区联系的主要道路，对古镇整体风貌及周边环境影响较小。镇内 3 号、11 号、12 号、14 号、15 号、19 号、20号、21 号街巷地面铺装材料已替换为沥青或水泥，其余街巷仍保留青砖、瓷砖或黄土路面。街巷整体路面平整，环境卫生较好。

给排水方面，镇内生活用水来自区域内水厂，供水面积基本覆盖整个镇域，水质较好，但因供应区域较大，供水站供应能力不足，水压较小。镇内排水方式多为雨污合流，沿地表散排，无现代排水设施。

此外，镇内大部分地区电力、通信管线采用架空敷设，通信设备沿外墙设置，布局凌乱，对建筑防火安全造成威胁，且影响古镇风貌。镇内消防设施较不齐全，且镇内建筑以土木结构为主，建筑安全防火问题突出。尚未在文物保护单位安装安防监控设施。镇内街巷环境卫生一般，未配置垃圾箱及垃圾回收处理设施。镇内无公共卫生间，居民厕所多集中于院内，多为旱厕，无专用的生活污水处理设施，卫生条件较差。

利用方面，古镇唯一的文物保护单位现为免费开放，但主要采用陈列的方式展示建筑原貌，缺乏文字、图片等阐释内容，缺乏电子技术的直观展示方式，不能充分揭示建筑的历史文化内涵。整个老城未进行展示的统筹规划，对构成整体格局的历史环境、街巷、重要建筑、民居、商铺等未进行展示说明，无法令游客对老城的历史与现状形成整体认识。

三、保护建议

（一）保存与管理

1. 保护区划调整

在综合考虑历史城镇文物本体分布的空间范围、城镇外围潜在遗存的可能方位、城镇周边地形地貌、文物保护基本要求及环境景观等因素的基础上，本书建议，对于陈炉的保护区划可参照以下不同层次进行设定，所涉及的区域总面积为 12.63 平方千米。

1）保护范围

（1）四至边界。

西界：城镇外侧台塬边缘。

东界：城镇外侧台塬边缘。

北界：城镇外侧台塬边缘。

南界：城镇外侧台塬边缘。

（2）控制点。陈炉保护范围控制点如表 2-27 所示。

表 2-27　陈炉保护范围控制点

编号	坐标
控制点 1	N35°01′54.56″；E109°08′45.39″
控制点 2	N35°01′58.73″；E109°09′39.65″
控制点 3	N35°01′11.99″；E109°09′52.94″
控制点 4	N35°01′01.42″；E109°09′43.92″
控制点 5	N35°01′24.46″；E109°08′44.59″

（3）面积。总面积为 1.46 平方千米。

（4）基本设定。为遵循文物保护的原真性与完整性两大原则，保护范围内只能开展各类与文物保护相关的施工，如遗址的保护加固、古建筑的修缮维护、考古勘探与发掘、环境提升与改善、景观再造、文物展示等。而且在保护措施、工程等实施过程中，必须遵循可逆性、可读性及最小干预等原则，并依法报文物主管部门审批，同时向上一级文物主管部门备案。若要进行各类建设性施工，则必须能够证明其与文物保护直接相关，如博物馆、保护用房、保护大棚等，或与满足范围内当地居民生产生活基本需求有关，如基本交通、给排

水、电力电信、燃气、环卫等，其选址不与文物重叠，且外观与城镇传统风貌
相协调，否则应一律禁止。必须在确保城镇历史环境的原真性与完整性不被
改变的前提下，才能够开展环境、景观类工程施工，且必须定期进行审查。
对于已存在于保护范围内的聚落或建筑，可视情况采取不同措施——若该聚
落或建筑已对文物本体造成破坏，或虽未造成破坏，但产生了实质性威胁的，
应尽快拆除，并协助居民搬离遗址区；若该聚落或建筑位于保护范围内，但对
文物本体不造成直接破坏，也没有实质性威胁的，居民可暂不搬迁，但必须对
其整体规模、容积率等进行严格的限制与监控，同时对其外观加以修整，使其
与城镇传统风貌相适应。最后，还应对保护范围内的人口承载力进行测算，以
某一年限为止，设定人口密度上限。

2）建设控制地带。

（1）四至边界。

西界：城镇西侧边缘外延 200 米一线。

东界：城镇东侧边缘外延 200 米一线。

北界：城镇北侧边缘外延 200 米一线。

南界：城镇西侧边缘外延 100—300 米，台塬边缘。

（2）控制点。陈炉建设控制地带控制点见表 2-28。

表 2-28　陈炉建设控制地带控制点

编号	坐标
控制点 6	N35°02′04.32″；E109°08′27.72″
控制点 7	N35°02′06.53″；E109°09′57.77″
控制点 8	N35°01′13.45″；E109°10′03.47″
控制点 9	N35°00′54.36″；E109°09′47.93″
控制点 10	N35°01′10.87″；E109°08′34.95″

（3）面积。总面积为 2.82 平方千米。

（4）基本设定。建设控制地带的设立既可为潜在的遗迹、遗存的保护提
供空间保障，又可通过对某些规则、规范的预先设定，最大限度杜绝可能发生
的威胁，在一定程度上实现"预防性保护"，其具有文物保护和景观风貌控制
的双重属性。如前所述，建设控制地带内，文物保护的原真性、完整性两大原
则仍应作为各类活动的前提。区内用地性质可包括文物古迹用地（A7）、绿地

广场用地（G）、公共设施用地（U）、道路交通用地（S）、居住用地（R）、公共管理服务用地（A）、商业用地（B），其分配优先级排序应为A7＞G＞U＞S＞R＞A＞B。应注意，绿地广场用地类别应以公园绿地（G1）为主，以生产防护绿地（G2）、广场用地（G3）为辅；道路交通用地类别应仅限于城市道路用地（S1）、公共交通设施用地（S41）及社会停车场用地（S42）几个小类；居住用地类别应仅允许规划一类居住用地（R1）；公共管理服务用地类别应仅限行政办公用地（A1）、文化设施用地（A2）和教育科研用地（A3）；商业用地类别应仅限零售商业用地（B11）、餐饮用地（B13）、旅馆用地（B14）及娱乐康体设施用地（B3）。建议在建设控制地带内进行全范围的考古勘探，从而明确与城镇有关的潜在遗存的分布情况。在此基础上，可进行一般性建设，这样就有利于在工程选址时避开已探明遗存的位置，同时要向文物主管部门备案。区内建筑必须与城镇传统风貌相适应，并严格控制高度，与传统建筑整体高度相协调。除考古勘探、文物保护和建筑风貌改善之外，建设控制地带内还应注重自然环境的保护与恢复。具体包括：禁止任何可能造成地形地貌、水体、植被等环境元素变更的行为；严格控制企业的工业废水、废气、废料排放，以及个人的生产生活垃圾处理。此外，控制人口密度也不容忽视，对保护范围内的人口承载力进行测算，以某一年限为止，设定人口密度上限。

3）景观协调区。

（1）四至边界。

西界：老城西侧约 1200 米一线。

东界：老城东侧约 600 米一线。

北界：老城北侧约 700 米一线。

南界：老城南侧 400—800 米一线。

（2）控制点。陈炉景观协调区控制点见表 2-29。

表 2-29　陈炉景观协调区控制点

编号	坐标
控制点 11	N35°02′20.59″；E109°07′47.21″
控制点 12	N35°02′26.58″；E109°08′17.22″
控制点 13	N35°02′29.12″；E109°09′18.71″

编号	坐标
控制点 14	N35°02′25.97″；E109°10′18.74″
控制点 15	N35°00′43.74″；E109°09′59.35″
控制点 16	N35°00′45.19″；E109°07′47.85″
控制点 17	N35°01′23.55″；E109°07′27.63″

（3）面积。总面积为 8.35 平方千米。

（4）基本设定。景观协调区的用地性质应以绿地广场用地（G）为主，以公共设施用地（U）、道路交通用地（S）、居住用地（R）、公共管理服务用地（A）、商业用地（B）等为辅。该区域功能单一，应重点修复城镇历史环境，如有必要，可在传统与现代聚落环境之间设置防御区域。应注重保护与城镇选址直接相关的地形地貌特征，严格约束企业及个人对自然水体的污染，保护农地、林地、草地等维持城镇历史环境的关键元素。若要在区域内进行建设，则应尽可能地使用原始材料及工艺，建筑风格应与城镇传统风貌相适应，建筑体量不宜过大，以低层、多层建筑为主，层数和高度与传统建筑整体样式相协调。

2. 遗产保存

1）历史格局

城镇轮廓方面，应加固、修复四堡，同时拆除城镇边界处与城镇保护、展示无关的所有建筑物和构筑物，清除遗迹本体上的各种杂物及所有垃圾。

进行考古勘探后，对清理出的寨墙、寨门遗迹根据实际情况采取覆盖保护，如有必要，则局部采取覆罩保护，对覆盖保护的遗址段采用植被或其他方式进行标识展示。

在保护城镇传统的街区布局方面，对于留存至今的街巷，应确保其基本位置、走向等不变；对于局部改变的，则应最大限度恢复其原有位置及走向；对于已消失的街区，可考虑采用植被或其他方式标识其原有布局，并附相关介绍；同时应禁止在镇内修建新道路。

2）传统街巷

对于现有保存状况较好的历史街巷进行日常保养即可，同时，应保留现有主要传统街巷的空间格局和铺装形式，并进行日常路面整修和保养工作。

对于现有保存情况一般的历史街巷，应进行现状修整，停止破坏和现代化改造工程，用石板铺设路面；在街道明渠改造过程中，保留地埋排水系统和水井等基本工程，并及时整修，恢复传统街巷风貌。

现有保存较差的历史街巷应采取重点修复，镇北部的4号、5号、6号、7号、9号街巷，以及中部的10号、11号、12号、13号、14号、15号街巷保存较差，应进行风貌复原，恢复其街巷原有空间尺度和铺装材质，恢复传统城市肌理；西南部的3号、19号、20号、21号等道路，因承担上下山交通干道的功能，故地面铺装材料可维持现状，但建议对沿街立面加以整治。

3）建筑保护与风貌整饬

如前文所述，目前陈炉尚存的传统建筑包括一处文物保护单位和未定级的"非文物"类民居，鉴于这两类建筑在年代、风格断定及维护资金来源方面存在差异，本书认为应当采用"区别对待"的方式加以保护，使保护工作具备较强的现实性。

（1）一处文物保护单位。由于这类建筑有着明确的始建年代、改建时间及营造风格与技法，故利于制订针对性较强的保护修复方案，并且其拥有各级政府的文物保护专项经费，故宜采用规范且专业的文物保护措施。在保护、加固、替换及修复的过程中，应避免损害文物及其环境的原真性与完整性，所使用的材料必须具有可逆性与可读性，方案的设计应遵循最小干预原则。考虑到陈炉镇内目前仅有一处文物保护单位（陈炉窑址，国保），且保存较好，故应加强日常维护；另外，目前尚存的四座堡寨，保存较差，尽管尚未定级，但不宜放任不管，建议先实施必要的保护措施。

事实上，维护是陈炉镇内所有文物的必要保护措施，不过，根据目前的保存状况，对个别文物保护单位的保护可以该方式为主，如陈炉窑址。

建议对永受堡堡址在维护基础上进一步采取加固措施。

建议对兴山寺在常规维护的同时采用局部替换的方式加以保护。

建议对北堡堡址、西堡堡址及南堡堡址等几处保存现状较差的文物建筑在常规维护的同时开展全面修复工作，以恢复其昔日风貌。

（2）未定级的"非文物"类民居。一方面，因难以确定这类建筑的始建年代、改建时间及营造工艺、风格等，故无法制订统一的保护修复方案；另一方面，这些传统民居大多未进行文物定级，没有政府的文物保护专项经费，养护资金基本需要居民自筹，不具备采取专业保护措施的条件，故应以恢复风貌为主要诉求。要实现这一目的，必须由文物主管部门牵头，委托专业机构在参考重要建筑保护措施的前提下，制订民居维护修复的指导性建议及参考方案，方案公布后应倡议全体居民共同遵守并加强监督。应注意的是，对这一类建筑采取任何保护措施，都要以对每一栋建筑进行登记建档为前提，这里可以本书的调查结果为参考。从该类建筑的实际情况出发，结合我国现有文物保护体制，本书建议对该类建筑的保护可以考虑以下几类方式。

改善：对于保存状况一般的传统民居建筑，建议采取改善的处理方式。这类建筑主要集中于腰街和坡子老街附近，通常结构稳定，但屋面、外立面等有一定程度的残损或改变。在这种情况下，可考虑对其梁架结构及外立面进行日常维护，同时可以使用原始材料与工艺对外部的残损或改变部分进行修复。建筑内部可进行装修改造，但不改变基本建筑结构。

整修：对于保存状况较差的传统民居建筑，建议进行全面整修。这类建筑多位于陈炉镇西北、西南、东南等外围边缘地带，一般梁架结构会存在各类病害，建筑质量严重下降，而且屋面、外立残损，已基本无法使用。整修时可对其梁架结构进行局部或全部替换，并可对房屋屋面、门窗等进行更换，对外墙进行加固或翻新，修复时应倡导使用原始材料与工艺。建筑内部可进行装修改造，但必须保留其基本建筑结构。

整饬：对于建筑质量尚可，但建筑外观被显著改变的传统建筑，建议采用外观整饬的手段。整饬内容包括但不限于将屋面恢复为传统形式，将屋面材料、外墙材料更换为传统材料，将门窗更换为传统样式等。

经改善、整修后的传统民居建筑，可采用定期巡视、维护的方式进行长期保护。建议地方文物主管部门考虑依托民间力量，建立长期的社会化监测预警机制。最后，对于城镇中大量的现代民居建筑，也可参照上述方式进行外观整饬，但应先期组织相关学术力量，开展建筑类型学及建筑史方面的研究，以之为基础制订多种改造方案，尽量避免风格过度统一，"千城一面"。

3. 管理机制

陈炉的保护管理工作应注重以下三个方面：优化运行管理和专业管理，健全管理机构配置；加强工程管理，具体包括本体保护工程、展示设施工程及环境整治工程管理；落实保护规划对保护区划的管理规定。同时应注意的是，各项保护管理工作都应依托专门设立的保护管理机构来开展。

1）机构与设置

建议以地方政府为主导，地方文物主管部门、住房和城乡建设部门、交通部门、园林部门、环卫部门等通力合作，共同组建专业的历史城镇保护管理机构。保护管理机构主要负责历史城镇保护规章制度的制定；各类保护工作的组织与实施；与地方政府各部门合作，对城区内各类基础设施建设方案、建筑方案、商业开发计划等进行联合审核、检查、监控；就城镇保护事项与地方政府部门、企事业单位、当地居民等进行协调与协商。机构内设置总协调人、负责人、常务负责人三个领导岗位。总协调人可由地方政府主管文物工作的领导兼任，主要负责与地方政府各部门间的业务协调；负责人必须由地方文物主管部门领导兼任，主要负责机构内部的组织、宏观管理及与地方政府的沟通联络；常务负责人可从考古、文博、建筑等相关行业选拔具备丰富不可移动文物保护工作经验的人员担任，主要负责机构的实际运营与管理。此外，也可聘请行业内专家组建学术顾问组，负责技术指导；邀请当地居民作为地方联络人，负责保护政策的宣传与反馈意见的收集。

2）制度建设

首先，应健全、完善与机构内部运行有关的各项制度，制定并公布文物安全条例、"三防"应急预案、城镇文物与历史风貌保护行为准则、传统建筑保护条例等规章；其次，建立各类未定级传统建筑的登记建档工作制度；最后，尽快组织相关领域专业力量，研究制定并向社会公布《传统建筑修缮指导意见》《传统建筑修缮方案示例》等指导性技术文件。

可设立定期（一个季度或半年）的居民座谈会机制，邀请一定数量的当地居民代表进行座谈交流，向当地居民公布最新的保护工作进展及下阶段的工作计划，并收集反馈意见。非定期的表决会机制也很有必要设立，当涉及重大规章的制定、公布，重要工程的设计、施工等方面事项时，可临时召开表决会，以及时征求民众意见与建议，并进行民主表决。

3）常规维护管理

应建立日常巡视制度。建议根据各片区的实际情况，实行分片包干，保护范围内每日一巡，建设控制地带内每两日一巡，景观协调区内每周一巡，对传统建筑进行定期保养，延缓其劣化趋势。同时，建立传统建筑维修监督指导制度，规范民间修缮行为，保护城镇风貌。除此之外，可尝试与社会力量合作，借助社会力量来建设城镇传统建筑保护数据库与实时监控系统。

4）施工监管

保护管理机构应负责城镇保护区划范围内保护修复、环境整治、景观提升、展示利用、基础设施改善等各类工程申报的组织协调、施工单位资质审查、工程方案审核、施工过程跟踪监控、竣工验收等工作。

（二）环境与景观

1. 历史环境

（1）地形地貌：考虑到陈炉镇位于山地，虽在行政关系上隶属于河谷地带的铜川市，但因自然地势的阻隔，在空间关系上较为疏离，周边地形地貌改变并不明显，因而对其保护应以遏制破坏为主，应严格禁止各种破坏地形地貌特征的生产生活活动，如开山采石，平整土地，挖掘池塘、壕沟、水渠等。

（2）植被。选用本地传统植物品种，开展城镇周边山体、台塬绿化及城镇道路绿化，保护范围内的道路绿化应避免种植深根性乔木。注意对植被进行定期维护。

（3）周边聚落。对于历史上一度存在但现已消失的聚落，应在考古勘探、发掘的基础上对其位置做出标识与说明。应严格限制周边现有聚落的规模，防止其过度扩张；同时，对聚落内部建筑的体量和立面形式应做出限制，具体可参照建设控制地带要求，但可适度放宽。

2. 景观风貌控制

1）基本设定

改造或拆除阻碍视线、超过限制高度的现代建筑，以通畅城镇主要空间轴线方向的视觉，保护城镇的传统天际线形态。恢复城镇的传统屋面形态，对现代建筑屋顶进行风格化改造，对影响、破坏传统街巷空间特征及尺度比例的现代建筑进行改造或拆除。在重要建筑、代表性民居院落及传统建筑片区周边，应适度减少绿化覆盖率，起到凸显景观的效果；在政府、学校、医院等较大体量的现代建筑周边，应增加绿化覆盖率，实现隐蔽化处理。城区内各种线路、管道等，应逐步改为地埋方式铺设。城区中各种指示标牌、说明牌等应逐步更换为传统材质与形式，要与城区中传统建筑的风格相协调。

2）景观轴线

共有三条景观轴线。第一条从镇北兴山寺景观节点至腰街，再到南堡景观节点；第二条从西堡节点至坡子；第三条从永受堡节点至腰街。

3）主要景观片区

建议在镇内外设立 5 处景观片区，即镇北兴山寺片区、坡子片区、西堡片区、永受堡片区、腰街片区。

4）主要观景点和视线通廊

（1）主要观景点。建议设立兴山寺观景点、坡子观景点、西堡观景点、永受堡观景点、腰街观景点等。完善景观节点的设施建设，在保证文物安全和游客安全的基础上，全面展示古镇独特的景观风貌。

（2）视线通廊。建议设定三条视线通廊，分别为兴山寺至南堡、西堡至坡子、永受堡至腰街。清理确定的视线通廊的景观干扰因素，严格控制视线通廊视域范围的相关建设。

（三）设施与利用

1. 基础设施

基础设施改造必须以古镇保护和展示为中心，不得对古镇重点建筑和景观风貌造成破坏。将古镇的基础设施建设与改造纳入城市基础设施建设和改造整体规划。古镇的基础设施改造应以道路系统为框架，给排水、电力、通信、燃气、供热等管线均沿道路地下埋设。通过基础设施的改造，根治镇内污水任意排放、固体垃圾随意堆放的现状，彻底改善环境卫生状况。基础设施改造应使镇内居民生活环境得到改善，同时满足整个古镇展示和观光旅游发展的需求。

应按规划分区、分期实施基础设施的改造。对于已实施基础设施改造的区域，可逐步拆除原有的对重点保护建筑和环境景观造成破坏的基础设施；对于尚未实施基础设施改造的区域，暂时继续利用现有的基础设施，严禁新建、改建、扩建。

沿主要街巷埋设给水管道，将给水设施纳入市政给水管网系统。在已建成新的给水系统的区域，应废弃原有的给水系统；在尚未建成新的给水系统的区域，暂时继续使用现有的给水系统，不得新建、改建、扩建。生活用水水质要求达到生活饮用水卫生标准，农业和绿化灌溉用水可考虑采用经净化处理的再生水。供水量设计指标应符合当地的需求，节约水资源。排水管网设计应考虑雨水和污水分流。雨水采用明渠排放，排入区域外河道。对古镇内所有居民和单位的生活污水，利用新技术，分区修建小型污水处理设施，使生活污水达到二级排放标准，就地灌溉使用或排入河道。在新的排水系统尚未建成的区域，暂时继续使用现有的排水系统，不得新建、改建、扩建。古镇内外的农田和绿化带灌溉要求使用节水的喷灌和滴灌设施，禁止大水漫灌。在古镇范围内的各级文物保护单位、公共建筑、旅游服务区等设置灭火器，沿主要街巷设置消火栓。

将镇内居民和企事业单位高排放、高污染、分散型的燃气和供暖设施，逐步改造为低排放、低污染、集中型的燃气和供暖设施。燃气和供暖设施改造必须统一规划，集中供气、供暖，管道沿道路地下埋设，进入各民居、企事业单位和旅游服务区、保护管理区。

将古镇的垃圾处理纳入市政环卫系统，实施统一管理。在保护范围内设置垃圾箱，并按照需要建立移动垃圾站，在建设控制地带按照实际需要建立垃圾站。在主要展示街巷旁、服务区等处设置垃圾箱，建立旅游垃圾处理系统。在入口服务区、停车场、保护管理中心及各级文物保护单位、博物馆附近修建公共卫生间。公共卫生间建筑形式外观应与古镇整体景观协调，卫生间数量、面积和内部设施参照旅游景区公共卫生间建设标准修建。

在古镇新街、西堡、永受堡处设置旅游服务区，满足古镇管理和游客餐饮、购物、娱乐、休息、医疗等需求，其中新街为主服务区。服务区的房屋建筑形式应与古镇景观相协调，内部设施参照旅游景区标准修建。西堡、永受堡外服务区为次要服务区。

2. 展示利用

陈炉的展示应遵循"全面保护、体现格局、重点展示"的原则；以不破坏传统建筑为前提，以体现古镇的真实性、可读性和遗产的历史文化价值，以及实现社会教育功能为目标；力求实现展示与保护相结合、文物本体展示与景观展示相结合、单体文物建筑展示与整体格局展示相结合、物质文化遗产展示与非物质文化遗产展示相结合。以古镇整体格局、历史文化为主要展示主题，全面展示古镇承载的历史、文化价值，具体包括窑址文化区、传统民居区、生态田园区、历史台塬区等。展示内容可包括但不限于：遗存本体，即构成古镇的各要素，如城墙城门遗址、宗祠建筑、传统公共建筑、传统民居建筑、相关文物建筑、历史街巷及古树名木等；遗存环境，即古镇的选址、堡寨、山体、台塬、河流、平川等要素；无形文化遗产，如通过古镇建筑选址、材料、工艺、结构、装饰、风格、形制等反映出的建筑文化。展示方式可以考虑城镇格局、环境、建筑、陈列馆、遗址标识和覆罩、场景模拟等。其中，城镇格局展示主要包括古镇选址、地形地貌、城垣与环壕、街巷等不同要素。环境展示主要指在实施环境综合整治、景观风貌控制等措施后，有目的地选取一些基础条件较好的地段或节点加以重点培育，使之呈现出宜人的生态及人居环境。建筑展示可以现有的文物保护单位为依托进行，并进一步选取其中保存较好的作为专题陈列馆，也可另建新馆。馆内通过文字、图片等资料和实物展品，配合多媒体、声、光、电等多种现代展示技术手段进行室内陈列展示，为游客提供相关历史信息的全方位介绍，充分展示文物价值。场馆选址应考虑交通便利性，故在新街附近较为适宜。遗址标识和覆罩展示主要针对寨墙及寨门遗址，建议对寨门、寨墙遗址采用植被或砂石等方式加以标识，对考古发掘出土的寨墙、寨门基址、重要建筑基址、窑址等采取覆罩方式进行现状保护展示。场景模拟为补充性展示方式，主要通过当地居民传统生产、生活方式及古街商业活动的模拟，还原古镇生活场景，以直观的形式展现城市文化特色，增加游客的沉浸感。

因陈炉位于山地，道路坡度较陡，故建议游线设计时仅考虑步行路线，具体如下：新街—古镇博物馆—古窑址—永受堡—腰街—兴山寺—坡子—西堡，或西堡—坡子—兴山寺—腰街—永受堡—古窑址—古镇博物馆—新街。同时，应考虑建立游客服务中心—游客服务点—服务设施三级游客服务体系。建议在古城新街及西堡处设置游客服务中心，建筑面积不超过 800 平方米。主要配套服务设施有信息中心、公共卫生间、停车场、公交站点、公共自行车存取点、餐饮服务点、饮水处、医疗服务点、讲解服务点。结合古镇内开放展示的重要建筑及古民居设置游客服务点，分别位于古窑址、腰街、永受堡、坡子、兴山寺，提供必要及基础性游客服务。主要配套服务设施应包括公共卫生间、餐饮服务点、饮水处、医疗服务点、讲解服务点。关注游客需求，及时解决游客服务需求，提高综合服务能力。针对游客安全保障制定各项日常规章制度，制定高峰时期游客安全保障应急预案。

古镇的主要游览区域与其建议保护范围基本重合，则其可游览面积约为1.46平方千米。结合古镇的具体地形情况，游客的游览空间为 150 米^2/人。周转率按每天开放参观 12 小时计，取值为 2。日最大环境容量 C=（A÷a）×D=（1460000÷150）×2=19467（人次）。按每年 365 个参观日计算，年最大环境容量为 365×19467=7105455（人次）。

近期（15 年内）的保护工作建议可按照轻重缓急分为三步。第一个五年内，进行全面的考古勘察，以深入了解古镇的布局结构，同时完成古镇重点保护建筑保护措施、近期环境整治项目、一般展示项目。完成保护规划编制、报批与公布程序；按照国家文物局要求完善"四有"档案，并建立古镇文物信息数据库；完成保护和管理工程项目，如文物保护征地、保护范围界桩、文物保护碑、安防监控设施、重要文物点保护展示工程；完成保护范围及建设控制地带内环境整治工程，如电线迁埋、垃圾清理、植被调整、水环境治理等；完成展示及旅游服务工程，如古镇博物馆、近期展示工程项目、入口服务区、停车场建设等；制定并公布《陈炉古镇历史核心区保护管理条例》。第二个五年内，依据各项检测数据调整和制定相关对策，完成古镇范围内环境综合整治工作，深化展示工程建设、丰富展示内容、提升展示效果、加强历史环境修复与整体景观环境风貌保护。进一步完善古镇文物信息数据库建设，同时，推动考古工作和相关研究工作，以多种形式进行宣传，开展文物保护教育活动。第三个五年内，通过科技手段提高文物保护与管理工作的效率，进一步优化生态环境，深化文物保护的教育与宣传。

第三章　陕北地区历史性小城镇调查研究

第一节　米　　脂

一、城镇概况

（一）城镇概况与沿革

米脂位于陕西省东北部，行政上隶属于榆林市，西为榆林市横山区，北为榆林市榆阳区，东为佳县，南为子洲县和绥德县。县域东西跨度59千米，南北跨度47千米，总面积1212平方千米。截至2020年末，全县总人口22.1万人。县域地处黄土高原腹地，地形以山地、丘陵、台塬、河谷为主，海拔800—1300米。无定河及其支流为域内主要河流，境内流域面积达1000平方千米。气候属温带半干旱大陆季风性气候，降水多出现于夏秋两季，冬春较为干燥，年均降水量450毫米，年均气温8.4℃，无霜期160天。

米脂矿产资源十分丰富，尤其以煤炭、天然气、岩盐等储量较大。神延铁路、榆绥高速、210国道、佳米公路、子米公路等交通干线从县境内穿过，交通较为便利。

米脂所在的无定河中游，早在史前时代就是远古人类繁衍生息之地。三代之时，米脂地属雍州。春秋时期，米脂为白翟活动区域。周襄王十七年（前635年），晋文公"尊王攘夷"，米脂所在地为晋所据。及至战国，"三家分晋"后，始归赵国，后辖于魏国上郡。前330年，秦败魏于雕阴，两年后魏襄王割上郡十五城予秦。前 297 年，赵惠文王西扩，夺肤施等地。前 270 年，秦昭王击赵，夺回上郡失地，复归秦上郡统辖。

前 221 年，秦并六国，置上郡肤施县。前 207 年，项羽灭秦，改上郡为翟国，立降将董翳为翟王。前 206 年，董翳降汉，同年秋，翟国改为上郡。元封五年（前 106 年），置独乐县，属并州刺史部之上郡。西汉末至新莽时期，属西河郡圁阴县。东汉初年，复设上郡肤施县。三国西晋时期，上郡地区为北方少数民族所据。东晋年间，上郡先后属前赵、后赵、前秦、后秦、大夏。北魏始光四年（427 年）改设为夏州，太和十一年（487 年）改为革融县，神龟元年（518 年）改称大斌县。北周保定三年（563 年）改置银州。唐代后期直至北宋初期，米脂归定难军节度使治理。

北宋初年，今米脂县城位置出现名为惠家砭的村庄，后改名为毕家寨，宝元二年（1039 年）改称米脂寨，此后直至南宋，由于处于宋、西夏、金三国交界地带，米脂的归属反复变化，但均为寨城等级。至南宋宝庆二年（1226 年），地方政府设立米脂县，从此至今，县名未有变更。

民国期间，米脂先后隶属于榆林道、陕西省、榆林督察区、陕甘宁边区绥德专区。中华人民共和国成立后，属榆林地区（市），至今未变。

（二）遗产构成

米脂古城作为陕西省重点文物保护单位，共由 8 处文物保护单位、23 处历史建筑，以及城墙、城门、众多的传统商号建筑和传统民居院落构成。米脂窑洞古城的众多构成要素年代涵盖较广，从明代初期到民国时期都有体现。

1. 城郭

米脂城墙的雏形是北宋时期的毕家寨寨墙，仅为简易土墙。元泰定三年（1326 年），时任县令吕东将旧寨墙拓宽增高，城门采用石筑基础，完工后的范围相当于后来所说的"上城"。上城后又于明洪武及成化年间两次扩建。正德年间，因"套房入寇"，上城外侧的居民区与商业区常受袭扰，至嘉靖二十四年（1545 年），知县丁让筑新城，将山下的街区悉数纳入，形成了后来所称的"下城"。城墙用黄土夯筑主体，外侧用石料砌筑，以增强其防御力。完工后的城墙长三里有余，高两丈五尺，宽一丈六尺。万历年间，知县张仁覆将城墙增高至两丈九尺，并将上下城城墙相连，总长达到五里有余，并辟城门三座，分别为柔远门（北）、化中门（南）、迎旭门（东），附建瓮城、箭楼等防御设施。

民国二十三年（1934年），国民党86师旅长高双成以加强防备提议修建南关城垣，官绅赞同。民国二十四年至民国二十六年（1935—1937年），由县长楼铿声主持兴工。因经费不足，在城墙内侧修窑洞出售，形成了城防与民居一体的城墙形式。完工后的新城城墙周长约三里，高约三丈，上宽两丈，下宽两丈七尺，辟四门，分别为永定门（西）、新民门（北）、倚屏门（东）、南屏门（南）。

2. 街巷

经调查，米脂老城共有街巷22条（图3-1），总长度为6033米，其主要街道情况如下。

（a）　　　　　　　　　　　　　　（b）

（c）　　　　　　　　　　　　　　（d）

图 3-1　米脂老城区传统建筑与街巷

东大街由十字口至东门，长480米，宽4—11米，街道两侧店铺林立，砂岩石板铺地，多为硬山式木构架瓦房，单脊双坡，石砌台阶，青砖山墙，檐下板扇门面，面阔三至五间。街南商铺、民居紧靠城墙，街北由东而西纵列枣园巷、儒学巷、安巷则等，横斜小巷则。

西大街由十字口至杨秃子湾，长 500 米，宽 4—12 米，经由杨秃子湾与北大街交会于老城北门遗址，砂岩石板铺地，街道两侧以店铺为主，无巷道，分官井滩、杨秃子湾两段。

北大街由十字口至北门，长 340 米，宽 2.5—7.8 米，砂岩石板铺地，两侧建筑以住宅为主。与其东侧平行有市口巷，北端顺北城墙有北城巷，顺西城墙有西城巷。

十字口至南门仅 33 米的一段街道为南门街。

街巷空间时宽时窄、时曲时直、时高时低、时敞时掩，加之大面的院墙和门楼的变化显得并不单调，幽静而富有诗情画意，形成富有浓郁北方特色的街道空间。

3. 建筑与民居

（1）盘龙山古建筑群（图 3-2）。盘龙山古建筑群又称李自成行宫，位于米脂县城北约 300 米处的盘龙山南部，占地面积约为 11242 平方米。由 11 座殿宇及李自成塑像组成，石阶踏步相连；整体建筑依山攀建，自南向北，呈长条状分布。

（a）　　　　　　　　　　　　（b）

（c）

图 3-2　盘龙山古建筑群

盘龙山古建筑群是米脂境内规模最大、规格最高、建筑保存最好的明清道教古建筑群，为研究该地区当时庙宇建筑风格、布局、结构、规格及雕刻艺术和宗教文化的传播、发展等提供了重要的实物依据。

盘龙山古建筑群原为旧真武庙（俗称祖师庙）址，始建于明代成化年间，崇祯十七年（1644年），李自成于西安建大顺朝，率部返乡，在此驻跸，因此后称"李自成行宫"；清初绅民以真武庙名义加以保护，免遭清军破坏。乾隆四十三年（1778年）至乾隆五十六年（1791年）扩建，光绪十五年（1889年）至光绪二十一年（1895年）复修。"文化大革命"期间局部遭受破坏，后经政府专款修复，成为米脂著名的旅游景点；2006年5月25日公布为全国重点文物保护单位。

盘龙山古建筑群大致保存明清建筑风格，主要建筑分布于南北、东西两条相对独立的中轴线上；南北中轴线上南自二天门起向北依次是玉皇阁、钟鼓楼、木牌坊、兆庆宫和启祥殿；东西中轴线上西自乐楼起向东依次是梅花亭、捧圣楼和石牌坊。建筑随山势高低起伏，瓴檐交错，气势恢宏；建筑式样多变且布局合理，具有较高的观赏价值和研究价值。

（2）常平仓。常平仓位于米脂县银州镇石坡25号院内，南距银河约380米。始建于元代，现为三合院布局，由正厅、厢房、耳房、厢窑、大门组成，占地面积2182平方米。正厅坐西北面东南，硬山式尖山顶，筒瓦屋面，勾头滴水，砖瓦砌钱币纹正脊，檐下施一斗二升麻叶头斗拱，面阔五间，通面阔1451厘米，施民间彩绘，砖雕墀头；厢房、耳房均为硬山式尖山顶，仰瓦灰梗屋面，局部坍塌；厢窑东西各为五孔砖砌窑洞，二层抽屉檐，仰瓦灰梗屋面，是常平仓仓窑主体建筑。常平仓于光绪十二年（1886年）由知县骆仁主持修建，采用陕北独特的窑洞建筑，基础、背墙、山墙中心部分用石，窑面券顶用砖，高约5.2米，进深11米，面阔4.6米，窑内原有青石板砌筑的仓子；仓窑高大，墙体坚实，仓内温度、湿度稳定，仓储设施齐全；二进大门硬山式悬山顶，印花脊，筒瓦屋面，勾头滴水，院内青砖铺面，现存建筑保存较好。常平仓是米脂县境内分布较少的清代仓储建筑之一，为研究该地区当时仓储建筑的风格、布局、结构、规格及雕刻艺术等提供了重要的实物依据。

（3）大成殿。文庙现位于米脂县银州镇东大街东街小学校园内，现仅存状元阁及大成殿两个主要建筑，占地 514 平方米。大成殿为一歇山顶四阿殿庑式单体建筑，五架梁带前后廊封后廊建筑，筒瓦屋面，猫头滴水，檐下施单昂三踩斗拱，面阔五间，通面阔 1796 厘米，廊深 141 厘米，柱高 433 厘米，柱径 50 厘米。梁上记有"乾隆三十二年、五十年，嘉庆十八年重修"字样。殿前月台长 12.5 米，宽 7.65 米，四周有石雕围栏（现仅存西侧小段），垂带踏步之间是石雕龙纹御路。状元阁位于大成殿南面约 28 米处，为一悬山式单体建筑，五脊六兽，砖瓦砌金钱脊，筒瓦屋面，铃铛排山，檐下施荷叶墩，面阔三间，通面阔 9.13 米，柱径 0.19 米，柱高 3.43 米，柱础尽失。文庙是米脂县境内规格较高、分布较少的明代建筑之一，为研究该时期该地区文化传播、文化发展等提供了重要的实物依据。

文庙始建于明弘治九年（1496 年），由原址上城文庙（元皇庆二年，即1313 年创建）迁于下城东街时建造；后隆庆二年（1568 年）、顺治十一年（1654 年）、雍正八年（1730 年）、乾隆六十年（1795 年）、嘉庆二十五年（1820年）、道光二十一年（1841年）、光绪二十六年（1900年）均有修缮，达七次之多；五四运动以后，文庙改为学校用地，大成殿一度用作会议室。"文化大革命"时期，脊兽都被捣毁。近年再未维修。1984 年文庙大成殿被列为第二批县级重点文物保护单位。

（4）文屏山钟楼。文屏山钟楼位于米脂县城东南文屏山顶西部的陡坡上，北距无定河约 400 米，为一独立的砖木石结构四角攒尖建筑，占地面积 9平方米。钟楼始建于明嘉靖三十八年（1559 年），钟楼顶为四角攒尖式，翼角升起，筒瓦覆顶，为高6 米，边宽2.4 米的木结构小亭。钟楼台基用毛料石块砌成，四柱外栏三面条石砌成坐台。钟楼内悬一口万历十七年（1589 年）铸的八耳铁钟，高 1.4 米，口径 1 米，钮高 18 厘米，重 450 千克，外饰八卦方位、卷云纹、花草、动物等纹饰，顶部有残缺小块；钟身铭文中记载"万历十七年一月吉日造 山西太原府永宁州青龙镇金火匠高登科"。史载"古有钟声澈汉立景"，即此处。旧时设专人敲钟报时，人称"文屏晓钟"。清康熙二十九年（1690 年）知县吕某捐俸重修，以山为睡龙特悬钟鼓以警醒之，有陈国槛撰写的碑记。1984 年 8 月，文屏山钟楼被米脂县人民政府公布为第二批县级文物保护单位。文屏山钟楼内存放的铁钟是米脂境内较少的明代铁钟之一，为研究该时期该地区铁钟制作工艺、宗教传播等提供了重要的实物依据。

（5）柔远门。柔远门位于米脂县北大街，明嘉靖二十五年（1546 年）修筑，是至今仅存的旧城城郭遗迹，城门洞墙体表面用錾刻直条纹石块砌成，里面是碎土石渣。通道由三券三拱高低不同的石拱形门洞连接而成，高 9.7 米，面阔 14 米，进深 8.6 米，北门口上镌刻"柔远"二字，风化严重，字迹剥落已难辨认。一拱内的西墙有一长 67 厘米，宽 50 厘米的壁龛，横额处磨光石面阴刻"敬惜字纸"。中拱东西墙面上各有直径约为 18 厘米的穿孔，是为关闭城门之用。原城楼歇山重檐阁，已毁于 20 世纪 40 年代，后建硬山式城楼三间，于 2001 年 9 月坍塌。随着城市人口增多，北门洞不能满足过往车辆通行要求，后来把门洞向下挖了 50—100 厘米。1984 年，柔远门被列为第二批县级文物保护单位。

（6）杜斌丞故居。杜斌丞故居位于米脂县银州镇城隍庙湾 2 号院内，南距银河约 0.5 千米，为民国时期修建的一进院落，四合院式布局，由正窑、随墙大门组成封闭院落。正窑为五孔砖砌拱券式土窑洞，砖雕飞椽，三层冰盘檐，筒瓦屋面。杜斌丞曾经在东起第三孔窑洞内居住过。进门左边为一窗头炕，长 313 厘米，宽 201 厘米；窑掌上有掌窑一孔，进深 182 厘米，宽 136 厘米。东起第一孔窑洞与第二孔窑洞之间的窑腿辟有一小窑，高 260 厘米，进深 171 厘米，宽 160 厘米，为祠堂，现堆放杂物；大门为一砖木结构三架梁建筑，硬山式尖山顶，石板瓦屋面，方形门鼓石一对。杜斌丞故居是米脂县境内分布较少的名人故居之一，为研究杜斌丞生平事迹、生活条件等提供了重要的实物依据。

（7）斌丞图书馆。斌丞图书馆位于米脂县银州镇东大街 19 号院内，南距银河约 60 米。斌丞图书馆旧址是米脂境内仅存的一处 1949 年前开放的图书馆旧址，曾为该县的文化传播、革命宣传、图书搜集整理等方面做出了重要贡献，具有一定的价值。

（8）"古银州"石刻。"古银州"石刻位于县城南 200 米处，无定河东岸的石崖上，为阴刻楷书摩崖石刻，宽 8.3 米，高 3 米，每字宽 1.5 米，高 1.8 米，字距 1 米。民国二十三年（1934 年），县长严建章主持勒石，由该县清末进士高增爵邀请段祺瑞政府原总统徐世昌书。石刻字迹刚健雄浑，大气磅礴，题款竖排，左题"徐世昌县长严建章勒石"，右题款"中华民国廿有三年"。1984 年 8 月，"古银州"石刻被公布为第二批县级文物保护单位。

米脂城内仍保留大量传统民居，大多分布在东大街、西大街、北大街、市口巷、安巷则等街巷，形式主要为窑洞四合院，其中有数十处有代表性的传统民居院落。

二、城镇现状

（一）保存与管理

为实现古城的整体性研究，本书从"面—线—点"三个层次进行古城保存现状评估。

1. 历史格局

（1）轮廓形态。作为历史上陕北长城防御体系的重要支点之一，米脂城依山而建，老城西侧、北侧、东侧修筑高大城垣于山脊之上，地势险要，易守难攻；老城南侧以银河为城壕，增强防御力的同时节省人力和物力。米脂城墙经历了初建和后期的改造利用，包括水门的开设和沿城墙玉皇阁、魁星楼的建造等，近几十年城墙外围建造了许多风貌不好的建筑，以及对城墙不存在部分进行侵占建设等方面，都对城墙整体风貌产生很大影响。时至今日，北部山脊上的城垣犹存，但南城墙、西城墙南段、东城墙南段已被现代建筑、道路等破坏，传统城镇边界已不清晰。

（2）街区布局。米脂老城背靠盘龙山和翔凤山，民居院落或建在坡地上，或建在沟壑里，或建在土崖上，呈现出各种不同的形态。从盘龙山脚下的缓坡到盘龙山的山腰，聚落的街巷大多平行于山势的等高线，院落分布于街巷的两侧，故整个聚落呈缓急不等的阶梯状分布。古城因其地势的变化，形成以山为背景高低错落的形态。不过，老城南部和新城受到现代化城镇建设影响，街区布局发生明显改变。

综上，根据本书的评估标准，米脂在历史格局保存状况的两项指标——轮廓形态和街区布局上均应评为"中"，故其历史格局保存现状评分为"中"，详见表3-1。

表3-1　米脂历史格局保存现状

轮廓形态（50%）	街区布局（50%）	总评
中（30）	中（30）	中（60）

2. 街巷

米脂古城个别街巷的名称发生改变，如南关街现更名为南大街；个别街巷目前已消失，如新城旧时作为水道使用的稻园巷，现今已消失不用。总体而言，目前城内街巷格局保存基本完整，主要街道的线性、街廊、高宽比例关系等要素基本上延续历史上的特征。保存较好的街巷有 3527 米，占比 58.46%；保存一般的为 2506 米，占比 41.54%。城内仍保留传统铺装材料的道路为 5133 米，占比 85.08%。沿街立面传统风貌保存比例为 59.7%，详见表 3-2。

表 3-2　米脂各街巷保存情况

街巷名称	街巷尺度（D/H）	地面高差变化特征	地面铺装材料	地面铺装完整度	沿街立面	历史建筑比例		基本使用功能情况	街巷基本信息	
						评价	数据		长度/米	宽度/米
东大街	1.33	有高差	石料	较好	丰富	高	90%	综合	480	4—11
北大街	1.32	有高差	石料	较好	丰富	高	88%	商住	340	2.5—7.8
西大街	1.3	有高差	石料	较好	丰富	高	85%	居住	500	4—12
南门街	2	有高差	石料	较好	单一	低	25%	商业	33	12
南大街	2	无高差	沥青	较好	单一	低	24%	商业	600	8—12
枣园巷	0.5	有高差	土路	一般	丰富	中	67%	居住	105	2.4—3.4
新民巷	0.4	有高差	碎石	较好	丰富	高	81%	居住	100	1—2.5
儒学巷	0.8	有高差	碎石	较好	丰富	高	83%	居住	104	2.7—3.7
安巷则	0.8	有高差	土路	一般	丰富	高	80%	居住	215	1.5—4
小巷则	0.9	有高差	土路	一般	丰富	中	59%	居住	195	2—4
石坡	1.3	有高差	石料/砖料	较好	丰富	中	79%	居住	220	2.5—5
城隍庙巷	1.2	有高差	碎石	一般	丰富	中	51%	居住	155	3—5
华严寺巷	1.1	有高差	碎石	一般	丰富	中	53%	居住	260	3—5
马号圪台路	1.4	有高差	土路	一般	一般	中	52%	居住	200	3—4
运输公司巷	0.8	有高差	石料	较好	一般	中	51%	居住	355	4.5—6.8
东城路	0.9	有高差	土路	一般	一般	中	51%	居住	250	1—2
小城畔路	1.5	有高差	水泥	较好	丰富	中	50%	居住	300	5
城隍庙路	0.9	有高差	土路	一般	丰富	中	52%	居住	280	3—4
华严寺湾路	0.9	有高差	石料	一般	丰富	中	55%	居住	376	2.5—5
市口巷	0.9	有高差	石料	一般	丰富	中	61%	居住	250	3—4
东上巷	1.0	无高差	石料	一般	单一	低	25%	居住	220	5—9
西下巷	1.6	无高差	石料	较好	丰富	中	51%	居住	495	2.5—5

3. 传统建筑

（1）已定级文物建筑及典型民居建筑。本书在评估建筑保存情况时，主要考虑以下两方面因素。

一是建筑格局完整性。完整——完整保留传统建筑平面格局；较完整——平面格局仅发生局部变化，主要部分仍保留传统平面格局；不完整——原有格局被加建、改建破坏，平面格局发生较大程度改动。

二是结构稳定性。良好——曾经过维修，结构中原有的残损点均已得到正确处理，尚未发现新的残损点或残损征兆。一般——结构中原先已修补加固的残损点，有个别需要重新处理；新近发现的若干残损迹象需要进一步观察和处理，但不影响建筑物的安全和使用。较差——结构中关键部位的残损点或其组合已影响结构安全和正常使用，有必要采取加固或修理措施；结构的局部或整体已处于危险状态，随时可能发生意外事故，必须立即采取抢修措施。

经过调查可知，米脂城内已定级的文物建筑近年基本都经过修葺，总体保存现状较好。局部立面使用现代材料更换，但基本保留了传统风貌。典型民居院落的保存现状水平参差不齐，部分院落原有平面格局已不完整，立面材料的改建较多，院落内部乱搭乱建，环境杂乱现象较多。

（2）传统民居建筑。经调查统计，米脂老城内建筑总量为 1970 栋，其中，传统建筑为 957 栋，约占全体建筑的 48.6%；现代建筑为 1013 栋，约占全体建筑的 51.4%。从整体面貌来看，传统建筑占比不足 50%，作为"古城"的米脂老城区已名不副实；现存传统建筑分布得相对集中，主要在下城的东大街、西大街、北大街、安巷则等处，上城、下城南部及新城则基本为现代建筑。

确认所有现存传统建筑的保存状态是调查的第二项内容，目的是了解古城区传统风貌的退化情况。按照不同构件残损程度将其划分为保存较好、保存一般、保存较差三类状态。

经调查统计，三者现状如下：保存较好为 178 栋，占比 18.6%；保存一般532 栋，占比 55.6%；保存较差 247 栋，占比 25.8%，详见表 3-3。

表 3-3　米脂传统建筑保存情况统计

城镇	建筑总量/栋	现代建筑/栋	现代建筑比例	传统建筑/栋	传统建筑比例	传统建筑保存现状					
						较好/栋	比例	一般/栋	比例	较差/栋	比例
米脂	1970	1013	51.4%	957	48.6%	178	18.6%	532	55.6%	247	25.8%

在全面掌握现状的基础上，尚需了解形成这种状况所花费的时间，进而获知城市传统风貌在一定时段内的退化率。不过，考虑到相关历史数据（城区内所有传统建筑的历史资料、照片等）的阙如，这里我们选择调用 2013—2021 年的米脂历史地图数据进行对比，经统计，彻底改变或消失的区域占老城区总面积的 12.8%，算下来年均退化率为 1.60%。假设年均退化率不变，按照本书的两类算法，其衰退的年限下限为 30 年，上限为 55 年。

米脂老城在历史格局、建筑形式、外观、装饰和建筑材料等方面在一定程度上保存了当地传统形式及特色，真实性一般。整体聚落格局、规模较完整；城中历史上的重要建筑现大多无存或改作他用；组成历史环境的各种要素完整性较好；传统文化内涵保存一般，完整性一般。城内缺乏现代化基础设施，当地居民的生产生活方式对古城有一定程度的影响，部分传统建筑原有功能发生改变，大部分文物尚未定级，也未实施保护工程，整体延续性较差。

综上所述，米脂城市遗产保存方面存在诸多问题。例如，城防系统保存状况不佳：城墙的南半部已基本无存，仅余位于盘龙山山脊上的北半部，保存情况较差；南城门已完全拆除，剩余的东、西两座城门经过后期修复，真实性堪忧。街巷方面，有三条因地面铺装材料改变或沿街立面改变从而整体保存较差，其中既有城市干道又有支路。总体上看，破坏主要发生在两类区域，一类为城市边缘地区，因与新城接壤，更易被影响；另一类为主要商业通道，因交通压力及商业活动需求，故道路尺度、铺装及沿街立面较易被改变。

至于传统建筑方面，问题则较为繁多。首先，在城市化过程中，部分古建筑被拆除或迁移，原建筑占地变为他用。为满足现代化生活需求，居民加建或改建，破坏了原建筑的平面格局。其次，建筑质量日益下降。例如，屋面瓦作破损，局部塌陷；梁架承重木构件糟朽、开裂致使整体结构扭曲、变形；墙体裂缝、酥碱、返潮、局部塌陷；墙面粉刷层空鼓、脱落，表面被雨水冲刷、污迹明显，墙身底部发生霉变，墙基局部下沉；地面铺装残破，或改水泥材质铺地；门、窗等年久失修、糟朽，表面油饰脱落，或已改造为现代门窗等。最后，建筑整体风貌改变。古城内大量民居、商铺建筑后期用现代建筑材料加建或改建，使建筑风貌发生较大变化；建筑屋顶架设太阳能热水器及电视天线设备，威胁建筑结构安全，破坏建筑整体风貌；建筑院内、街巷两侧搭建临时构筑物，杂物随意堆积。少量原民居或商铺建筑现作为厂房、易燃物仓库使用。

自然因素方面，米脂地处较为干旱的陕北黄土地区，长期的自然风化作用对土木结构古建筑产生了较大影响，虽经历次维修，但建筑各部分都有不同程度的残损。另外，米脂地处黄土高原丘陵沟壑区，地表破碎，植被稀疏，峁梁交错，沟壑纵横，年降水量的 64%集中在 7 月至 9 月，夏季多暴雨，存在山体滑坡、山洪等隐患。人为因素方面，"破四旧"时曾大量捣毁古城公共建筑及窑洞古城民居建筑上的脊兽、瓦件等建构筑物部件；近年来，城市化进程中开展"拆旧房、建新房"，造成大量的历史建筑被损毁甚至拆除。多年来，城内传统民居均为当地居民住户自行修缮。在修缮过程中，存在对建筑所包含的历史信息简单化处理及信息缺失的现象，在一定程度上损害了其原真性。同时，由于管理体制不健全，随意拆除或迁移历史建筑的现象屡见不鲜。总体而言，人为破坏仍为米脂老城保护面临的主要负面因素。

4. 保护管理

2008 年 9 月 16 日，米脂古城被陕西省人民政府公布为省级重点文物保护单位，公布了保护范围与建设控制地带，并开始了初步保护档案建设。现有省级文物保护单位标志碑一块，古城内属于各级文物保护单位的单个历史建筑也均竖立了保护单位标志。2009 年 7 月 30 日，《米脂县窑洞古城保护管理暂行办法》经米脂县第十六届人民代表大会常务委员会第十次会议通过，使古城保护管理工作真正纳入米脂县委县政府的重要议事日程，逐步进入规范化管理渠道。

目前，米脂县文化和旅游文物广电局负责古城的保护维修和日常管理工作，负责古城总体规划的编制实施和开发利用工作，现有在编人员 10 人，具有专业背景人员较少。古城内实行文物保护员制度，对古城文物进行监督、巡视。管理设施配备较为简陋，管理用房在政府办公楼中，管理人员缺乏专用的管理用房。古城保护资金主要由省、市、县建设、文物等行政管理部门拨款。目前保护经费缺口较大，无法满足古城的保护管理需求。除盘龙山古建筑群外，城内其他建筑无安防设施配备，对可能发生的盗窃、破坏等危害古民居的活动不能起到足够的防御作用。长期以来，城内建筑多为古城居民居住所用，对建筑的保护维修以居民自发的行为为主。斌丞图书馆旧址、大成殿、文昌阁等古建筑由专业文物保护单位保护修缮，但大部分民居类古建筑尚未得到有效修缮。尚未进行系统的环境整治，整治的方式及手段需要进行系统规划，以提升整治效果。目前游客数量较少，尚未制定游客管理制度，未对游客行为进行规范引导。

综上所述，古城内部分文物保护单位"四有"工作已初步建立。目前无专门管理机构，部分文物保护单位竖立了保护单位标志，开始了保护档案建设。保护区划比较抽象，界线不明确，缺少实际可操作性，不能适应当前保护工作的需要，需要对保护区划进行调整。区划亦缺少界桩的明确界定。缺乏保护标识。主要由居民住户进行日常保养及维修，保护工程存在对历史真实性的不当处理。尚未建立起以政府为主导、居民参与的管理维修机制。现有保护措施不能满足古城保护工作需要，亟待加强和改善。专门管理机构尚未设立，专业管理人员数量较少。内部管理制度尚不健全，亟待补充完善。保护档案建设未达到规范要求，仍需进一步补充完善。保护经费严重不足，极大地制约了保护管理工作的顺利开展。无安防设施配备，无灾害应急预案，对可能发生的危害古民居的活动不能起到足够的防御作用。居民日常维护技术手段较为落后，缺乏对传统民居建筑本体及环境的日常监测。缺乏针对游客管理的规章制度，尚未对游客行为进行规范引导。

（二）环境与景观

米脂老城背依盘龙山、文屏山和东沟，无定河由西北向东南流经县城西侧，银河和饮马河由东向西穿过城内注入无定河。在无定河东岸、盘龙山、文屏山及东沟之间形成由平地到缓坡的地势，米脂老城的选址符合了中国传统聚落选址的风水理念，而且形成了独特的生态环境，具备以下特征：古城负阴抱阳的选址，使其获得良好的日照与屏障；古城的布置使其可随自然地形组织院落和街道排水；无定河谷和东沟沟谷为古城提供了丰富的水资源、大片肥沃的农耕地及大量的建筑用砂石；无定河谷提供了良好的小气候，空气湿度较大，加之河谷内的树木茂盛，起到阻挡风沙的作用。

米脂城地处山区，位于冲沟沟口的平坦区域，历史地貌大体未发生改变，但局部地区因生产建设活动，如垦山造田、房屋建设等遭到破坏，故地形地貌一项应评为"中"。

古城南侧和西侧分别有银河与饮马河，均往西流汇入无定河。河道位置均未发生较大改变，河道整体形态保存良好，河水有暴涨暴落的特点，但近年来水量有所减少，淤积严重，水质较差，河道污染较为严重，故水体一项应评为"低"。

周边山体通过植树造林等措施在一定程度上起到了水土保持的作用，但山体绿化比较薄弱，有待进一步加强。古城西侧狮山、象山多处因开山采石及建设活动而破坏山形地貌特征，山体植被大量减少，与古城选址密切相关的山体环境现状保存一般。南侧濡水河因受洪水冲击，河岸两侧堤坝、护坡破损严重，近年来多次发生雨季水量暴增，从而导致周边民居和道路被淹没的情况。濡水河上下游均有民居排放生活污水，污染较为严重，水质较差。古城东北台塬因城市建设扩张，出现大体量建筑及道路建设时削塬平地，挖地取土，破坏台塬植被和历史地貌的情况。新建的大体量建筑遮挡古城和台塬之间的视线通廊，台塬天际线形态被破坏，整体保存状况一般。根据历史图片及文献记载，古城周边原先多为村庄和农田，后因城市扩张、工业厂房建设、村庄边缘地不断扩大等原因侵蚀、占压农田，原历史农田环境保存一般。植被一项可评为"中"。

因新城的建设，老城周边的传统村落已基本消失，鉴于此，周边聚落一项只能评为"低"。综上，根据本书的评估标准，米脂老城历史环境保存现状的总体评分为"低"，详见表3-4。

表3-4　米脂老城历史环境现状评估

地形地貌（40%）	水体（20%）	植被（20%）	周边聚落（20%）	总评
中（20）	低（5）	中（10）	低（5）	低（40）

随着古城居民人口增加，居民生活水平提高，城内拆除古建筑后新建大量居民住所及企事业办公场所、公共服务设施等现代建筑。新增的现代建筑导致古城建筑密度增大，建筑之间采光、通风及消防安全隐患等问题突出，城内重点保护建筑的安全隐患。现代建筑多使用现代红砖、水泥等建筑材料，大多

为2—4层，建筑体量、色彩、高度及风格等方面都与古城传统风貌迥异。

米脂老城较好地留存了古城整体空间格局的景观要素——台塬、植被、河流、农田。从上城位置看整个老城，景观视线通畅，老城西侧、南侧及东侧新建的高层住宅影响古城传统空间环境。古城电力线路架空设置，电杆位置突兀，上空电线复杂交错松散，影响整体景观环境。古城南门片区、上城片区、新城片区三处景观节点环境较差，饮马河两岸景观带与古城传统风貌不协调。

（三）设施与利用

道路交通方面，古城对外交通为银河东路、银河南路、行宫西路和南大街，现为沥青路面，交通便捷顺畅，但规划范围内缺少公共停车空间。古城整体对外交通系统较为便利，对古城内重点保护建筑及周边环境影响较小。古城主要街巷，如东大街、西大街、北大街等路面多以石板铺砌，路面比较平整、整洁，完整保留了古城原有传统风貌。次要街巷，如枣园巷、儒学巷、小巷则、市口巷、石坡、华严寺巷等路面基本为石板铺砌，局部为红砖、土质和水泥路面。其中，城隍庙湾区域部分街巷为水泥路面，与传统的民居聚落风格、传统街巷空间气氛、传统风貌古建筑等均不协调，影响了古建筑的空间景观质量。次要街巷街道曲直、宽窄因地制宜，尺度适宜，多尽端式胡同，具有明确的内向性和居住气氛。

给排水方面，城内生活用水为市政供水，现供水面积基本覆盖整个古城，水质较好。目前城内排水方式为雨污合流制，通过道路中间的地下排水系统直接排入银河与饮马河，对水质造成了一定程度的污染。居民将日常生活污水直接排入街巷中间的地下排水暗渠，容易在路面上留下污水或污水残渣，影响周边的卫生环境与景观环境。

此外，目前电线全部采用架空铺设的方式，对古城传统风貌产生极为不良的影响。现城区内建筑密度过大，电力线路交错、搭接现象普遍，存在较大的火灾隐患。目前尚未配备消防设施，不能满足整个古城的消防安全需求。除盘龙山古建筑群外，目前古城内尚无安防监控系统，不能满足古民居建筑群安全需求。城内主要空间及巷道环境卫生较好，个别地方存在随意丢弃、堆放垃圾和建筑材料现象，较为影响公共卫生。目前，城内仅有两处公共卫生间，且分布比较偏僻，无法满足游客的使用需求。居民厕所多集中在院内，多为旱厕，无专业生活污水处理设施。城内垃圾收集点较少，且分布不均匀，设施简陋，与周边景观风貌不协调。古城沿街没有小型垃圾箱，个别地方有随意丢弃、堆放垃圾的现象，影响周边景观环境。

利用方面，米脂城整体格局完整呈现，街巷布局合理有序。盘龙山建筑群拥有成熟的展陈设施；文昌阁、大成殿、钟楼、柔远门等文物点对外开放；斌丞图书馆等文物保护单位对外开放且由专人管理，大部分古建筑院落依旧被作为住房使用。目前只有少量非物质文化遗产展示，如流水打铁、陕北秧歌，还有一些特色小吃。

除盘龙山古建筑群外，其余展示区目前展示方式仅为古建筑原貌展示，缺乏文字、图片、实物陈列展示等，方式较为单一，不能充分揭示米脂老城丰富的历史文化内涵。现有展示路线没有统筹规划，有效观赏视点少，缺少对古城历史环境的展示路线设计，不能完整展示古城主要特征。

古城对外宣传内容较为简单，手段单一，形式简单，总体力度偏弱，没有突出古城历史文化特色及价值。米脂经过多年努力虽然获得了全国文物工作先进县、中国优秀旅游名县、中国最佳文化生态旅游名城、全国爱国主义教育示范基地等称号，2012 年米脂老街成功入选第四届"中国历史文化名街"，但是外界知晓程度较低。

除盘龙山古建筑群外，古城内无其他展示性公共服务设施。目前，古城服务设施多为外来商人租赁门面或者当地居民利用自有住宅，提供餐饮、商品销售等服务。古城内服务设施未进行有效整合与规划，没有游客服务中心和必要的游客服务点，没有形成完整的服务体系。米脂平均年游客量为 7000 人，大部分为普通游客，小部分为专业研究人员，游客来源以陕西省内游客为主。城内仅盘龙山建筑群拥有完善的标识与解说系统，其余展示区的标识牌制作简陋，数量较少，缺乏文化内涵，与古城整体风貌景观不协调。例如，南门入口的标识牌体量过大，专业性不强，仅勉强发挥指示功能。

总体而言，米脂老城具有独特的人文和自然魅力，具有较强的文化吸引力和景观观赏性，但缺少对古城历史格局的系统展示，且展示内容未进行统筹规划，展示方式较为单一，展示设施与手段较为落后，个别重点展示点周边被现代建筑物遮挡，不能形成有效的视线通廊和景观节点，标识牌制作简陋，数量较少，缺乏文化内涵，未形成完善的解说与标识系统，服务设施不够完善，未形成完整的展示服务体系，在区域旅游资源中没有明确的定位，缺乏与周边资源的协同利用，未能充分实现古城的社会和经济价值。

三、保护建议

（一）保存与管理

1. 保护区划调整

综合考虑历史城镇文物本体分布的空间范围、城镇外围潜在遗存的可能方位、城镇周边地形地貌、文物保护基本要求及环境景观等方面因素，本书建议，对于米脂老城的保护区划设定时可参照以下不同层次。

1）保护范围

（1）四至边界。

东界：东距文昌阁 50米的文屏山山脊线至东距窑洞古城东城墙约250米的翔凤山山脊线一线。

南界：民国南城墙南扩 300 米一线。

西界：银河北路。

北界：米脂中学北院墙至北距窑洞古城北城墙约 100 米的盘龙山和翔凤山山脊线。

（2）面积。总面积为 1.19 平方千米。

（3）基本设定。历史城镇是宝贵的文化资源，一旦被破坏便不可再生。因而，在保护范围内，文物保护的原真性与完整性两大原则有着不可动摇的优先地位。原则上，保护范围内只能开展与文物保护相关的施工活动，如遗址的保护加固、古建筑的修缮维护、考古勘探与发掘、环境提升与改善、景观再造、文物展示等工作。而且在保护措施、工程等实施的过程中，必须遵循可逆性、可读性及最小干预等原则，并依法报文物主管部门审批，同时向上一级文物主管部门备案。至于各类建设性的施工，除非能够证明其与文物保护直接相关，如建立博物馆、保护用房、保护大棚等，或与满足范围内当地居民生产生活基本需求有关，如基本交通、给排水、电力电信、燃气、环卫等建设，其选址不与文物重叠，且外观与城镇传统风貌相一致，否则应一律禁止。当环境、景观类工程施工时，须定期开展审查，以确保不改变城镇历史环境的原真性与完整性。对于已存在于保护范围内的聚落、建筑群或单体建筑，可视情况采取不同手段——若该聚落、建筑群或单体建筑已对文物本体造成破坏，或虽未造成破坏，但产生了实质性威胁的，应尽快拆除，并协助居民搬离该区域；若该聚落、建筑群或单体建筑位于保护范围内，但对文物本体未造成直接破坏，也没有实质性威胁的，短期内居民可暂不搬迁，不过，相关单位必须对其整体规模、容积率等进行严格的限制与监控。同时，应对其外观加以修理整治，使其与城镇传统风貌相协调，且必须严格控制其高度（一般不宜超过 6 米）。最后，还应对保护范围内的人口承载力进行测算，以某一年限为止，设定人口密度上限。

2）建设控制地带

主要由四至边界、面积、基本设定组成。

（1）四至边界。

东界：保护范围东扩约 300 米处的文屏山和翔凤山山脊线。

南界："古银州"石刻南扩 300 米一线。

西界：无定河西岸、滨河路、银州北路一线。

北界：保护范围北扩 250 米一线。

（2）面积。总面积为 1.95 平方千米。

（3）基本设定。建设控制地带具有双重属性——文物保护与景观风貌控制。一方面，建设控制地带的设立可为潜在的遗迹、遗存的保护提供空间保障；另一方面，可通过对某些规则、规范的预先设定，最大限度地避免可能发生的威胁，在一定程度上实现"预防性保护"。建设控制地带内，文物保护的原真性、完整性两大原则仍应作为各类活动的首要原则。区内用地性质可包括文物古迹用地（A7）、绿地广场用地（G）、公共设施用地（U）、道路交通用地（S）、居住用地（R）、公共管理服务用地（A）、商业用地（B），其分配优先级排序应为 A7 > G > U > S > R > A > B。应注意，绿地广场用地类别应以公园绿地（G1）为主，以生产防护绿地（G2）、广场用地（G3）为辅；道路交通用地类别应仅限于城市道路用地（S1）、公共交通设施用地（S41）及社会停车场用地（S42）几个小类；居住用地类别应仅允许规划一类居住用地（R1）；公共管理服务用地类别应仅限行政办公用地（A1）、文化设施用地（A2）和教育科研用地（A3）；商业用地类别应仅限零售商业用地（B11）、餐饮用地（B13）、旅馆用地（B14）及娱乐康体设施用地（B3）。在建设控制地带内，开展全范围考古勘探，以明确与城镇有关的潜在遗存的分布情况。可进行一般性建设，但必须避开已探明遗存的位置，并向文物主管部门备案。新建建筑必须与城镇传统风貌相符，高度一般不宜超过 9 米。除考古勘探、文物保护和建筑风貌改善之外，还应注重自然环境的保护与恢复。一方面，必须禁止任何可能造成环境元素变更的行为；另一方面，应严格约束"三废"排放，以及生产生活垃圾的处理。最后，还应测算保护范围内的人口承载力，以某一年限为止，设定人口密度上限。

2. 遗产保存

1）历史格局

城镇轮廓方面，对保存现状较好的老城东城墙偏北段，民国北城墙西段、西城墙和南城墙西段，以及保存一般的民国北城墙东段，采取加固保护和生物保护的措施，对发生表面剥片、空洞、裂隙的夯土城墙，采取土坯和夯土砌补、裂隙灌浆、锚杆锚固和表面防风化渗透加固等方法进行保护。对破坏严重、城墙遗迹在地表局部残存的老城北城墙东段、老城东城墙中段、民国南城墙东段，采取覆盖保护手段进行保护。对破坏严重、城墙遗迹在地表已基本无存的北门至西角楼城墙段和老城北城墙西段、老城东门西侧城墙、老城南门两侧城墙，采用覆盖保护方法进行保护并进行标识。对保存较好的北门城楼基址的隔墙，进行加固保护；对东门、南门及西角楼，在进行基址覆盖保护后，可采用植物或非植物方式进行标识。

保护城镇传统的街区布局，对于留存至今的街巷道路，应确保其基本位置、走向等不发生变动；对于局部改变的街区，则应在可能的情况下，恢复其原有位置及走向；对于已消失的街区，可采用植物或非植物方式标识其原有布局，并进行相关说明；同时应禁止在县城内修建新道路。

2）传统街巷

保持现有的街巷宽度不变，并严格控制街巷两侧建筑的高度，实现合适的D/H 值。中国传统街道合适的 D/H=1∶2—2∶1，即 0.5—2，当值小于 0.5 时空间变得逼仄，同时 D/H 以 1∶1—1∶1.5 为最佳。在街巷评估部分得出米脂古城传统街巷尺度介于 0.5—2，街道尺度比例合适。因此建议保持现有街巷宽度不变，严格控制街巷两侧建筑高度。

继续沿用原有的石板路地面。对于地面铺装材料仍旧为传统石板（碎石）的地面，采取日常保养和加固修缮的保护措施，若出现破损，使用石板（碎石）进行路面修补；对于土路路面，采取烧黏土加固技术加以保护；对于沥青路面，要采用传统材料和工艺进行修整。

米脂城内街巷立面景观有门楼、窑脸、古窗、山墙的墀头、砖砌的烟囱、屋基的石台阶，但保存现状一般，要求采取加固保护措施；严格控制沿街建筑的外观材料、建筑高度，保持古街环境风貌协调。

3）建筑保护与风貌整饬

米脂城内目前尚存的传统建筑主要有少量的文物保护单位和未定级的"非文物"类民居，鉴于这两类建筑在年代风格断定及维护资金来源方面存在差异，本书认为应当采用"区别对待"的方式加以保护。

（1）少量的文物保护单位。这类建筑的初建年代、改建时间及营造风格与技法等通常都比较鲜明，比较容易制订针对性较强的文物保护修复方案，并且其维护费用由各级政府的文物保护专项经费来提供，故宜采用规范且专业的文物保护措施。在此过程中，应注意不得损害文物及其环境的原真性与完整性，使用具有可逆性与可读性的材料，设计方案时应遵循最小干预原则。这类措施主要包括维护、加固、替换及修复。

维护：针对保存情况较理想的传统建筑所采取的简易保养措施，规范且持续的常规维护，能够有效延缓建筑构件的自然衰退，并降低各类文物病害受损伤的可能。措施包括日常巡查、定期检修、针对病害部位的长期监测、建筑内部及周边的环境维持等方面。

日常保养是米脂老城的所有文物的基础保护措施，根据目前的保存状况，大部分文物保护单位的保护均可以常规维护为主，如李自成庙。

加固：当传统建筑失去稳定性，若放任该情况继续发展将严重影响文物安全时，就必须尽快采取措施。加固可采取物理的（如支护、锚固等）或化学的（如灌浆、黏接等）措施，在实施过程中应使用可降解的或便于拆解、剔除的材料，且材料的色泽与质感应在尽量接近原始材料的同时保留一定的差异度；在满足力学性能需求的前提下，加固结构的形态、构造及体量等尽可能简单化、隐蔽化、轻量化。

老城城墙北段建于山脊之上，常年受到风雨侵袭，风化坍塌严重，个别位置厚度已不足 1 米，急需在常规维护的同时实施必要的加固保护。

替换：当传统建筑的局部结构或材料已不堪使用，或现代添加物对其结构稳定性、风格统一性存在负面影响时，就必须考虑替换建筑的结构及材质。在实施过程中，应优先选择传统的材料与工艺，只有当传统材料、工艺不可考时，才可使用现代材料、工艺，但必须严格控制使用范围并预先进行试验，替换部分的色彩、形式与质感应尽量接近原始材料，并注明施工时间。

对于城中大部分代表性民居院落而言，局部替换可能是最具现实性与经济性的保护手段，并且风险可控。

修复：对于保存情况堪忧、受破坏严重的传统建筑来说，仅实施局部替换无法解决根本问题时，必须考虑全面修复。因涉及大量的材料替换、结构补强、缺损补配等操作，故应更加审慎，对历史上各个时期的改动痕迹应同等看待，必须避免对不同时期风格的主观倾向。每处构件的修复方案都必须做到有理有据，并且应优先选择传统的材料与工艺，只有当传统材料、工艺不可考时，才可使用现代材料与工艺，但必须严格控制使用范围并预先试验，修复部分的色彩、形式与质感应尽量接近原材料，并注明施工时间。另外，操作中还应注意不改变某些特殊构件的艺术特性，如额枋位置彩画的重绘。

文庙大成殿曾作为校舍使用，除屋面及梁架外，其余立面、门窗等结构已面目全非，是故建议对其开展全面修复工作。

（2）未定级的"非文物"类民居。一般这类建筑的始建年代、改建时间及建筑工艺、风格等不易确定，故无法制订统一的保护修复方案。另外，这些传统民居大多未进行文物定级，不能享受政府的保护专项拨款，需居民自筹养护资金，因而采用文物保护单位的专业保护措施有一定困难，应以恢复原建筑风貌为主要诉求。当然，要实现这一目的，必须由文物主管部门牵头，委托专业机构在参照重要建筑保护措施的基础上，制订民居维护修复的指导性建议及参考方案，以引导、规范居民自发的修缮行为。方案公布后应倡议全体居民共同遵守规范并加强监督。不过，对这一类建筑采取任何保护措施的首要条件，是对每一栋建筑进行登记建档，这里可以本书的调查结果为参考。从该类建筑的实际情况出发，结合我国现有文物保护体制，本书建议对该类建筑的保护可以从以下几个方面考虑。

现状维持与监控：对于保存较好的传统民居建筑，建议采取保留原状的处理方式。这类建筑结构稳定，外观风貌保持良好，其梁架结构及外立面采用一般日常维护保养方式即可，建筑内部可进行简单的装修改造，但不改变基本建筑结构。为防止其保存状态进一步劣化，地方文物主管部门可依托民间文物保护力量（如文物保护员）建立长期监测预警机制；对于出现明显衰退趋势的建筑，要设立重点监控制度。

改善：对于保存状况一般的传统民居建筑，建议采取改善的处理方式。此类建筑通常结构稳定，但屋面、外立面等结构有一定程度的残损或改变，对日常使用及城镇风貌有一定影响。其梁架结构及外立面采用一般日常维护保养即可，但需修复外部的破损与改变部分，修复时应倡导使用符合原始建筑风貌的材料与工艺。建筑内部可进行装修改造，但不改变基本建筑结构及风貌。

整修：对于保存状况较差的传统民居建筑，建议采取全面整修的方式。这类建筑不仅外立面、屋面残损，通常梁架结构也存在各类病害，建筑质量严重下降，已基本不可使用。整修时可视情况对原建筑梁架结构进行局部或全部替换，并可对房屋屋面、外墙、门窗等结构进行更换，修复时应倡导使用原始材料与工艺。

整饬：对于建筑质量尚可，但建筑外观被显著改变的传统建筑，建议采用外观整饬的处理方式，如将屋面恢复为传统形式、将屋面材料更换为传统材料、将外墙材料更换为传统材料、将门窗更换为传统门窗等。

对于城镇中大量的现代民居建筑，也可参照上述方式进行外观修复整饬。但要注意不可搞"一刀切"式的统一行动，否则容易制造出大量风格僵化、工艺粗陋的低水平沿街立面建筑，反而降低城镇的文化内涵与品位。

3. 管理机制

米脂老城的保护管理工作应注重以下三个方面：加强运行管理，强调专业管理，健全管理机构配置；落实保护规划对保护区划的管理规定；注重本体保护工程、展示设施工程及环境整治工程管理。开展各项保护管理工作时，应依托专门设立的保护管理机构。

1）机构与设置

建议组建专业的历史城镇保护管理机构，该机构由地方政府牵头，地方文物主管部门、住房和城乡建设部门、交通部门、园林部门、环卫部门等共同参与。机构的主要职责如下：负责制定历史城镇保护规章制度；负责组织与实施各类保护工作；负责与地方政府各部门合作，对城区内各类基础设施建设方案、建筑方案、商业开发计划等进行联合审核、检查、监控；负责就城镇保护事项与地方政府部门、企事业单位、当地居民等进行协调与协商事宜。机构内设置三个领导岗位——总协调人、负责人、常务负责人。总协调人可由地方政府主管文物工作的领导兼任，主要负责与地方政府各部门间的业务协调工作；负责人必须由地方文物主管部门领导兼任，主要负责机构内部的组织、宏观管理及与地方政府的沟通联络；常务负责人则是机构的实际运营者与管理者，由从相关行业（考古、文博、建筑等）公开选拔的具备丰富不可移动文物保护工作经验的人员担任。此外，应聘请行业内专家，组建学术顾问小组，进行技术指导；邀请当地居民作为地方联络人，负责普及保护政策与收集反馈意见。

2）制度建设

应建立健全与机构内部运行有关的各项制度，制定并公布文物安全条例、"三防"应急预案、城镇文物与历史风貌保护行为准则、传统建筑保护条例等规章制度，并建立各类未定级传统建筑的登记建档工作制度。同时，应组织专业力量，尽快制定《传统建筑修缮指导意见》《传统建筑修缮方案示例》等指导性技术文件，并向公众公布。

应建立历史城镇保护居民联络会制度。可邀请一定数量的当地居民作为代表，定期（一个季度或半年）召开座谈会，向当地居民公布最新的保护工作进展及下阶段的工作计划，并收集反馈意见。此外，还应设立非定期的表决会机制。当涉及重大规章的制定、公布，以及重要工程的设计、施工等事项时，可临时召开表决会，并进行民主表决以及时征求当地居民的意见与建议，提高其对历史城镇保护的参与感与积极性。

3）常规维护管理

应进一步完善地方文物保护员制度，并在此基础上建立日常巡视制度。考虑到实际情况，可分片包干，保持保护范围内每日一巡、建设控制地带内每两日一巡、景观协调区内每周一巡的工作频率。建立文物建筑常规维护制度，定期保养维护，延缓其衰退。建立传统建筑维修监督指导制度，规范民间自发的修缮行为，保护城镇风貌。在以上工作内容的基础上，可尝试与社会力量合作，加快城镇传统建筑保护数据库及实时监控系统的建设。

4）施工监管

文物保护管理机构应负责以下工作：城镇保护区划范围内与保护修复、环境整治、景观提升、展示利用、基础设施改善等相关的各类工程申报的组织协调、施工单位资质审查、工程方案审核、施工过程跟踪监控、竣工验收等。

（二）环境与景观

1. 历史环境

（1）地形地貌。米脂古城三面环山，北部为盘龙山，东北为翔凤山，东南侧为文屏山。禁止随意改变山体形态和自然植被种类及覆盖范围。逐步修复部分由于生产生活等建设活动破坏的地形地貌，如修复房屋建设等活动对地形地貌的破坏。

（2）植被。遵循因地制宜、因景制宜原则，充分利用现有植被，适时补充植被密度。遵循预防第一的原则，建立山林防火通道，保持自然原始风貌。

考虑到米脂地处半干旱地带，建议在维持自然环境现状的基础上逐渐推进绿化。绿化的总体目标是将规划区内的自然景观与历史人文景观有机协调，改善米脂古城的保存环境、景观环境和生态环境，为古城营造良好的自然生态环境和优美的自然景观。绿化措施主要包括以下几个方面。

山体绿化——米脂县属于典型的黄土高原丘陵沟壑区，古城周边分布着盘龙山、文屏山、翔凤山等自然山体。山体绿化应借鉴自然植被规律，因地制宜，突出表现当地植被景观，以落叶植物为主，同时结合常绿针叶植物、常绿阔叶植物、色叶植物、香味植物等构成丰富的山体绿化景观，培育好古城周边的生态环境氛围。

街巷绿化——利用景观分析法，在古城主要街巷及重要景观节点处，布置一定的带状绿地或街旁绿地，也可以沿街布置一些组合花坛及环境小品，以提高景观质量，增加街巷绿化的休闲功能，丰富街区的绿化景观。街巷绿化应注重与古城内其他树种和植物的搭配，多种植传统树木，对现有树种进行有效保护，营造与古城相宜的绿化环境氛围。

庭院绿化——提高古城居民的生态意识，整治庭院空间的环境，提倡对各家庭院进行绿化布置，提高庭院绿化率。庭院绿化要选择生长健壮，具有地方特色，便于管理的乡土树种，也可以栽植自然式树丛、草坪或盆栽花卉，使生硬的道路建筑轮廓变得柔和。进行庭院绿化植物搭配时，要考虑是否符合植物生态及功能要求和是否能达到预期的景观效果，同时还应注重庭院植物自身的文化性与周围环境相融合。

滨河绿化——流经规划区的银河、饮马河及无定河作为古城重要的景观元素，对于古城景观风貌塑造具有重要的意义和作用。在沿河两侧尽可能加强绿化建设，保持绿带沿线景观的延续性，丰富古城景观形象，强化地域特征和古城传统景观风貌。

广场绿化——包括古城内小块公共绿地的绿化和新建停车场绿化。古城内小块公共绿地的设置要结合街区内建筑街巷整治，利用现有空地、公共开放空间或可拆除的建筑空地增设，其植物种植的品种、程度和植物位置的选择，必须与古城建筑相适应，并考虑景观效果。地面铺装应和各种形式绿化有机结合，采用青砖、青石板、带有铭文抑或历史图形的符号型铺装。铺装色彩和材质应结合地域文化和特色进行设计，应根据古城景观风貌选择特质性的地面铺装。新建停车场绿化要坚持以人为本的原则，在尽量不减少停车数量的前提下，根据车辆的尺寸规格科学合理地处理好车位与绿化之间的关系。停车场绿化树种应选择适应性强、根系发达、耐干旱和粗放管理的乡土落叶乔木，以植物的生态适应性为主要依据，选择在米脂地区适宜种植的植物种类，最大限度提高停车场绿化遮阴效果和停车数量。停车场铺装宜采用植草砌块的方式，选择合适的草坪砖或混凝土预制砌块，厚度应大于等于 100 毫米，植草面积应大于等于30%。

（3）水体。无定河、饮马河和银河的河道流向、断面形式均要保持传统风貌，不得随意改变，沿河修建的各类设施不得破坏两岸传统风貌，禁止填埋河道。要及时清理岸壁，疏通河道，保持水质清洁。

注重水源涵养和水系保护，维护无定河、银河和饮马河的形态、水量、水质，禁止污水及各种废弃物的排放，对河道进行疏浚。制定水资源使用规划，实现水资源的合理分配和使用。采用工程措施与生物措施相结合的保护途径，防止水土流失。重点防治保护范围、建设控制地带内的山坡地，通过历史环境保护与修复和各种管理措施制止毁林毁草等不合理生产活动，防止植被破坏。保护原生植被品种、原生动物种群，加强珍稀物种保护，保持生物多样性。保护生物生存地域连续性和环境条件匹配性。禁止挖地取土、破坏性垦山造田、建设污染性项目等人为干预破坏行为。保护区划内各种建设项目提倡生态化设计，尽可能减少对生态环境的干扰。

2. 景观风貌控制

1）基本设定

建议拆除古城空间内遮挡主要景观及通视方向的建（构）筑物。拆除破坏古城空间尺度、空间效果的建（构）筑物。针对影响古城天际线的建筑进行整治，破坏台塬地新建的高层建筑、城隍庙东侧新建的高层建筑、文庙北侧新建的四层看家楼建筑，建议对其进行远期调整。清除古城内随意搭建的临时性建（构）筑物及垃圾堆等环境破坏因素。清理拆迁、拆除后影响古城整体风貌的废墟。针对暂时不具备整治条件的不良景观，应在主要视线方向采用绿化进行遮挡。重点整治各种旅游、商业广告标识、标牌等严重影响空间环境的不良因素。各种工程管线分期分批进行迁埋。

各重点地段侧重点又有所不同，具体为以下情况。

盘龙山古建筑群段：改造周边不协调建筑色彩、立面形式、高度，做到与古城传统风貌相协调；清理饮马河两侧生活垃圾，改善水质；规划建立专门的停车场，用于外来旅游车辆和当地车辆的停放。

柔远门段：改造东南侧排水管道，采用暗敷形式；管线全部埋地敷设，无法埋地的要设在隐蔽处，与整体风貌相协调；改造部分建筑商业门脸，与该地段整体景观风貌相协调；迁移垃圾收集点，对原垃圾焚烧池进行改造，恢复原有景观风貌。

北大街段：改造街道两侧不协调建筑色彩、立面形式、高度，做到与传统风貌相协调；管线全部埋地敷设，无法埋地的要设在隐蔽处，与整体风貌相协调；增加环卫设施，并对街巷两侧环境卫生进行整治，提高环境质量。

南城门段：改造入口两侧不协调建筑，做到与古城传统街巷风貌相协调；整治入口处各种标识、标牌，对标识形式、安装位置进行统一规定；管线全部埋地敷设，无法埋地的要设在隐蔽处，与整体风貌相协调。

东大街段：恢复后期被人为改造的部分建筑商业门脸；改造街道两侧不协调建筑色彩、立面形式、高度，做到与传统风貌相协调；管线全部埋地敷设，无法埋地的要设在隐蔽处，与整体风貌相协调。

文庙段：改造周边不协调建筑色彩、立面形式、高度，做到与文庙传统风貌相协调。

常平仓段：拆除南侧二层现代建筑，恢复原有传统风貌；改造周边不协调建筑色彩、立面形式、高度，做到与常平仓传统风貌相协调；改造北侧道路水泥路面为石板路面。

华严寺段：进行院内环境整治，拆除乱搭乱建的构筑物，恢复原有传统风貌；管线全部埋地敷设，无法埋地的要设在隐蔽处，做到与华严寺整体风貌相协调。

东上巷、西下巷段：改造周边不协调建筑色彩、立面形式、高度，做到与民国城墙传统风貌相协调；管线埋地敷设。

通过古城整体景观风貌控制，提供近、中、远三个层次，平视、仰视、俯瞰三种角度观赏米脂古城古民居建筑群及环境的优质景观条件。突出重点保护古建筑在古城中主体景观的空间地位，保护观赏视线不被削弱和影响。严格保护古城所形成的独特、优美的天际轮廓线。严格控制古城上空的俯瞰景观效果，严格保护建筑群第五立面（屋面）景观。保护古城特色空间及节点尺度与形式，如传统院落、商业街等居民公共活动场所等代表古城总体布局特色的空间。合理组织展示线路，充分展示古城的空间魅力。通过建筑环境整治，使古城形成协调的整体景观风貌。严格保护组成古城历史环境的自然环境要素（自然地形地貌、植被、河流），保护古城整体景观的优美背景。整治沿河景观，通过采用带有地方特色的绿化方式，形成滨水景观风貌带，优化古城整体景观环境风貌。建立具有古城民居建筑群文化内涵的标识系统。各种管线埋地敷设，恢复原有传统风貌。

2）景观轴线

从玉皇阁（现仅存夯土基址）至观澜门，经石坡至古城南门入口处，再向南经南关街及民国窑洞城墙至"古银州"摩崖石刻的这条景观轴线是米脂古城的历史文脉轴线。由古城上城的观澜门等景观节点反映米脂建城初期的景观风貌，由古城下城的南门入口处及东大街、北大街等主要街巷反映明清时期古城繁荣景象，从新城的南关街及民国窑洞城墙和"古银州"摩崖石刻等景观节点反映清至民国时期古城的发展延续。通过对该轴线上的景观节点和轴线两侧背景景观的保护与控制，保护米脂古城清晰的历史发展脉络与传统风貌。

从盘龙山古建筑群至柔远门景观节点，继续向南沿着北大街至古城南门入口处，再向东沿着东大街经过文庙至古城东门形成了米脂古城贯穿最重要的景观轴线，串起盘龙山古建筑群、柔远门、南城门入口处、文庙四个米脂古城重要景观节点及北大街、东大街等主要街巷景观。这条景观轴线不仅是米脂古城古民居建筑群空间结构特征和艺术魅力的突出表现，也是米脂古城历史文化价值、艺术价值的外在表现。通过对该轴线上的景观节点和轴线两侧背景景观的保护与控制，保护米脂古城建筑群空间格局与景观特色。

3）主要景观节点

建议设立八处景观节点，分别如下：南城门、柔远门、文庙和城隍庙、观澜门、华严寺、东城门、钟楼、"古银州"石刻。

（1）南城门是古城的主要出入口，可通过环境整治，打造整个古城入口的标志性景观。

（2）柔远门是至今仅存的旧城城门遗迹，通过环境整治，形成古城展示的重要景观节点。

（3）文庙和城隍庙保存较为完整，凝聚着米脂古城精美的建筑艺术和浓厚的历史文化，具有独特的景观与研究价值。

（4）观澜门是米脂古城上城与下城的重要分界点，是古城历史发展脉络的重要标志和见证。

（5）华严寺是米脂境内分布较少的元代寺院建筑之一，是研究该地区当时民间建筑风格、布局、结构、规格及雕刻艺术，以及宗教历史、宗教发展的重要实物依据。

（6）东城门是古城景观轴线上的重要节点，对于古城格局保护具有重要意义。

（7）钟楼位于东南文屏山顶上，旧时设专人敲钟报时，人称"文屏晓钟"，曾是古城"八景"之一。

（8）"古银州"石刻位于县城南200米处无定河东岸的石崖上，由米脂清末进士高增爵邀请段祺瑞政府原总统徐世昌所作。石刻字迹刚健雄浑，大气磅礴，是民国时期遗存至今的重要遗迹，具有重要的历史价值。

4）主要观景点和视线通廊

一是主要观景点。建议设立三处观景点，分别位于盘龙山古建筑群、城隍庙、文屏山文昌阁。完善三处观景点的设施建设，在保证文物安全和游客安全的基础上，全面展示米脂古城古建筑群独特的景观风貌与环境背景。

二是视线通廊。主要视线通廊基本涵盖主要景观节点和观景点，分别为盘龙山古建筑群—柔远门，盘龙山古建筑群—华严寺，城隍庙—盘龙山古建筑群，城隍庙—华严寺，文昌阁—钟楼，文昌阁—文庙，文昌阁—南门入口处。

清理视线通廊的景观干扰因素，严格控制视线通廊视域范围内的相关建设活动。

（三）设施与利用

1. 基础设施

基础设施改造必须以老城保护和展示为重心，不得对重点建筑和景观风貌造成破坏。将老城的基础设施建设与改造纳入城市基础设施建设和改造整体规划。基础设施改造应以道路系统为框架，给排水、电力、通信、燃气、供热等管线均沿道路地下埋设，不得裸露在外。通过基础设施的改造，改变城内污水任意排放、固体垃圾随意堆放的情况，改善环境卫生状况。基础设施改造应在改善城内居民生活环境的同时满足老城展示和观光旅游需求。

基础设施改造应按规划分区、分期实施。已实施基础设施改造的区域，应逐步废弃影响重点保护建筑和环境景观的基础设施；尚未实施基础设施改造的区域，可继续利用现有的基础设施，不得改建、扩建、新建。

出入古城道路主要有银河东路、银河南路、行宫西路和南大街，交通顺畅便捷，可不再调整；古城内部限制机动车辆穿行，以保持古城传统景观风貌。将水泥路面改造为材质为石、砖等路面，以使其与周边景观风貌相协调。要完善周边山体的步道系统，运用传统材料对登山道路进行修整，使其成为当地居民及游客节假日休闲娱乐、登山健身、俯瞰古城的理想去处。在柔远门外侧和南门外的银河南侧两处区域经过景观改造后设置大型集中绿化停车场（生态停车场），用于停放外来旅游车辆和当地车辆。

沿主要街巷埋设给水管道，将给水设施纳入市政给水管网系统。在已采用新的给水系统区域，应废弃现有的给水系统；在新的给水系统尚未建成的区域，暂时继续使用现有的给水系统，不得新建、改建、扩建。生活用水要达到生活饮用水卫生标准，农田和绿化带灌溉用水可采用经净化处理的中水。供水量设计指标应符合当地用水的需求，节省水资源。排水管网设计时应考虑雨水和污水分流。雨水采用明渠排放，排入区外河道。分区修建小型污水处理设施，使生活污水达到二级排放标准，就地灌溉使用或排入河道。城内外的农田和绿化带灌溉使用喷灌和滴灌设施，禁止使用大水漫灌的方式。在各级文物保护单位、公共建筑、旅游服务区等位置设置灭火器，沿主要街巷设置消火栓。

将城内高排放、高污染、分散型的燃气和供暖设施，逐步改造为低排放、低污染、集中型的燃气和供暖设施。燃气和供暖设施必须统一规划设置，集中供气、供暖，管道沿道路地下埋设。

结合古城古民居的修缮和改造，逐步提高建筑的耐火等级，对用火、用电设施进行全面改造，控制建筑密度，考虑防火间距。各项建设严格执行国家颁布的消防规范，健全消防设施，新建工程规划建设时保留消防通道和建筑物的防火间距，做好重点历史文物建筑的消防工作。消防给水管道与生活给水管道共用，布置规划区消防给水系统，给水管网应连成环状，沿古城道路布置消火栓，消火栓最大间距不超过 120 米。以古城主要街道作为消防通道，其在作为主要旅游步行街的同时要考虑当出现消防事故时消防车的通行，要求保证当出现消防事故时车辆通行宽度不小于 4 米，净空不小于 4 米。对古城内建筑实施减震、防震措施专项设计，对陈列展示的文物需采取减震、隔震措施，提高抵御外力侵害能力，确保古城建筑及文物的安全。强化应急值守工作，安排专业应急人员值守，随时通过网络及时了解地震灾情，做好应急准备工作；规划建设灾难避险开敞空间，开展应急演练工作，组织古城居民进行紧急避险地疏散，提高应急应对能力。综合运用土壤保持、植被保护等生态保护和建设措施，工程措施和生物措施相结合，进行综合治理，缓解旱、涝、洪等自然灾害，防治重大破坏性影响。根据《防洪标准》（GB 50201—2014），无定河城区段按50年一遇洪水标准设防；银河及饮马河城区段按30年一遇洪水标准设防。河道上的桥梁等构筑物设防标准应等于或大于相应河道的设防标准。

将老城的垃圾处理纳入市政环卫系统，实施统一管理。在保护范围内设置垃圾箱，并按照需要建立移动垃圾站，建设控制地带按照实际需要建立垃圾站。建立旅游垃圾处理系统。垃圾箱应美观、耐用、防雨、阻燃，设于街巷两侧或游客停留观赏区、广场、停车场等，方便游客使用。主要旅游步行街按间隔 20—50 米设置，主要街道按 50—100 米设置，次要街道内部按照 100—200 米或两端设置。公共卫生间按每座服务半径 300—500 米设置，规划在古城设立 6 处二类水冲式公共卫生间，分别位于古城南门入口处、西大街中段、文庙、城隍庙、上城影视基地所在地段及东上巷地段。古城内公共建筑内部卫生间向公众游客开放。

2. 展示利用

展示主题可包括：窑洞民居文化——米脂古城保存有众多的明清窑洞四合院，布局巧妙、工艺精湛，是世界上现存最完整的活态窑洞博物馆；边城文化——米脂地区是古代边疆要塞、边防重地，处于中原农耕文明与北方草原文明的分界带；商贸文化——明清及民国时期在古城东大街及南关形成了店铺林立、商贾云集、生意兴隆、甚为繁华的街区，至今仍保留着当时的基本格局；教育文化——米脂古城文化气息浓重，历史上人才辈出，文庙、文昌阁等建筑反映出米脂历代对教育文化的重视。

上述主题可通过设立不同的功能分区来实现。例如，上城怀古区——通过对上城的历史建筑（城墙、观澜门、常平仓、衙署、华严寺、城隍庙等）进行整治恢复，以展示上城古代的军事、行政、宗教功能。老城城墙是古城历史变迁的直观反映。商贸文化区——东大街历史上商铺林立，同时拥有文庙等文化建筑。通过对东大街的立面整治，恢复传统商业老字号，打造古城商贸文化特色街区。宅邸民居区——北大街拥有众多特色民居宅邸，其窑洞建筑艺术具有特色，工艺精湛。通过对北大街保存完好院落的展示利用来体现古城的建筑艺术魅力。银河生态区——银河东西贯穿老城，对于古城景观风貌的塑造有着重要的意义，通过河道整治使其恢复昔日的山水格局，为当地居民提供宜居的环境和休闲场所。城墙窑洞区——民国城墙与窑洞相结合，城防与民用相结合，是中国城市发展史上较为少见的例子。对城墙保留完整段进行原状展示，对已毁重要段进行场景模拟展示，其余段进行标识展示；游客登东城墙可观城渠新村窑洞景观，还可通过观看陕北土窑、方口土窑洞、接口土窑（土石混合）、砖窑、石窑等，了解陕北窑洞发展的过程。

展示内容包括但不限于：遗存本体，如城墙城门遗址、宗祠建筑、传统商号建筑及传统民居院落、历史街巷等；遗存环境，即古城址、山体、台塬、河流、平川等要素；无形文化遗产，如古城建筑文化。可以考虑城镇格局、环境、建筑、陈列馆、遗址标识和覆罩、场景模拟等展示方式。其中，城镇格局展示主要包括古城选址、地形地貌、城垣与环壕、街巷等不同要素。环境展示主要指在实施环境综合整治、景观风貌控制等措施后，有目的地选取一些基础条件较好的地段或节点加以重点培育，使之呈现出宜人的生态及人居环境。建筑展示可以现有的文物保护单位为依托进行，如对高将军宅、高家、杜家、常家、冯家等元明清特色窑洞四合院的展示。选取其中保存较好的作为专题陈列馆，如东大街印刷厂、斌丞图书馆和盘龙山建筑群等，也可另建新馆。馆内通过文字、图片等资料和实物展品，配合多媒体、声、光、电等进行室内陈列展示，全方位介绍相关历史信息，充分展示文物价值。场馆选址应考虑交通便利性，故在东城门附近较为适宜。遗址标识和覆罩展示主要针对城墙及城门遗址，建议对古城墙上的重要建筑（如魁星楼、玉帝楼、凤凰台及南城墙等）采用植被或砂石等方式加以标识，对考古发掘出土的城墙、城门基址、重要建筑基址等采取覆罩方式进行现状保护展示。场景模拟为补充性展示方式，主要通过当地居民传统生产、生活方式及古街商业活动的场景模拟，还原古城生活场景，以直观的形式展现文化特色，使游客沉浸其中。

游线的组织可分为两条，即北门外停车场—盘龙山古建筑群—柔远门—银州高将军宅—城隍庙湾—常平仓—杜斌丞旧居—马号圪台—石坡—观澜门—南门入口—民国古城墙—"古银州"石刻，或北门外停车场—柔远门—北大街—银州高将军宅—东大街—文庙—东门。

利用盘龙山古建筑群、东大街印刷厂和斌丞图书馆旧址等建立古城历史文化专题陈列馆。上述建筑均为古城中重要的公共建筑和重要的景观节点。建立由图文标识和影音解说系统共同构成的室外辅助展示系统。在古城主要入口、展示路线、主要景观点设立说明、导游标识；在陈列馆等主要人流停留空间设影音解说系统，包括自助式讲解设施与多媒体演示设施。在现已不复存在的文物建筑基址处树立标识牌。在南城门西侧设立游客服务中心一处，提供全面、综合性游客服务，并避免对整体风貌形成不良影响。游客服务中心应提供售票、咨询、寄存、多语种和语音服务、团队接待、旅游纪念品、宣传刊物、宣传纪念品、电信电话设施、公共卫生间等相关服务，并采用国际通用标识系统。设立游客服务点六处，分别位于北门外新建停车场处、西大街中段、文庙入口、南门外新建停车场处、衙署、东下巷，并提供必要、基础性游客服务。这六处服务点可利用已有基础进行改造、升级，避免对古民居建筑的破坏。在古城内主要道路沿线设少量游客休憩设施，设计应小型化、自然化、生态化，带有地方特色，避免过度人工化。关注游客需求，及时解决游客服务需求，提高综合服务能力。针对游客安全保障制定各项日常规章制度，制定高峰时期游客安全保障应急预案。

　　老城的主要游览区域与其建议保护范围基本重合，则其可游览面积约为1.19平方千米。结合老城的具体地形情况，游客的游览空间为150米²/人。周转率按每天开放参观 12 小时计，取值为 2。日最大环境容量 C=（A÷a）×D=（1190000÷150）×2=15867（人次）。按每年365个参观日计算，年最大环境容量为365×15867=5791455（人次）。

　　近期（15 年内）的保护工作可按照轻重缓急分为以下三步。第一个五年内，完成《米脂历史城区保护总体规划》的编制、报批与公布程序；编制文物保护修缮计划、消防规划、安防规划、绿化规划、基础设施规划等，进一步完善《米脂历史城区保护管理暂行办法》及各项规章制度。设立米脂古城保护管理委员会和米脂古城保护管理所，并完善相关机构设置与人员编制。完成古城内文物建筑和历史建筑的本体保护修缮工程；完成现存城墙的维护、清理、加固工作；完成非物质文化遗产的保护展示工程；竖立保护界桩；完成管理用房和监控中心建设工程。拆除保护范围内严重影响古城整体风貌的建筑，以及北门外和银河东路南侧新建停车场区域的建筑；整治沿主要展示路线两侧影响整体景观风貌、遮挡主要景观的建筑及古城主要街巷建筑；整治保护范围内的环境卫生；完成规划区内的各种绿化工程。古城内重要公共建筑修缮完成后对外开放展示；建立解说与标识系统；完善停车场及游客服务中心建设工程；改造影响整体景观风貌的道路路面及登山道路；完成专题陈列馆布展工作；定期举办特色民俗活动，展示古城非物质文化遗产魅力；等等。完成古城消防系统及设施建设；完成给排水管网，电力、电信线路迁埋工程，燃气管网迁埋工程；完善环卫设施；等等。初步建立监测制度，制定并实施游客容量控制措施。

第二个五年内，建议进一步完善管理机构设置及管理制度。坚持古城内文物建筑和历史建筑的日常养护及对外开放展示；完成银河东路两侧现代建筑及民国新城保护范围内需拆迁建筑的拆迁安置。完成保护范围内建筑改善、整饬工程，环境卫生综合治理工程，整体空间景观环境整治工程；实现地形地貌保护，植被保护，水体保护，整体景观风貌保护。完善解说与标识系统；丰富展示内容，提升展示效果；利用现代化技术手段优化专题陈列馆布展。完成建设控制地带内基础设施改造工程；完善监测制度；提高遗产日常维护工作的科技含量；加大遗产宣传工作，继续深化遗产保护教育活动。

第三个五年内，可继续致力于实现对古城的真实、完整保护；实现管理机构合理配置，管理制度科学完善；完成建设控制地带内建筑整饬工程和环境综合整治工程，使之与传统风貌相协调；建立完善的展示设施与展示、服务体系，实现全面展示开放；完成古城文物本体保护工程、环境整治工程，实现可持续发展，创建良好、和谐的遗产环境氛围；进一步完善城内绿化，完成周边山体绿化工程，提供良好的背景环境。

第二节 高 家 堡

一、城镇概况

（一）城镇概况与沿革

高家堡镇位于陕西省神木市西南部，东经 110°5′20″—110°30′0″，北纬38°22′1″—38°44′16″。镇域总面积794平方千米。镇域地处神木、榆阳、佳县三地区交界，北接锦界镇，东与神木镇解家堡办事处接壤，东南与贺川镇太和寨办事处为邻，南邻乔岔滩办事处，西北与大保当镇相连，西邻榆阳区大河塔乡。

高家堡居秃尾河中游地区，历史上是北出塞外要道，中华人民共和国成立后先后建成的旧榆神公路、神佳二级公路、榆神高速公路和神米佳高速公路纵横交错，神延铁路沿镇北界东西通过，路网纵横，交通便利。镇政府所在地高家堡一直是周边地区重要的经济文化交流中心，距县城 70 千米（榆神高速公路），距榆神工业区的锦界工业园和清水工业园均为 30 千米，距榆林 87 千米，距榆阳机场 103 千米。

明代高家堡是延绥镇东路的重要城堡，东至永利河流域的柏林堡 20 千米，西至蒺藜川（今扎林川）流域的建安堡 20 千米，南至葭州（今佳县）40 千米，北至大边（长城）2 千米。

明代正统四年（1439 年），设立高家堡，高家堡正式有了名称和建制。在此之前，不同的历史时期曾有不同的建制形态，其区域也屡有变迁。

6000 年前，仰韶文化时期，秃尾河畔等地形成村落。

4300 年前，龙山文化中期略晚，石峁成为当时中国北方超大型聚落，高家堡区域是石峁古国统治的核心区域。

此后高家堡被猃狁、林胡、匈奴等古代少数民族占据。

战国至秦初，秃尾河畔的喇嘛河无名古城管理周边区域，界线无考。

汉初，在秃尾河（同水）中下游置固阴、鸿门、固阳三县，镇域分属固阴、鸿门，界线无考。

三国两晋南北朝时期，镇域先后由羌族、匈奴及其他少数民族政权占据，界线无考。

隋朝，镇域长城内分属雕阴郡开光、银城两县，长城外属榆林郡富昌县，界线不详。

唐时，镇域秃尾河东北区域属胜州银城县，其余属银州开光县。唐末，镇域大部分属定难军，界线不详。

五代十国时期，镇域西部属定难军管辖的银州，东部属晋、汉、周先后管辖的麟州，界线不详。

宋、西、夏、金对峙时期，镇域处于兵争分裂之地，各政权反复争夺占据，建制情况只知大概，界线难以说明。

元时，镇域的村落归葭州管辖。

明英宗时，高家堡有了名称和建制。其"南至葭州百六十里，北至大边（长城）三里，东至柏林堡四十里，西至建安堡四十里"。直到清代早期，镇域归属葭州，大致管理边界为水洞川以东属于神木市，长城以北属于内蒙古，南至今神木市万镇。

清乾隆二十七年（1762 年），高家堡由葭州划归神木，管理范围大致同明代。

边墙高家堡口外属内蒙古鄂尔多斯五胜旗（今乌审旗）和扎萨克台古旗（今并入伊金霍洛旗）。高家堡口外的伙盘地行政属神木管理，地租归内蒙古两旗收取。高家堡口外的范围向北直至今神木市大保当镇小保当村一带。

民国时期镇域先后为神木第五区、高家堡联保和古今滩联保、自强乡、建国乡，管辖范围东至高家堡西山一带，与信义乡（今解家堡）西边界相接；北至桑树渠一带，与忠孝乡（今锦界）南边界相接；西至神木与榆林边界，其中西北的沟岔村属榆林双建乡；南至乔岔滩一带，与共产党领导的神府边界相接。镇域东南部边缘区域属于国民党的神木和神府交叉管理地区。

民国三十六年（1947 年）8 月，高家堡解放，镇域归神府县管辖，并成立高家堡区（先为神木县区，后改为神府县区）。1949 年春，神府县治迁至高家堡。其时神木县与神府县基本以窟野河为界，高家堡区管辖范围基本同前。

1950 年 5 月，神府县撤销，高家堡镇域并入神木县，为神木县四区。管辖大致范围东至阳畔、崖狮则一带；东北至奥庄则、中沙峁一带，邱家园则、水洞归五区（解家堡）万家沟乡，北至瑶则孤一带（包括蟒过渠与锦界镇刘家沟），西北至清水沟村（现属大保当镇），西至沟岔，西南至徐家塔南至乔岔滩南界一带（包括现乔岔滩办事处全境）。

1953 年，镇域改为神木县六区，管辖范围大致同前，但瑶则狐乡划至十二区（瑶镇）。东至阳畔、李家洞一带（包括奥庄则、中沙峁），北至河北、古今滩、木瓜湾（属喇嘛河乡）一带，西北至清水沟村，西至沟岔、瑶湾（属芦沟乡）一带，西南至黄虫屹挞，南至乔岔滩南界。

1956 年，镇域改为高家堡区。东至阳畔（自家山乡）一带，东北至园则沟、阿包堰、万家沟、杨满岔、界口墩等村（属水洞乡），北至河北、古今滩、木瓜湾（属喇嘛河乡）。桑树塔、桑树渠、瑶则洼（含蟒过渠）、木瓜山、青阳树沟、十里界属瑶镇区的瑶则狐乡。西至沟岔、瑶湾、黄虫龙挞，南至乔岔滩南界。

1958 年 9 月，高家堡区管辖范围分为高家堡、李家洞和乔岔滩三个乡，同年 12 月改为公社，三个公社的境域基本同 1956 年高家堡区的界线（含乔岔滩办事处范围）。

1961 年 9 月，高家堡区内有高家堡、古今滩、李家洞三个公社，乔岔滩公社单设。秃尾河西的清水沟村划归大保当公社，其他边界未变。

1966 年，高家堡、古今滩和李家洞合并为高家堡公社。东北的万家沟、杨满岔、界口墩等村划归解家堡公社。管辖范围是现全境除乔岔滩办事处以外的区域。

1984 年，高家堡公社改为高家堡镇，管辖范围同前。

2011 年 7 月，撤乔岔滩乡，并入高家堡镇（乔岔滩暂以办事处相对独立管理）。镇域为原高家堡镇和乔岔滩乡的全部。

（二）遗产构成

作为省级文物保护单位，高家堡古城拥有较为丰富的历史文化资源，由城郭、街巷、建筑与民居组成，其中包括一处县级文物保护单位。

1. 城郭

明正统四年（1439 年）延绥巡抚陈镒择地建堡，成化八年（1472 年），巡抚余子俊改堡为城，周三里三十八步，东南西三面开门。万历三十六年（1608 年），巡抚涂宗浚改修城垣，用砖包覆[①]。古城平面呈矩形，东西长 500 米，南北宽 270 米，周长 1540 米。城墙夯土为垣，砖石包砌，城墙每隔数十米有马面。城墙东墙长 270 米，南墙长 510 米，北墙长 500 米，西墙长 270 米，墙体高约 10 米，残高 6—9 米，底宽 7 米，残宽 4—6 米，顶残宽 1—4 米，女墙原高约 1 米。城门上建造箭楼，北城墙耸立三宫楼，城墙东南角构筑魁星楼。北城外百余米处东西向筑有长墙，俗称小城儿，长近千米，残高约 2 米，主要为军事防御设施，兼做防洪护堤。历代战争对城墙造成了一定的破坏。中华人民共和国成立后，当地居民取砖垒墙。"文化大革命"期间又在城墙上修挖防空洞。20 世纪 70 年代，机关单位和居民依托城墙，修造窑洞。城墙的东、南、西辟三门，原外有瓮城、箭楼。城门头上镶嵌石额，分别镌刻"耸观""永兴""安澜"（高家堡东门现状见图 3-3）。

---

① 道光《神木县志》卷三《建置上》，清道光二十一年（1841 年）刻本，第 23 页。

图 3-3　高家堡东门现状

2. 街巷

　　高家堡城内共有街巷 21 条，总长度 3150 米。以东西南北四条大街为骨架，与其他次级巷道共同构成城中的原有格局（图 3-4），各街巷尺度见表 3-5。

图 3-4　高家堡主要街道现状

表 3-5 高家堡街巷尺度表

街巷名称	长度/米	宽度/米	铺装材料
东街	281	12	石料
西街	198	10	石料
北街	100	5	石料
南街	155	12	石料
北巷	102	5	石料
南东头道巷	148	2.6—3.9	石料
南东二道巷	148	2.4—2.8	石料
同心巷	238	2.1—5.3	青砖
十字上下巷 （小棚巷）	238	2—3.9	石料
南东三道巷	150	2—5.2	青砖
西南头道巷	116	1.5—5	青砖
西南二道巷	130	2.2—8.2	石料
西南三道巷	128	3—5	青砖
韩家丁字巷	92	2—8.5	青砖
郝家巷	92	2—2.6	青砖
西城巷	203	2.7—3.8	石料
北城上巷 （东小北巷）	240	4.1—5.8	石料
北城下巷 （西小北巷）	99	4.4 5.8	石料
北东头道巷 （北头道巷）	89	2—3	石料
北东二道巷 （北二道巷）	107	1.2—2.5	石料
城隍庙巷 （北三道巷）	96	5—7	石料

3. 建筑与民居

（1）中兴楼。中兴楼位于古城中心，略偏西北，骑街分野，处在东西南北轴线上。台座基本呈方形，边长约 5 米，楼高 20 余米，为城内最高建筑。传始建于明万历四十八年（1620 年），清乾隆年间修葺，道光十二年（1832 年）闰九月初六重建，1999 年 8 月 2 日再次完成维修成就现貌。十字重檐歇山顶，屋面坡度平缓，出檐较短，斗栱用材小，斗拱占柱身五分之一。台面上两层楼阁式砖木结构，最上层玉皇阁面阔一间，内供玉皇大帝神像。中层日月洞面阔三间，内供日月两神。二层南面两翼突出，平台上建有硬山式带前廊楼阁各一间，分供关帝、观音神像。日月洞檐下吊清乾隆五十年（1785 年）款大铁钟一口，保存完好。下层为四方拱形窑式砖石砌台座，台基南北长 13.5 米，东西宽 13.4 米，内部夯筑，外砌青砖，下为条石。中为十字形券洞，东西各有窑洞一孔，阁居其上。上中二层均建有砖砌花栏围墙，西南角石阶可供登楼。楼洞四面镶嵌石额，东、南、西、北面分别题写"中兴楼""镇中央""幽陵瞻""半接天"。楼顶层北外墙砖雕"玉皇阁"；东西外墙琉璃浮雕二龙戏珠和丹凤朝阳。"文化大革命"期间，楼上殿阁内原有神像遭受破坏，现有神像均为新塑。楼西旧有禅院，东有铺面，皆属庙产。"文化大革命"后禅房改建为石头窑洞，曾为派出所和税务所办公场所。东面房屋已被拆除。1988 年 8 月 23 日，神木县人民政府将中兴楼列为县级文物保护单位，南有神木县人民政府所立文物保护碑一方。

（2）城隍庙。城隍庙位于东街北侧，建于明代，为官方祭祀的庙宇。临街立有高大木牌坊，上有匾额书写"灵应侯"。前院有禅房、水井等。建卷棚大殿三间，殿内供奉城隍、判官、牛头马面、张广才，东西配殿供奉十殿阎罗、土地、孤魂神等。中华人民共和国成立后，城隍庙先后被区政府、公社和镇政府占用，2003 年后，高家堡镇人民政府迁址城外，老年活动中心继续占用，旧貌无存。现城隍庙为民间集资重修。

（3）财神庙。财神庙位于北巷东侧，卷棚正殿五间，供奉文财神和善财童子，两侧墙壁的上方存有旧时壁画，配殿、戏台等主体建筑基本完整。中华人民共和国成立前，财神庙香火旺盛，中华人民共和国成立后，财神庙成为集体办公场所和生产队铸造农具的工场。改革开放后，相关部门整修了正殿，重塑了财神像，恢复了庙宇功能。

（4）西门寺。西门寺旧称大兴寺，位于西街北侧。正殿为券窑式带抱厦，顶部建小型藏式白塔一座。此外还有伽蓝殿、天王殿、韦驮阁、弥勒龛、钟鼓楼、禅堂等建筑。20 世纪 80 年代，供销社在此兴办糕点厂。20 世纪 90 年代，部分房屋因年久失修、厢房失火等，毁损倒塌。

（5）祖师庙。祖师庙位于西街西北城角，始建于明代。主殿供奉真武祖师，配祀十大元帅。民国初年，祖师庙改为县立第二高等小学校舍。2000 年后，因生源减少，校舍闲置。

（6）地藏庵。地藏庵位于东二道巷南段东侧，坐东向西，院中原有正殿、钟鼓楼、影壁等。中华人民共和国成立后，地藏庵被生产队集体占用，原貌无存。现建筑为民间捐资重建。

（7）三官楼。北城墙无城门，中有方墩，墩南石额"映北辰"，北墙额"大野屏藩"。墩上原建有二层重檐歇山顶楼阁一座，楼内供奉天、地、水三官。三官楼在解放高家堡时损毁，仅剩台基。

（8）魁星楼。魁星楼原建于东南城墙，形制为下窑上阁。民国期间，军阀井岳秀曾捐资维修，后被拆毁。

（9）南门寺。南门寺原建于南门外，供奉弥勒。中华人民共和国成立后，南门寺改建为汽车站。

（10）白衣殿。白衣殿位于三官楼南侧，原有正殿石窑三孔，供奉观音。中华人民共和国成立后，白衣殿改为乡公所，后改为医院，现为民居。

（11）都司署。都司署位于东街南侧，为明清时期高家堡最高军政长官官署。民国时，为驻军团部。中华人民共和国成立后，都司署改为邮电局办公场所，20 世纪 90 年代改为法庭，现为民居，原初风貌已无存。

高家堡民居具有典型的北方民居建筑风格，主要为砖木结构四合院，也有砖石窑洞院落和二层楼院，构成了风格独特的民居建筑群。这些民居建筑融京式、晋式建筑优点，并结合本地的环境和气候、民众的生活习惯，风韵雅致，美观实用。

四合院多为独院，方正闭合，和谐对称，正房高大，东南西房围合成院，房屋开间一般为单数，大门多设在院落侧旁，大户人家有大门、二门设置。影壁多为精美砖雕，内容多为人物故事和福禄寿等字样，房顶屋脊和烟囱上饰有兽头、凉亭等砖雕。门窗、屏风等饰以木雕，内容多为人物、花卉、山水。因冬季寒冷，故房屋注重采光且设置火炕取暖。门窗多为双层，分为亮门（窗）和护门（窗），窗多为支摘窗。

平房四合院有东街、西街韩家大院，北巷李家大院，东街卢家、李家和亢家大院，西街张家、高家、刘家大院等；楼院有南街刘家大院，十字巷的李家、呼家大院和李家楼院，同心巷的刘家、张家和杭家楼院，等等。民国初年，卢占奎烧毁了东街韩家大院等。

现存的西街韩家大院格局基本完好，分为前小院、前院和后院三进院落，共有房屋四十余间，是高家堡四合院的典型代表。同心巷的刘家楼院正房为砖木结构起脊穿廊房，西厢为窑洞两孔，东厢为砖木房，南为倒座窑，大门内砖雕影壁，西套楼院，又连七间铺面。外经商，内居住，颇具地方特色。同心巷的杭家楼院内的东二层楼，建于清乾隆年间，仍基本保存完好，是高家堡有明确年代记载的一处早期民居，也是高家堡城建史的实际物证。此外，还有很多革命年代的文物遗迹（图3-5）。

（a） （b） （c）

图 3-5 部分革命文物现状

二、城镇现状

（一）保存与管理

为实现古城的整体性研究，本书从"面—线—点"三个层次进行古城保存现状评估。

1. 历史格局

（1）轮廓形态。高家堡城原本的轮廓由城墙和城壕共同勾勒。经勘测，北城墙原长 500 米，残长 490 米，残高 5—6 米；南城墙原长 500 米，残长 470 米，残高 5—6 米；西城墙原长 270 米，已无存；东城墙原长 270 米，残长 250 米，残高 3—5 米。城墙外原先均有城壕，后随城墙一同废弃，今已填平为耕地，地面上已看不到任何痕迹。西、南、东三面城墙原各有城门一座，西曰安澜门，南曰永兴门，东曰耸观门。南门箭楼在中华人民共和国成立后改为卷棚戏楼。1974年，修建供销社新门市时，南门及部分城墙被全部拆除。2012年7月，政府按修旧如旧的原则重建南门。东门在"文化大革命"期间遭到严重破坏，瓮城遭拆毁，城门改建为集体宿舍，门额散佚。西门已无存，因未进行过考古勘探，城门基址是否存在尚不清楚。总体上，从历史格局的标识作用角度来看，目前城镇的南北界线较为清晰，东西界线相对模糊，城镇轮廓保存一般。

（2）街区布局。高家堡城内原本的街巷格局基本保留，其位置、走向至今未发生明显变化，因而城镇的空间轴线与布局基本未受影响，传统街区布局保存较好。

综上，根据本书的评估标准，高家堡在轮廓形态一项应评为"中"，在街区布局上可评为"高"，故其历史格局保存现状评分为"中"，详见表3-6。

表3-6　高家堡历史格局保存现状

轮廓形态（50%）	街区布局（50%）	总评
中（30）	高（40）	中（70）

2. 街巷

经调查统计，高家堡城中保存较好的街巷为734米，占比23.30%，保存一般的为2416米，占比76.70%。城中道路全部保留或复原为传统铺装材料，沿街立面传统风貌保存比例为30.2%。各街巷具体保存情况见表3-7。

表3-7　高家堡各街巷保存情况

街巷名称	街巷尺度（D/H）	地面高差变化特征	地面铺装材料	地面铺装完整度	沿街立面	街道沿线的传统建筑比例		基本使用功能情况	街巷基本信息	
						评价	数据		长度/米	宽度/米
东街	1.33	无高差	石料	较好	单一	低	40%	商住	281	12
西街	1.32	无高差	石料	较好	单一	低	7%	综合	198	10
北街	1.3	无高差	石料	较好	单一	低	8%	综合	100	5
南街	2	无高差	石料	较好	单一	中	57%	商业	155	12
北巷	2	无高差	石料	一般	单一	低	25%	居住	102	5
南东头道巷	0.5	无高差	石料	一般	单一	中	50%	居住	148	2.6—3.9

续表

街巷名称	街巷尺度（D/H）	地面高差变化特征	地面铺装材料	地面铺装完整度	沿街立面	街道沿线的传统建筑比例		基本使用功能情况	街巷基本信息	
						评价	数据		长度/米	宽度/米
南东二道巷	0.4	无高差	石料	一般	单一	中	59%	居住	148	2.4—2.8
同心巷	0.8	无高差	青砖	一般	单一	低	44%	居住	238	2.1—5.3
十字上下巷（小棚巷）	0.8	无高差	石料	一般	单一	低	39%	居住	238	2—3.9
南东三道巷	0.6	无高差	青砖	一般	单一	低	35%	居住	150	2—5.2
西南头道巷	0.8	无高差	青砖	一般	单一	低	0	居住	116	1.5—5
西南二道巷	0.5	无高差	石料	一般	单一	低	0	居住	130	2.2—8.2
西南三道巷	0.8	无高差	青砖	一般	单一	低	8%	居住	128	3—5
韩家丁字巷	0.4	无高差	青砖	一般	单一	低	25%	居住	92	2—8.5
郝家巷	0.5	无高差	青砖	一般	单一	低	45%	居住	92	2—2.6
西城巷	0.6	无高差	石料	一般	单一	低	25%	居住	203	2.7—3.8
北城上巷（东小北巷）	0.8	无高差	石料	一般	单一	低	40%	居住	240	4.1—5.8
北城下巷（西小北巷）	0.8	无高差	石料	一般	单一	低	31%	居住	99	4.4—5.8
北东头道巷（北头道巷）	0.8	无高差	石料	一般	单一	低	36%	居住	89	2—3
北东二道巷（北二道巷）	0.7	无高差	石料	一般	单一	低	42%	居住	107	1.2—2.5
城隍庙巷（北三道巷）	0.6	无高差	石料	一般	单一	低	18%	居住	96	5—7

3. 传统建筑

高家堡城中仅中兴楼一处为已定级的文物保护单位（县级），保存比例约12.3%。该建筑基本格局得以保留，但局部被改建为住宅，故整体保存一般。

经调查统计，高家堡老城内建筑总量为677栋，其中，传统建筑221栋，约占全体建筑的32.6%；现代建筑456栋，约占67.4%。传统建筑占比约三成，其作为"古城"已名不副实；现存传统建筑的分布相对集中，主要在南街两侧及十字上下巷、同心巷和北巷（图3-6）。

图 3-6 高家堡老城区保存现状

确认所有现存传统建筑的保存状态是调查的第二项内容，目的是了解古城区传统风貌的退化情况。按照不同构件残损程度将其划分为保存较好、保存一般、保存较差三类状态。

经调查统计，三者现状如下：保存较好为 0 栋；保存一般为 141 栋，占比约 63.8%；保存较差为 80 栋，占比约 36.2%，详见表 3-8。

表 3-8 高家堡传统建筑保存情况统计

城镇	建筑总量/栋	现代建筑/栋	现代建筑比例	传统建筑/栋	传统建筑比例	传统建筑保存现状					
						较好/栋	比例	一般/栋	比例	较差/栋	比例
高家堡	677	456	67.4%	221	32.6%	0	0	141	63.8%	80	36.2%

在全面掌握现状的基础上，尚需了解形成这种状况所花费的时间，进而获知城市传统风貌在一定时段内的退化率。不过，考虑到相关历史数据（城区内所有传统建筑的历史资料、照片等）的阙如，这里我们选择调用 2012—2021 年的高家堡历史地图数据进行对比，经统计，彻底改变或消失的区域占老城总面积的 19.4%，算下来年均退化率为 2.16%。假设年均退化率不变，按照本书的两类算法，其衰退的年限下限为 15 年，上限为 37 年。

高家堡老城在历史格局、建筑形式、外观、装饰和建筑材料等方面一定程度上保存了当地传统形式及特色，真实性一般。整体聚落格局、规模较完整；城中历史上的重要建筑现大多无存或改作他用；组成历史环境的各种要素完整性较好；传统文化内涵保存一般，完整性一般。城内缺乏现代化基础设施，当地居民的生产生活方式对古城有一定程度的影响，部分传统建筑原有功能发生改变，大部分文物尚未定级，也未实施保护工程，整体延续性较差。

综上所述，高家堡城市遗产保存方面存在诸多问题。例如，城防系统损毁严重，四面城墙虽保留，但坍塌剥落严重，城门已拆毁，城壕被填平。街巷方面，有 13 条因地面铺装材料改变或沿街立面改变从而整体保存较差，其中既有城市干道又有支路。总体上看，破坏主要发生在两类区域，一类为城市边缘地带；另一类为主要商业通道。

传统建筑方面问题较为繁多。首先，在城市化进程中，部分传统建筑被拆除或迁移，原建筑用地变为他用。为满足现代化生活需求，居民加建或改建破坏传统建筑平面格局。其次，传统建筑质量每况愈下。例如，屋面瓦作破损，局部塌陷；梁架承重木构件糟朽、开裂致使整体结构扭曲、变形；墙体裂缝、酥碱、返潮、局部塌陷；墙面粉刷层空鼓、脱落，表面污迹明显，墙身底部霉变，墙基局部下沉；地面凹凸不平，或改水泥材质铺地；门、窗等年久失修、糟朽，或已改造为现代门窗样式；等等。最后，建筑整体风貌改变。古城内大量民居、商铺建筑后期用现代建筑材料加建或改建，使建筑风貌发生较大变化；建筑屋顶架设太阳能热水器及电视天线设备，威胁建筑结构安全，破坏传统建筑风貌；街巷两侧搭建临时构筑物，堆积杂物。少量原民居或商铺现作为厂房、易燃物仓库使用，存有安全隐患。

从上述现象来看，自然因素，如日光、风雨侵蚀、地下水活动、可溶盐、微生物等造成的破坏是普遍的，但并非建筑损毁的主要原因。高家堡老城受到的损坏主要来自各种人类活动。

4. 保护管理

目前高家堡城内仅有一处县级文物保护单位（中兴楼），古城本身没有保护等级，无"四有"档案，基层行政主体也不曾开展任何保护管理工作。尚未制定针对高家堡古城开展保护管理工作的法律法规，不能满足保护管理工作的现实需要。未建立专门管理机构及配套管理设施，欠缺保护经费，未配备安防设施，对可能发生的盗窃、破坏等行为不能起到足够的防范作用。

长期以来，城内建筑多用于居民居住，对建筑的维护以居民自发的行为为主。大部分民居类古建筑尚未得到有效修缮，尚未进行系统的环境整治，古城整治的方式及手段需要进行系统规划，以提升整治效果。目前游客数量较少，尚未制定游客管理制度，未对游客行为进行有效的规范引导。

（二）环境与景观

高家堡地处秃尾河谷地，西侧为丘陵地带，北为前墩梁，东侧为土旺山。地形地貌一项变化不大，故可评为"高"；秃尾河从城西蜿蜒流过，水量丰沛，水质较差，北侧李家洞沟常年断流，水质较差，故水体一项可评为"中"；老城周围为基本农田，自然绿化程度较低，因而植被一项应评为"中"；老城东侧山脚下为中华人民共和国成立后修建的新街区，其修建破坏了老城周边的历史聚落布局及建筑风貌，故周边聚落一项仅可评为"中"。综上，高家堡历史环境保存现状的总体评分为"中"，详见表3-9。

表3-9 高家堡历史环境现状评估

地形地貌（40%）	水体（20%）	植被（20%）	周边聚落（20%）	总评
高（30）	中（10）	中（10）	中（10）	中（60）

随着老城居民人口逐年迁出，城内传统建筑空置比例上升，许多房屋因年久失修而坍塌。新增建筑导致古城建筑密度增大，建筑之间采光、通风及消防安全隐患等问题突出，威胁到古城内重点保护建筑的安全。新建建筑多使用现代红砖、水泥等材质，大多高度为一层或两层，建筑体量、色彩及风格等方面都与古城传统风貌不相符。

高家堡较好地保留了古城整体空间格局的景观要素——台塬、植被、河流、农田。从中兴楼位置环视古城景观，视线通畅。老城南门、东门、西门、中兴楼四处景观节点景观环境较差。城内电力线路架空设置，电杆位置明显，上空电线复杂交错松散，影响整体景观环境。

（三）设施与利用

道路交通方面，榆西路与神王路在古城东侧交会，道路均为水泥硬化路面，宽约 9 米。古城南、北、西三面均有村际道路与周边村落联系，均为水泥硬化路面，宽约 5 米。整体来讲，高家堡古城对外交通较为便利。古城内有大小街巷彼此连接，交通便利，全部街巷路面均为传统铺装材料，路面平整，环境卫生较好。

给排水方面，老城内生活用水来自区域内水厂，供水面积基本覆盖整个古城，水质较好，但因供应区域较大，供水站供应能力不足，水压较小。城内排水方式为雨污合流，沿地表散排，无现代排水设施。

此外，老城内大部分地区电力、通信管线采用架空敷设，通信设备沿外墙设置，布局凌乱，对建筑防火安全造成威胁，且影响老城风貌。城内消防设施较不齐全，且城内建筑以土木结构为主，存在较大消防隐患。尚未在文物保护单位安装安防监控设施。老城街巷环境卫生一般，未随街配置垃圾箱及垃圾回收处理设施。老城无公共卫生间，整个老城居民厕所集中于院内，且多为旱厕，无专用的生活污水处理设施，卫生条件较差。

利用方面，老城唯一的县级文物保护单位现为免费开放，但主要采用陈列的方式展示建筑风貌，缺乏文字、图片等阐释内容，亦没有利用电子技术的直观展示方式，不能充分地揭示建筑的历史文化内涵。整个老城未进行展示的统筹规划，对构成整体格局的历史环境、街巷、重要建筑、民居、商铺等未进行展示解说，无法令游客对老城的历史与现状形成整体认识。

三、保护建议

（一）保存与管理

1. 保护区划调整

在综合考虑了高家堡本体分布的空间范围、城镇外围潜在遗存的可能方位、城镇周边地形地貌、文物保护基本要求及环境景观等因素之后，本书建议，对于高家堡的保护区划可参照以下不同层次进行规划，所涉及的区域总面积为 3.99 平方千米。保护区划设定的目的，是在不变动当前行政区划的前提下，将历史城镇转化为法理意义上的"特区"。

1）保护范围

（1）四至边界。

北界：北城墙外侧约 30 米处平行道路外侧及其延长线。

东界：东城墙外侧的神王公路外侧。

南界：南城墙外侧约 50 米处平行道路外侧及其延长线。

西界：西城墙外侧平行道路外侧。

（2）控制点。高家堡保护范围控制点详见表 3-10。

表 3-10　高家堡保护范围控制点

编号	坐标
控制点 1	N38°33′05.52″，E110°17′04.50″
控制点 2	N38°33′18.16″，E110°17′23.97″
控制点 3	N38°33′07.44″，E110°17′33.33″
控制点 4	N38°32′56.51″，E110°17′14.06″

（3）面积。总面积为 0.23 平方千米。

（4）基本设定。在保护范围内，文物保护的原真性与完整性两大原则具有不可动摇的优先地位。原则上，保护范围内只能开展各类与文物保护相关的施工工程，如遗址的保护加固、古建筑的修缮维护、考古勘探与发掘、环境提升与改善、景观再造、文物展示等。而且在保护措施、工程等实施的过程中，必须遵循可逆性、可读性及最小干预等原则，并依法报文物主管部门审批，同时向上一级文物主管部门备案。至于各类建设性的施工，除非能够证明施工与文物保护直接相关，如博物馆、保护用房、保护大棚等的建设，或与满足范围内当地居民生产生活基本需求有关，如基本交通、给排水、电力电信、燃气、环卫等方面，其选址不与文物重叠，且外观与城镇传统风貌相协调，否则应一律禁止。当环境、景观类工程施工时，须定期开展审查，以确保城镇历史环境的原真性与完整性不被破坏。对于已存在于保护范围内的聚落、建筑群或单体建筑，可视情况采取不同措施——若该聚落、建筑群或单体建筑已对文物本体造成破坏，或虽未造成破坏，但存在实质性威胁的，应尽快拆除，并组织居民搬离遗址区；若该聚落、建筑群或单体建筑位于保护范围内，但对文物本体未造成直接破坏，也不存在实质性威胁，短期内可暂不搬迁，不过，须对其整体规模、容积率等进行严格的限制与监控。同时，还应修整建筑的外观，使其与城镇传统风貌相符，且须严格控制高度（一般不宜超过 6 米）。最后，还应测算保护范围内的人口承载力，以某一年限为止，设定人口密度上限。

2）建设控制地带

（1）四至边界。

北界：高家堡北侧约 250 米处河流南岸。

东界：高家堡东侧山脚。

南界：高家堡南侧约 300 米一线。

西界：高家堡西侧秃尾河东岸。

（2）控制点。高家堡建设控制地带控制点详见表 3-11。

表 3-11 高家堡建设控制地带控制点

编号	坐标
控制点 5	N38°33′12.20″，E110°16′52.81″
控制点 6	N38°33′25.96″，E110°17′32.66″
控制点 7	N38°33′00.33″，E110°17′45.87″
控制点 8	N38°32′48.32″，E110°17′9.57″

（3）面积。总面积为 0.88 平方千米。

（4）基本设定。

建设控制地带具有文物保护与景观风貌控制的双重属性。一方面，其设立可为保护潜在的遗迹、遗存提供空间保障；另一方面，可通过对某些规则、规范的预先设定，最大限度杜绝可能发生的威胁，在一定程度上实现"预防性保护"。建设控制地带，文物保护的原真性、完整性两大原则仍应作为各类活动的先决条件。区内用地性质可包括文物古迹用地（A7）、绿地广场用地（G）、公共设施用地（U）、道路交通用地（S）、居住用地（R）、公共管理服务用地（A）、商业用地（B），其分配优先级排序应为 A7＞G＞U＞S＞R＞A＞B。应注意，绿地广场用地类别应以公园绿地（G1）为主，以生产防护绿地（G2）、广场用地（G3）为辅；道路交通用地类别应仅限于城市道路用地（S1）、公共交通设施用地（S41）及社会停车场用地（S42）几个小

类；居住用地类别应仅允许规划一类居住用地（R1）；公共管理服务用地类别
应仅限行政办公用地（A1）、文化设施用地（A2）和教育科研用地（A3）；
商业用地类别应仅限零售商业用地（B11）、餐饮用地（B13）、旅馆用地
（B14）及娱乐康体设施用地（B3）。为了明确建设控制地带内与城镇有关的
潜在遗存的分布情况，应开展全范围考古勘探。在建设控制地带可进行一般性
建设，但工程选址必须避开已探明遗存的位置，并向文物主管部门备案。区内
建筑必须与城镇传统建筑风貌相适应，并严格控制高度（一般不宜超过 9
米）。除考古勘探、文物保护和建筑风貌改善之外，建设控制地带内还应注重
自然环境的整治与保护。一方面，须禁止任何可能造成地形地貌、水体、植被
等环境元素变更的活动；另一方面，应严格约束工业废水、废气、废料排放，
以及生活垃圾的处理。最后，还应对保护范围内的人口承载力进行测算，控制
人口密度。

3）景观协调区

（1）四至边界。

北界：高家堡西北城角西北方约 880 米处秃尾河西岸台地边缘至高家堡东
北城角东北方约 910 米处山脊的连接线。

东界：高家堡东北城角东北方约 910 米处山脊至高家堡东南城角东南方约
1100 米处山脊的连接线。

南界：高家堡东南城角东南方约 1100 米处山脊至高家堡西南城角西南方约
780 米处秃尾河西岸台地边缘的连接线。

西界：高家堡西侧秃尾河西岸台地边缘。

（2）控制点。高家堡景观协调区控制点详见表 3-12。

表 3-12　高家堡景观协调区控制点

编号	坐标
控制点 9	N38°33′12.95″，E110°16′29.15″
控制点 10	N38°33′37.96″，E110°17′19.99″
控制点 11	N38°33′41.75″，E110°17′39.69″
控制点 12	N38°32′59.28″，E110°18′16.21″
控制点 13	N38°32′36.32″，E110°16′54.81″

（3）面积。总面积为 2.88 平方千米。

（4）基本设定。景观协调区的用地性质应以绿地广场用地（G）为主，以公共设施用地（U）、道路交通用地（S）、居住用地（R）、公共管理服务用地（A）、商业用地（B）等为辅。该区域功能应以城镇历史环境的修复与维护为主，同时可在传统与现代聚落环境之间设立必要的缓冲区域。应注重保护与城镇选址直接相关的地形地貌特征，禁止各类破坏山体及平整土地的活动；还应防范任何企业及个人对自然水体的污染，以及对维持城镇历史环境的关键元素（如农地、林地、草地等）的破坏。建设方面，应尽可能地使用环保型材料，建筑风格应与城镇传统风貌相一致，建筑体量不宜过大，以低层、多层建筑为主（层数不超过 7 层），高度不超过 24 米。

2. 遗产保存

1）历史格局

城镇轮廓方面，对南城墙采用加固保护和生物保护的处理方法，对夯土城墙发生表面剥片、空洞、裂隙的，采用土坯和夯土砌补、裂隙灌浆、锚杆锚固和表面防风化渗透加固等方法进行修护。对局部改建严重的北城墙和东城墙，建议先进行清理和复原，之后实施加固修复。对破坏严重、城墙遗迹在地表已基本无存的西城墙，采用覆盖保护方式，并采用植物或非植物方法进行标识。对保存较好的东门、南门进行加固保护；对西门在进行基址覆盖保护后，可采用植物或非植物方法进行标识。

保护城镇传统的街区布局。对于留存至今的街巷道路，应确保其基本位置、走向等不发生改变；对于局部改变的，则应在可能的情况下，尽力恢复其原有位置及走向；对于已消失的街区，可考虑采用植物或非植物方法标识其原有布局，并附加相关说明；同时应禁止在镇内修建新道路。

2）传统街巷

保持现有的街巷宽度不变，严格控制街巷两侧建筑的高度，实现合适的 D/H 值。

高家堡城内的地面均为传统铺装材料（石料、青砖），采取日常保养的保护措施即可，若出现局部地面破损，可使用石料或青砖进行补修。

高家堡城内街巷立面景观有门楼、窑脸、古窗、山墙的墀头、砖砌的烟囱、屋基的石台阶，但保存现状一般，要积极采取加固保护措施；严格控制沿街建筑的外观材料、建筑高度，保持古街环境风貌协调。

3）建筑保护与风貌整饬

目前高家堡城内尚存的传统建筑主要有一处县级文物保护单位和未定级的"非文物"类民居，鉴于这两类建筑在年代风格断定及维护资金来源方面不一致，本书认为应当采用"区别对待"的方式加以保护，才能具备较强的现实性。

（1）一处县级文物保护单位。这类建筑的始建年代、改建时间及营造风格与技法等信息通常都比较明确，有利于制订针对性较强的保护修复方案，并且其维护费用由各级政府的文物保护专项经费来支出，故宜采用规范且专业的文物保护举措。在保护措施设计和实施的过程中，应注意不得损害文物及其环境的原真性与完整性，所使用的材质必须具有可逆性与可读性，方案的设计应遵循最小干预原则。这类措施主要有维护、加固、替换及修复。

维护：针对保存情况较理想的传统建筑所采取的简易保养方法，规范且持续的常规维护，能够有效延缓建筑构件的自然衰退，并降低各类文物病害的损伤程度。主要措施包括日常巡查、定期检修、针对病害部位的长期监测、建筑内部及周边的环境维持等。

常规维护是高家堡城内所有文物的基础保护措施。

加固：当传统建筑的结构或立面材料失去稳定性，如果放任该趋势继续发展将严重影响文物安全时，就必须尽快使其恢复稳定。加固可采取物理的（如支护、锚固等）或化学的（如灌浆、黏接等）手段，在实施过程中应使用可降解的或便于拆解、剔除的材料，且材料的色泽与外观质感应在尽量接近原始材料色泽与外观质感的同时保留一定的差异度；加固结构的形态、构造及体量等应在满足力学性能的前提下尽可能简单化、隐蔽化、轻量化。

建议对城墙遗址在常规维护的同时采取加固保护。

替换：当传统建筑的局部结构或材料已不堪使用，或现代添加物对其结构稳定性、风格统一性存在负面影响时，就必须考虑对建筑进行结构及材质的替换。在实施过程中，应优先选择传统的材料与工艺，只有当传统材料、工艺不可考时，才可使用现代材料、技术，但必须严格控制使用范围并预先试验，替换部分的色彩、形式与质感应尽量接近原始材料，替换的部分要注明施工时间。

建议对中兴楼及大部分民居院落在常规维护的同时进行局部替换，以维持其结构稳定与风貌一致。

修复：对于保存情况堪忧、受破坏严重的传统建筑，在实施局部替换无法解决根本问题时，必须将全面修复纳入考量。因涉及大量的材料替换、结构补强、缺损补配等操作，故应更加审慎，对历史上各个时期的改动痕迹应同等看待，必须避免对不同时期风格掺杂主观倾向。每处构件的修复方案都必须做到有据可依，并且优先选择传统的材料与工艺，只有当传统材料、工艺不可考时，才可选择现代材料、技术，但必须严格控制使用范围并预先试验，修复部分的色彩、形式与质感应尽量接近原始材料，修复部分应注明施工时间。另外，操作中还应注意某些特殊构件的艺术特性，如额枋位置彩画的重绘。

建议对保存较差的城墙、城门段，以及年代已知的重要民居建筑开展全面修复，以恢复其传统风貌。

重点修复主要针对保存较差的建筑，措施主要如下：①恢复结构的稳定状态，增加必要的加固结构，修补损坏的构件，添配缺失的部分等；②修复工作应当尽量多保存各个时期有价值的痕迹，恢复的部分应以现存实物为依据；③增添的结构应置于隐蔽部位，更换的构件应有年代标识；④恢复建筑传统立面材料，以青瓦、灰砖为主要材料；⑤清理建筑院落内影响景观的临时搭建，直接影响古建筑安全并遮挡主要景观视线的建筑和堆积的杂物；⑥对建筑院内景观进行修复，恢复原来整体格局、铺地材质、铺地形式等，整治院内景观环境。

建议在日常保养基础上进一步采取重点修复措施的为东门、南门。

（2）未定级的"非文物"类民居。一般来说，这类建筑的始建年代、改建时间及营造工艺、风格等模糊，故无法制订统一的保护修复方案。另外，这些传统民居大多未进行文物定级，无法享受政府的保护专项拨款，养护资金基本需要居民自筹，因而不宜采用文物保护单位的专业保护措施，而应以恢复风貌为主要诉求。当然，要实现这一目的，必须由文物主管部门牵头，委托专业机构在参照重要建筑保护规范的基础上，制订民居维护修复的指导性建议及参考方案，以引导、规范民间的保护行为。方案公布后倡议全体居民共同遵守并加强监督。不过，对这一类建筑采取任何保护措施之前，要对每一栋建筑进行登记建档，这里可以本书的调查结果为参考。从该类建筑的实际情况出发，结合我国现有文物保护体制，本书建议对该类建筑的保护应从以下几方面进行。

改善：对于保存状况一般的传统民居建筑，建议采取改善的处理方法。这类建筑主要集中分布于老城东南部的同心巷及南大街周边，通常结构稳定，但屋面、外立面等有一定程度的残损或改变，对日常使用及城镇风貌有一定负面作用。梁架结构及外立面采用一般日常维护保养即可，但需要修复外部的破损与改变部分，修复时应倡导使用原始材料与工艺。建筑内部可进行装修改造，但不改变基本建筑结构。

整修：对于不仅外立面、屋面残损，梁架结构也存在各类病害，建筑质量严重下降，已基本不具备使用功能的传统民居建筑，建议进行整修。整修时可对其梁架结构视情况进行局部或全部替换，并可更换房屋屋面、外墙、门窗等，但应使用原始材料与工艺。建筑内部可进行装修改造，但不改变基本建筑结构。

整饬：对于建筑质量尚可，但建筑外观被显著改变的传统建筑，或大量的现代民居建筑，建议采用外观整饬的处理手段。整饬内容包括但不限于将屋面恢复为传统形式、将屋面材料更换为传统材料、将外墙材料更换为传统材料、将门窗更换为传统门窗等方面。

对于经改善、整修后的传统民居建筑，可采用近似于文物保护单位日常维护的措施，但因尚无相关法律法规支持，故可在参照文保单位的基础上适度降低标准。例如，可安排较低的巡视频次等。同时，建议地方文物主管部门大力依靠和发动民间力量，建立社会化长效监测预警机制。此外，对于城镇中大量的现代民居建筑，也可参照上述方式进行外观整饬，但应注意依托相关学术力量，以建筑史、建筑类型学研究为基础，制订多元化改造方案，以避免风格过于统一而导致城镇风貌僵化。

3. 管理机制

高家堡的保护管理工作应注重以下三个方面：加强运行管理，强调专业管理，健全管理机构配置；落实保护规划对保护区划的管理规定；加强工程管理，近期应注重本体保护工程、展示设施工程及环境整治工程管理。各项保护管理工作都应依托专门设立的保护管理机构来开展。

1）机构与设置

建议由地方政府牵头，地方文物主管部门、住房和城乡建设部门、交通部门、园林部门、环卫部门等共同组成专业的历史城镇保护管理机构。机构的主要职责如下：负责历史城镇保护规章制度的制定；负责各类保护工作的安排与实施；负责联合地方政府各部门，对城区内各类基础设施建设方案、建筑方案、商业开发计划等进行审核、检查、监控；负责就城镇保护事项与地方政府部门、企事业单位、当地居民等进行协调与协商。机构内设置三个领导岗位，即总协调人、负责人、常务负责人。总协调人可由地方政府主管文物工作的领导兼任，主要负责与地方政府各部门间的业务协调；负责人必须由地方文物主管部门领导兼任，主要负责机构内部的组织、宏观管理及与地方政府的沟通联络工作；建议采取公开招聘的形式，从考古、文博、建筑等相关行业选拔具备丰富不可移动文物保护工作经验的人员担任常务负责人，负责机构的实际运营与管理。此外，应聘请一定数量的行业内专家，组建学术顾问组，负责技术指导；邀请当地居民作为地方联络人，负责保护政策的普及与反馈意见的收集工作。

2）制度建设

应健全、完善与机构内部运行有关的各项制度，制定并公布文物安全条例、"三防"应急预案、城镇文物与历史风貌保护行为准则、传统建筑保护条例等规章，并建立各类未定级传统建筑的登记建档工作制度。同时，应组织相关领域专业力量，尽快研究制定指导性技术文件，如《传统建筑修缮指导意见》《传统建筑修缮方案示例》等，并向社会公布。

应建立历史城镇保护居民联络会制度，可邀请一定数量的当地居民代表，定期（一个季度或半年）召开座谈会，向当地居民公布最新的保护工作进展及下阶段的工作计划，并收集反馈意见。此外，还应设立非定期的表决会机制，当涉及重大规章的制定、公布，重要工程的设计、施工等方面事项时，可临时召开表决会，以及时征求民众意见与建议，并进行民主表决，提高民众对历史城镇保护的参与感与积极性。

3）常规维护管理

应在进一步完善地方文物保护员制度的基础上建立日常巡视制度，并按一定频率进行巡视。考虑到实际情况，建议可分片包干。建立文物建筑常规维护制度和传统建筑维修监督指导制度，保护城镇风貌。在以上工作内容的基础上，可尝试与社会力量合作，进行城镇传统建筑保护数据库及实时监控系统的建设。

4）施工监管

负责城镇保护区划范围内保护修复、环境整治、景观提升、展示利用、基础设施改善等各类工程申报的组织协调、施工单位资质审查、工程方案审核、施工过程跟踪监控、竣工验收等工作。

（二）环境与景观

1. 历史环境

地形地貌：考虑到高家堡地处偏远，周边自然地形地貌未经过多人为改造，因而对其的保护措施应以遏制破坏为主，应严格禁止各种破坏地形地貌特征的生产生活活动。

水体：河道疏浚清淤，修整河岸，保持河流的传统尺度与走向。配置污水处理设施，禁止生产、生活污水直排河流。禁止任何单位及个人向自然水体中倾倒废弃物。

植被：开展城镇周边山体、台塬绿化及城镇道路绿化，绿化方案设计时应注意选用本地传统植物品种，保护范围内的道路绿化应避免种植深根性乔木。

周边聚落：应严格限制老城南侧现有聚落的规模，防止其过度扩张；对聚落内部建筑的体量和立面形式应做出约束，具体可参照建设控制地带要求，但可适度放宽；对于已消失的聚落，应在考古勘探、发掘的基础上标识并说明其位置。

2. 景观风貌控制

1）基本设定

对阻碍视线、超过限制高度、具有现代化风格或影响传统街巷空间特征及尺度比例的现代建筑进行改造或拆除，恢复城镇主要空间轴线方向的视觉通畅，保护城镇的传统天际线形态，恢复城镇的传统屋面形态。为起到景观突显效果，在重要建筑、代表性民居院落及传统建筑片区周边应适度减少绿化覆盖率；为起到隐蔽化效果，在政府、学校、医院等较大体量现代建筑周边应加强绿化。城内各种线路、管道等，应逐步改为地埋方式铺设。城中各种指示标牌、说明牌等应逐步更换为传统材质与形式；清理各种现代化的广告牌、灯箱、标语牌、店铺招牌、霓虹灯。清理城中的废弃物、垃圾堆等。

2）景观轴线

共有两条景观轴线。一条从南门沿南街经中兴楼、北街至北墩台景观节点；另一条从西门沿西街经中兴楼、东街至东门。

3）主要景观片区

建议在城内外设立四处景观片区，即城南传统街巷片区、城西红色遗产片区、南门片区、城东黄土台塬片区。

4）主要观景点和视线通廊

（1）主要观景点。建议设立中兴楼观景点、北墩台观景点、南门观景点、东门观景点、土旺山观景点等。完善景观节点的设施建设，在保证文物安全和游客安全的基础上，全面展示古城独特的景观风貌。

（2）视线通廊。建议设定三条视线通廊，分别为南门至北墩台、西门至东门、土旺山至古城。清理确定的视线通廊的景观干扰因素，严格控制视线通廊视域范围内的相关建设。

（三）设施与利用

1. 基础设施

基础设施改造必须以古城保护和展示为中心，不得对古城重点建筑和景观风貌造成破坏。将古城的基础设施建设与改造纳入城市基础设施建设和改造整体规划。古城的基础设施改造应以道路系统为框架，给排水、电力、通信、燃气、供热等管线均沿道路地下埋设。通过基础设施的改造，改善城区内污水任意排放、固体垃圾随意堆放的状况，改善城内居民生活环境，同时满足整个古城展示和观光旅游发展的需求。

沿主要街巷埋设给水管道，将给水设施纳入市政给水管网系统。生活用水水质要求达到生活饮用水卫生标准，农业和绿化灌溉用水可考虑采用经净化处理的中水。供水量应符合当地的需求，节省水资源。排水管网设计应考虑雨水和污水分流。雨水采用明渠排放，排入区外河道。分区修建小型污水处理设施，使生活污水达到二级排放标准，就地灌溉使用或排入河道。古城内外的农田和绿化带灌溉要求使用节水的喷灌和滴灌设施，禁止使用大水漫灌的方式。在古城范围内的各级文物保护单位、公共建筑、旅游服务区等设置灭火器，沿主要街巷设置消火栓。

将镇内的燃气和供暖设施逐步改造为低排放、低污染、集中型的燃气和供暖设施。燃气和供暖设施改造必须统一规划，集中供气、供暖，管道沿道路地下埋设。

将古城的垃圾处理纳入市政环卫系统，实施统一管理。保护范围内设置垃圾箱，并按照需要建立移动垃圾站，在建设控制地带按照实际需要建立垃圾站。在主要展示街巷道路旁、服务区等处设置垃圾箱，建立旅游垃圾处理系统。在入口服务区、停车场、保护管理中心及各级文物保护单位、博物馆附近修建与古城整体景观协调的公共卫生间，其数量、面积和内部设施参照旅游景区公共卫生间建设标准修建。

在古城南门、东门处设置旅游服务区，满足古城管理和游客餐饮、购物、娱乐、休息、医疗等需求，其中新街为主服务区。服务区的房屋建筑形式应与古城景观相协调，内部设施参照旅游景区标准修建。

2. 展示利用

高家堡古城的展示应遵循"全面保护、体现格局、重点展示"的原则；以不破坏遗产为先决条件，以体现古城的真实性、可读性和遗产的历史文化价值，以及实现社会教育功能为目标；力求实现展示与保护相结合、文物本体展示与景观展示相结合、单体文物建筑展示与整体格局展示相结合、物质文化遗产与非物质文化遗产展示相结合。高家堡古城可以窑洞民居文化、边城文化、商贸文化、教育文化、红色文化等为主题进行展示。可考虑分为以下几个展示功能区进行展示：南城民居区、西城革命文物区、黄土台塬怀古区。展示内容可包括但不限于：遗存本体，如城墙城门、宗祠建筑、传统公共建筑和民居建筑、相关文物建筑、历史街巷及古树名木等；遗存环境，即古城址、堡寨、山体、台塬、河流、平川等要素；无形文化遗产，如通过古城建筑选址、材料、工艺、结构、装饰、风格、形制等反映出的建筑风貌。可以考虑城镇格局、环境、建筑、陈列馆、场景模拟等展示方式。其中，城镇格局展示主要包括古城选址、地形地貌、城垣与环壕、街巷等不同要素。环境展示主要指在实施环境综合整治、景观风貌控制等措施后，有目的地选取一些基础条件较好的地段或节点加以重点培育，使之呈现出宜人的生态及人居环境。建筑展示可以中兴楼为依托，并进一步选取保存较好的文物保护单位作为专题陈列馆，可另建新馆。馆内通过文字、图片等资料和实物展品，配合多媒体、声、光、电等多种现代展示技术手段进行室内陈列展示，为游客提供相关历史信息的全方位介绍，充分展示文物价值。场馆选址应考虑交通便利性，故在东门或南门附近较为适宜。场景模拟为补充性展示方式，主要通过当地居民传统生产、生活方式及古街商业活动的场景模拟，还原古城生活场景，以直观的形式展现城市文化特色，增加人们的沉浸感。

因高家堡规模较小，适宜步行游览，故在游线的组织上可考虑设计两条徒步路线，如土旺山观景点—东门—东街—中兴楼—西街—南街—南门—同心巷—东门，或南门—南街—中兴楼—西街—东街—同心巷—东门—土旺山观景点。同时，应考虑建立游客服务中心—游客服务点—服务设施三级游客服务体系。建议在东门及南门处设置游客服务中心，建筑面积约 800 平方米。结合城内开放展示的重要建筑及古民居设置游客服务点，分别位于中兴楼、西街中段、南街中段、东街中段、同心巷、土旺山观景点，提供必要及基础性的游客服务。及时解决游客服务需求问题，提高综合服务能力。针对游客安全保障制定各项日常规章制度，制定高峰时期游客安全保障应急预案。

老城的主要游览区域与其建议保护范围基本重合，则其可游览面积约为 0.23 平方千米。结合老城的具体地形情况，游客的游览空间为 150 米^2/人。周转率按每天开放参观 12 小时计，取值为 2。日最大环境容量 C＝（A÷a）×D＝（230000÷150）×2=3067（人次）。按每年 365 个参观日计算，年最大环境容量为 365×3067=1119455（人次）。

近期（15 年内）的保护工作建议可按照轻重缓急分为三步。第一个五年内，建议完成古城重点保护建筑保护措施、近期环境整治项目、一般展示项目，进行旨在了解古城布局结构的考古勘察。完成保护规划编制、报批与公布程序；按照国家文物局要求，完善"四有"档案，建设古城文物信息数据库；落实和完成保护和管理工程项目，如文物保护征地、保护范围界桩、文物保护碑、安防监控设施、重要文物点保护展示工程；完成保护范围、建设控制地带内环境整治工程，如电线迁埋、垃圾清理、台塬植被调整、河流治理等工程；完成展示工程，如古城博物馆、近期展示工程项目、入口服务区、停车场建设工程等；制定并公布《高家堡历史城区保护管理条例》。第二个五年内，建议进一步完善文物信息数据库建设，依据各项检测数据调整和制定相关对策，完成古城范围内环境综合整治工作，丰富展示内容、提升展示效果，加强历史环境修复与整体景观环境风貌保护，推动考古工作和相关研究工作顺利进行，加大宣传力度，开展文物保护教育活动。第三个五年内，可致力于继续提高保护工作科技含量、改善生态环境、深化教育宣传等工作。

第三节 波 罗

一、城镇概况

（一）城镇概况与沿革

波罗镇位于陕西省榆林市横山区，北为榆阳区芹河乡，南为殿市镇，西接横山镇，东邻响水镇、白界乡，总面积 317.2 平方千米。镇域地处毛乌素沙漠南缘，地势西高东低，无定河流经县境，流域面积 8 平方千米，主要支流有白莲沟、沙河沟、小咀沟、二石硙沟等。气候属温带半干旱大陆性季风气候，年平均气温 8.6℃，极端最低气温-29℃，极端最高气温 38.4℃。年均无霜期 160 天，年均降水量 283 毫米，降雨主要集中于 7—9 月。

镇辖波罗、斩贼关、下泥湾、长城、沙沟、杨窑则、小咀、邵小滩、沙河、龙泉墩、高家沟、杨沙畔、前梁、朱家沟、樊河、白莲沟、大路墕、蔡家沟、双河、鲍渠、宋家洼、代庄、薛家沟、二十硙24个行政村，波罗堡位于其中的波罗村，该村也为波罗镇人民政府驻地。

截至 2018 年末，波罗镇户籍人口 22503 人，其中，男性 11585 人，占比约为51.48%；女性10918人，占比约为48.52%。人口出生率为10.6‰，人口死亡率为4.6‰，人口自然增长率为6‰。人口密度为70.94人/千米^2。

波罗境内有 204 省道过境，长 18.4 千米；有县、乡级公路两条，总长 40 千米。

据清道光《怀远县志》载，关于波罗堡名字的由来有两种说法，其一为"无定河至此，曲流数道，波文如罗，或亦可以名称"[①]；另一说则为，唐贞观年间，"堡西山石峻起，上有足形，一显一晦。俗传以为如来入东土返西天之所，故构波罗寺"[②]，"波罗"取自"般若波罗蜜多"（prajna paramita），意为"彼岸"，后建堡时即以寺名之。

现波罗堡所在地，春秋时属白翟，秦属上郡，汉属上郡奢延县，晋时属大夏，北魏时置夏州，北周时置弥浑戍，隋属朔方郡岩绿县，唐改为夏州朔方县，后属西夏。

波罗堡的历史可追溯至宋元时期，因该地地势险要，易守难攻，军队多选择在此驻扎，构筑营寨，元末废弃。明英宗正统元年（1436 年），为防备蒙古势力，重修营寨。十年后（1446 年），时任巡抚马恭易寨为堡，其成为拱卫大边、二边长城的"延绥三十六堡"[③]之一，归延绥镇中协参将管辖，常设驻军千人，负责大边长城"三十五里零四十七步，墩台三十五座"的防卫巡查。后经明成化十一年（1475 年）扩大堡城范围和明万历六年（1578 年）重修加固，形成后来砖石砌表、白灰勾缝的坚固城池。

波罗堡自建立以来，屡经战火。例如，明代天顺至万历年间，由于"北虏入套"，明朝守军与寇边的鞑靼蒙古部族之间在波罗发生多场激战[④]。明末清初时，李自成的农民起义军曾在波罗先后与明军及清军交战[⑤]。

---

① 道光《增修怀远县志》卷二，清道光二十二年（1842 年）刻本。

② 道光《增修怀远县志》卷二，清道光二十二年（1842 年）刻本。

③ 根据陕西省考古所 21 世纪初的长城资源调查结果，事实上为三十九堡。

④ 天顺六年（1462 年），鞑靼部毛里亥、阿罗率众千余入侵，延绥巡抚王越、都督佥事靖虏将军许宁及游击孙钺率军于波罗寨与之激战三日，蒙军久攻不下，只得劫掠周边而还。明成化六年（1470 年），大将军朱祥巡边时遇鞑靼夜袭波罗，引军大破之。正德四年（1509 年），鞑靼部小王子（达延汗）率军围攻波罗达半月之久，守军把总陶辅、百户野天爵战死，后经韩家山总兵吴江率军解围。嘉靖十三年（1534 年），达延汗之子吉襄侵扰波罗，被参将任杰击退。嘉靖三十二年（1553 年），俺答汗率千余骑入侵，都督王以期依托无定河布阵，两军隔河相持 32 天，后于波罗西门滩激战，蒙军不克而还。万历三十年（1602 年）、万历三十一年（1603 年），猛克什力两度进犯，均被延绥巡抚刘敏宽击败。万历四十年（1612 年），沙计攻波罗，大肆劫掠城外，被总兵张承荫击退。

⑤ 明崇祯八年（1635 年），李自成率军与明延绥东路副总兵曹文诏激战于波罗堡西门滩；清顺治二年（1645 年），清军将领姜镶于波罗堡西门滩击败闯军守将高一功，之后围城 13 天破城。

清顺治十年（1653年），延绥中协副总兵移驻波罗，节制绥德、常乐、响水、怀远、保宁、鱼河、清水、归德、威武、清平十营。康熙二年（1663年）在波罗设守备署。康熙十四年（1675年），闯军旧将于定边起义，一度攻占波罗堡，旋为毕力克图及杨宗道收复。雍正九年（1731年）置怀远县，隶属榆林府，辖波罗、怀远、威武、清平、响水五堡。

民国元年（1912年），裁撤波罗参将、守备，改设波罗镇。民国后期，为国民党八十六师师部、骑兵团团部及陕北保安指挥部驻地。民国三十五年（1946年）10月13日，在中共中央西北局书记习仲勋的策划下，陕北保安指挥部副指挥胡景铎率波罗守军600人起义，迎接西北民主联军进城，进而推动了横山全境解放，史称"波罗起义"。

中华人民共和国成立后，波罗先后成为横山县（今横山区，下同）波罗区（1950年）、波罗公社（1958年）及波罗镇（1984年）。波罗堡则于1992年由陕西省文物局公布为省级文物保护单位。

（二）遗产构成

1. 城郭

据记载，波罗堡建成后，"城周围二里二百七十步，西距县五十里"[①]。今日，城垣虽已残破不堪，但大体轮廓尚存，总长度约1600米，从城墙上可以看到无定河（图3-7）。波罗堡平面呈不规则形，故其并无一般意义上的东、南、西、北城墙划分，鉴于此，本章尝试采用陕西省考古研究院于2007—2009年在横山县开展明代长城资源调查时所用的划分标准，即从西门至东门为北城墙，长约458米，接近东门处建有望胡台一座；东门至东南城角为东城墙，长约390米；东南城角至南门为南城墙，长约170米；南门至西门为西城墙，长约557米。砌法为下层铺筑长约三尺、宽约一尺的条石若干层，其上以夯土垒砌，局部墙面砖砌（图3-8）。城垣沿线开设城门四座，分别为东门凝紫门、南门重光门、西门凤翥门、小西门通顺门，无北门。

---

① 道光《增修怀远县志》卷一，清道光二十二年（1842年）刻本。

图 3-7　从波罗堡城墙远眺无定河

图 3-8　局部城墙保存现状（西城墙）

2. 街巷

波罗堡内街巷道路共 16 条，总长度 3704 米。其中 5 条为主要道路，由于主要为村级便道，无特定名称，是故本书采用编号指代。1 号街巷（正对南门的主街）长 450 米，2 号街巷（城西北连接西门的登山道）长 567 米，3 号街巷（连接小西门）长 267 米，4 号街巷（城东的南北向道路）长 523 米，5 号街巷（城南的东西向道路）长 200 米。除 1 号街巷因旅游开发而铺设石板外，其余仍保留青砖、黄土等原始铺装材料。

3. 建筑与民居

清代时，波罗一度较为繁华，堡内外人口（包括驻军）近万，因而建有不少公共建筑（图 3-9），城内有参将府、守备署、校场、常屯仓、玉皇阁、真武庙、关帝庙、城隍庙、马王庙、指月庵、灵霄殿、三官楼等，城外有演武厅、接引寺、火神庙、圣母庙、龙王庙等。目前，城内仍存留或存有基址的有关帝庙、三官楼、灵霄殿、玉皇阁等，城外则仅存接引寺。

（a）接引寺　　　　　　　（b）风翥门　　　　　　（c）南门（重建）

（d）灵霄殿　　　　　　　（e）钟楼

图 3-9　波罗部分文物保护单位现状

波罗堡内传统民居以"一横两竖"式暗窑三合院、明窑四合院及两面坡式关中四合院为主。现存民居主要分布于城内西部及南部。

二、城镇现状

（一）保存与管理

为实现古城的整体性研究，本书从"面—线—点"三个层次进行古城保存现状评估。

1. 历史格局

（1）轮廓形态。北城墙长约458米，残长约420米，接近东门处建有望胡台一座，现仅余夯土台基；东城墙长约390米，残长约250米；南城墙长约170米，残长约80米；西城墙长约557米，残长约490米。东门、南门仅余夯土台基，南门瓮城仍在，东门瓮城已所剩无几；西门石砌墩台仍存留，小西门已无存，但因未进行过考古勘探，城门基址是否存在尚不清楚。总体上，从历史格局的标识作用角度来看，目前城镇的北界线较为清晰，东、西、南界线相对模糊，城镇轮廓保存一般。

（2）街区布局。波罗城内原本的街巷格局基本保留，其位置、走向至今未发生明显变化，因而城镇的空间轴线与布局基本未受影响，传统街区布局保存较好。

综上，根据本书的评估标准，波罗在轮廓形态一项应评为"中"，在街区布局上可评为"高"，故其历史格局保存现状评分为"中"，详见表3-13。

表3-13　波罗历史格局保存现状

轮廓形态（50%）	街区布局（50%）	总评
中（30）	高（40）	中（70）

2. 街巷

经调查统计，波罗城中保存较好的街巷为1807米，占比48.79%；保存一般的为1897米，占比51.21%。城中道路全部保留或复原为传统铺装材料，沿街立面传统风貌保存比例为57.7%。波罗各街巷保存情况见表3-14。

表3-14　波罗各街巷保存情况

街巷名称	街巷尺度（D/H）	地面高差变化特征	地面铺装材料	地面铺装完整度	沿街立面	街道沿线的传统建筑比例		基本使用功能情况	街巷基本信息	
						评价	数据		长度/米	宽度/米
1号街巷	1.33	有高差	石料	较好	单一	中	58%	综合	450	12
2号街巷	1.32	有高差	青砖	较好	单一	低	50%	居住	567	10
3号街巷	1.3	有高差	土路	较好	单一	低	22%	居住	267	12
4号街巷	2	有高差	土路	较好	单一	中	71%	居住	523	12
5号街巷	2	有高差	青砖	一般	单一	中	54%	居住	200	5
6号街巷	0.5	无高差	土路	一般	单一	高	100%	居住	133	2.6—3.9
7号街巷	0.4	无高差	青砖	一般	单一	低	25%	居住	117	2.4—2.8
8号街巷	0.8	无高差	青砖	一般	单一	中	50%	居住	83	2.1—5.3
9号街巷	0.8	无高差	青砖	一般	单一	高	100%	居住	80	2—3.9
10号街巷	0.9	无高差	青砖	一般	单一	高	100%	居住	100	2—5.2
11号街巷	1	有高差	青砖	一般	单一	中	50%	居住	200	1.5—5
12号街巷	0.8	有高差	青砖	一般	单一	低	0	居住	67	2.2—8.2
13号街巷	0.8	有高差	青砖	一般	单一	中	70%	居住	233	—
14号街巷	1.2	有高差	青砖	一般	单一	高	80%	居住	150	2—8.5

续表

街巷名称	街巷尺度（D/H）	地面高差变化特征	地面铺装材料	地面铺装完整度	沿街立面	街道沿线的传统建筑比例		基本使用功能情况	街巷基本信息	
						评价	数据		长度/米	宽度/米
15 号街巷	2	有高差	青砖	一般	单一	中	50%	居住	217	2—2.6
16 号街巷	2	有高差	土路	一般	单一	低	43%	居住	317	2.7—3.8

3. 传统建筑

经调查统计，波罗堡内建筑总量为 143 栋，其中，传统建筑 74 栋，约占全体建筑的 51.7%；现代建筑 69 栋，约占全体建筑的 48.3%。传统建筑占比约五成，作为"古城"已很勉强；现存传统建筑的分布相对集中，主要在城西和城南（图 3-10）。

图 3-10 波罗老城区保存现状

确认所有现存传统建筑的保存状态是调查的第二项内容，目的是了解古城区传统风貌的退化情况。按照不同构件残损程度将其划分为保存较好、保存一般、保存较差三类状态。

经调查统计，三者现状如下：保存较好为 0 栋；保存一般为 43 栋，占比约58.1%；保存较差为 31 栋，占比约 41.9%，详见表 3-15。

表 3-15　波罗传统建筑保存情况统计

城镇	建筑总量/栋	现代建筑/栋	现代建筑比例	传统建筑/栋	传统建筑比例	传统建筑保存现状					
						较好/栋	比例	一般/栋	比例	较差/栋	比例
波罗	143	69	48.3%	74	51.7%	0	0	43	58.1%	31	41.9%

在全面掌握现状的基础上，尚需了解形成这种状况所花费的时间，进而获知城市传统风貌在一定时段内的退化率。不过，考虑到相关历史数据（城区内所有传统建筑的历史资料、照片等）的阙如，这里我们选择调用 2010—2021年的波罗历史地图数据进行对比，经统计，彻底改变或消失的区域占老城总面积的 9.1%，算下来年均退化率为 0.83%。假设年均退化率不变，按照本书的两类算法，其衰退的年限下限为 62 年，上限为 110 年。

波罗老城在历史格局、建筑形式、外观、装饰和建筑材料等方面在一定程度上保存了当地传统形式及特色，真实性一般。整体聚落格局、规模较完整；城中历史上的重要建筑现大多无存或改作他用；组成历史环境的各种要素完整性较好；传统文化内涵保存一般，完整性一般。城内缺乏现代化基础设施，当地居民的生产生活方式对古城有一定程度的影响，部分传统建筑原有功能发生改变，大部分文物尚未定级，也未实施保护工程，整体延续性较差。

综上所述，波罗城遗产保存方面存在诸多问题。例如，城防系统损毁严重，四面城墙虽保留，但坍塌剥落严重，城门基本损毁，瓮城已拆毁。街巷方面，有六条因地面铺装材料改变或沿街立面改变导致整体保存较差。总体来看，破坏主要发生在城市边缘地带，因与新城接壤，更易受到影响，导致道路尺度、铺装及沿街立面改变。

至于传统建筑方面，问题则较为繁多。首先，在城市化过程中，部分古建筑被拆除或迁移，原建筑占地挪为他用。为满足现代化生活需求，居民自建建筑破坏原建筑平面格局。其次，传统建筑质量每况愈下。例如，屋面瓦作破损、局部塌陷；梁架承重木构件糟朽、开裂致使整体结构损毁、变样；墙体裂缝、酥碱、返潮、局部塌陷；墙面粉刷层空鼓、脱落，表面经雨水冲刷、污迹明显，墙身底部霉变，墙基局部下沉；地面铺装残破，或用水泥材质铺地；门、窗等构件年久失修、糟朽，表面油饰脱落，或改造为现代门窗样式等。最后，建筑整体风貌改变。古城内大量民居、商铺建筑后期以现代建筑材料加建或改建，使建筑风貌与原建筑风格差异悬殊；建筑屋顶架设太阳能热水器及电视天线设备，对建筑结构造成威胁，影响建筑风貌；建筑院内、街巷两侧搭建临时构筑物，随意堆放杂物。少量原民居或商铺建筑现作为厂房、易燃物仓库使用，存在消防隐患。

自然因素如日光、风雨侵蚀、地下水活动、可溶盐、微生物等造成的破坏是原因之一，但并非主要原因。从上述现象来看，波罗老城区受到的威胁主要来自人类的各种活动。

4. 保护管理

目前波罗城内仅有两处县级文物保护单位（三官楼、玉皇阁），无"四有"档案，基层行政主体也未开展任何保护管理工作。尚未制定针对波罗古城保护的法律法规，不能满足古城保护管理工作的现实需要。无专门管理机构，无配套管理设施，无保护经费，无安防设施配备，无法防御可能发生的盗窃、破坏等行为。

长期以来，城内建筑多为居民居住所用，居民自发对建筑进行保护维修。大部分民居类古建筑尚未得到有效修缮。尚未有系统的环境整治方案，古城整治的方式及手段，需要进行系统规划，以提升整治效果。目前游客数量较少，游客管理制度尚未确立，未积极对游客行为进行规范引导。

综上，城内大部分建筑未定级；无专门管理机构及管理设施；文物保护单位无保护单位标志。未设定保护区划，无保护标识，无保护措施，无保护管理制度，无保护经费，无安防设施，无灾害应急预案。尚未建立起以政府为主导、居民参与为辅的管理维修机制。缺乏针对游客管理的规章制度，无法对游客行为进行规范引导。

（二）环境与景观

波罗堡西侧及北侧为河谷阶地，南侧与东侧为黄土台塬。地形地貌一项变

dict.

管线

化不大，故可评为"高"；无定河从城西蜿蜒流过，水量充足，水质较差，故水体一项应评为"中"；老城周围为基本农田，自然绿化程度较低，因而植被一项应评为"中"；老城西侧山脚下为中华人民共和国成立后修建的新街区，其修建破坏了老城周边的历史聚落格局，故周边聚落一项仅可评为"中"。综上，波罗历史环境保存现状的总体评分为"中"，详见表3-16。

表3-16　波罗历史环境现状评估

地形地貌（40%）	水体（20%）	植被（20%）	周边聚落（20%）	总评
高（30）	中（10）	中（10）	中（10）	中（60）

随着老城居民人口逐年迁出，城内传统建筑空置数量上升，许多房屋因年久失修而坍塌。新增建筑导致古城建筑密度增加，建筑之间采光、通风及消防安全等方面存在隐患，古城内重点保护建筑的安全存在问题。新建建筑多使用现代建筑材料，大多高度为一层或两层，建筑体量、色彩、高度及风格等方面都与古城传统风貌不一致。

波罗堡较好地保留了古城整体空间格局的景观要素——台塬、植被、河流、农田。从南门及东门位置眺望古城景观，视线通畅。南门、东门、西门三处景观节点环境较差。城内电力线路架空设置，电杆位置明显，上空电线复杂交错松散，影响整体景观环境。

（三）设施与利用

道路交通方面，204省道从古城西侧穿过，道路均为水泥硬化路面，宽约9米。古城南门外新建一条水泥道路，宽约9米，连接古城南门与山下波罗镇，主要为旅游交通使用。古城东、南两面均有村级道路与周边村落联系，黄土路面，宽2—5米。整体来讲，波罗城对外交通较为便利。城内有大小街巷16条，彼此连接，交通便利，全部街巷路面均为传统铺装材料，路面平整，环境卫生较好。

给排水方面，老城生活用水来自区域内水厂，供水面积基本覆盖整个古城，水质较好，但因供应区域较大，供水站供应能力不足，水压较小。老城排水方式多为雨污合流，沿地表散排，无现代排水设施。

此外，城内大部分地区电力、通信管线采用架空敷设，通信设备沿外墙设

176

置，布局凌乱，对建筑防火安全造成威胁，且影响古城风貌。城内消防设施较不齐全，且城内建筑以土木结构为主，建筑安全防火问题突出。尚未在文物保护单位安装安防监控设施。老城街巷环境卫生一般，未配置垃圾箱及垃圾回收处理设施。老城无公共卫生间，整个老城居民厕所多集中于院内，且多为旱厕，无专用的生活污水处理设施，卫生条件较差。

利用方面，古城现为免费开放，但主要采用陈列的方式展示建筑原貌，缺乏文字、图片等阐释内容，缺乏电子技术的直观展示方式，不能充分揭示建筑的历史文化内涵。整个老城未进行展示的统筹规划，对构成整体格局的历史环境、街巷、重要建筑、民居、商铺等未进行展示说明，无法令游客对古城的历史与现状形成整体认识。

三、保护建议

（一）保存与管理

1. 保护区划调整

在综合考虑了历史城镇文物本体分布情况、城镇外围潜在遗存的可能位置、城镇周边地形地貌、文物保护基本要求及环境景观等因素之后，本书建议，对于波罗的保护区划可参照以下方式进行设定，所涉及的区域总面积为4.1平方千米。

1）保护范围

（1）四至边界。

北界：波罗中学西侧杨靖线沿线。

东界：东城墙外侧约100米一线。

南界：南城墙外侧约200米处村际道路。

西界：古城西侧杨靖线沿线。

（2）控制点。波罗保护范围控制点详见表3-17。

表3-17　波罗保护范围控制点

编号	坐标
控制点1	N38°03′34.51″，E109°26′26.13″
控制点2	N38°03′49.67″，E109°26′52.69″
控制点3	N38°03′24.88″，E109°27′06.22″

编号	坐标
控制点 4	N38°03′20.56″，E109°26′45.37″
控制点 5	N38°03′23.49″，E109°26′35.87″

（3）面积。总面积为 0.53 平方千米。

（4）基本设定。历史城镇是珍贵的文化资源，一旦遭到破坏便无法再生。因而，在保护范围内，应遵循文物保护的原真性与完整性两大首要原则。原则上，保护范围内只能开展各类与文物保护相关的工程，如遗址的保护加固、古建筑的修缮维护、考古勘探与发掘、环境提升与改善、景观再造、文物展示等工作。而且在保护措施、工程等实施的过程中，必须遵循可逆性、可读性及最小干预等原则，并依法报相关部门审批与备案。至于各类建设性的工程，除非能够证明其与文物保护直接相关，如博物馆、保护用房、保护大棚等，或与满足范围内当地居民生产生活基本需求有关，其选址不与文物重叠，且外观与城镇传统风貌相协调，否则应一律禁止。当环境、景观类工程施工时，须定期开展审查，以确保城镇历史环境的原真性与完整性。对于已存在于保护范围内的聚落、建筑群或单体建筑，可视情况采取不同措施——若其已对文物本体造成破坏，或虽未造成破坏，但产生了实质性威胁的，应尽快拆除，并协助居民搬离；若其对文物本体不造成直接破坏，也没有实质性威胁，短期内可暂不搬迁，但须对其整体规模、容积率等进行严格的限制与监控。同时，还应对其外观加以修整，使其与城镇传统风貌相一致，且须严格控制高度，一般不宜超过 6 米。最后，还应估算保护范围内的人口承载力，控制人口密度。

2）建设控制地带

（1）四至边界。

北界：北城墙外侧约 400 米一线。

东界：东城墙外侧约 300 米一线。

南界：南城墙外侧约 400 米一线。

西界：西城墙外侧约 500 米，牛家村东界。

（2）控制点。波罗建设控制地带控制点见表 3-18。

表 3-18　波罗建设控制地带控制点

编号	坐标
控制点 6	N38°03′50.84″, E109°26′04.66″
控制点 7	N38°03′58.04″, E109°26′16.63″
控制点 8	N38°03′59.79″, E109°27′02.96″
控制点 9	N38°03′30.40″, E109°27′16.82″
控制点 10	N38°03′14.14″, E109°27′02.46″
控制点 11	N38°03′13.37″, E109°26′44.36″
控制点 12	N38°03′24.38″, E109°26′18.30″
控制点 13	N38°03′30.01″, E109°26′13.73″
控制点 14	N38°03′33.19″, E109°26′18.96″

（3）面积。总面积为 1.27 平方千米。

（4）基本设定。建设控制地带具有文物保护与景观风貌控制的双重属性。一方面，其设立可为潜在的遗迹、遗存的保护提供保障；另一方面，可通过对某些规则、规范的预先设定，最大限度杜绝可能威胁的发生，在一定程度上实现"预防性保护"。建设控制地带内，文物保护的原真性、完整性两大原则是各类活动的前提。区内用地性质可包括文物古迹用地（A7）、绿地广场用地（G）、公共设施用地（U）、道路交通用地（S）、居住用地（R）、公共管理服务用地（A）、商业用地（B），其分配优先级排序应为 A7 > G > U > S > R > A > B。应注意，绿地广场用地类别应以公园绿地（G1）为主，以生产防护绿地（G2）、广场用地（G3）为辅；道路交通用地类别应仅限于城市道路用地（S1）、公共交通设施用地（S41）及社会停车场用地（S42）几个小类；居住用地类别应仅允许规划一类居住用地（R1）；公共管理服务用地类别应仅限行政办公用地（A1）、文化设施用地（A2）和教育科研用地（A3）；商业用地类别应仅限零售商业用地（B11）、餐饮用地（B13）、旅馆用地（B14）及娱乐康体设施用地（B3）。建设控制地带内，应开展全范围考古勘探，以明确与城镇有关的潜在遗存的方位。可进行一般性建设，但工程选址必须避开已知遗迹的分布范围，并向文物主管部门备案。区内建筑必须与城镇传统风貌相适应，且一般不宜超过 9 米。除考古勘探、文物保护和建筑风貌改善之外，建设控制地带内还应重视自然环境的保护与恢复。一方面，须禁止任何可能造成地形地貌、水体、植被等环境元素变动的举措；另一方面，企业的工业废水、废气、废料应达到排放标准再排放，生活垃圾应按相关规定进行处理。最后，还应及时测算保护范围内的人口承载力，截至某一年限，设定人口密度上限。

3）景观协调区

（1）四至边界。

北界：北城墙外侧约 600 米一线。

东界：东城墙外侧约 600 米一线。

南界：南城墙外侧约 600 米一线。

西界：西城墙外侧约 600 米一线。

（2）控制点。波罗景观协调区控制点详见表 3-19。

表 3-19　波罗景观协调区控制点

编号	坐标
控制点 15	N38°04′11.34″，E109°25′57.20″
控制点 16	N38°04′12.63″，E109°27′30.73″
控制点 17	N38°03′06.65″，E109°27′19.39″
控制点 18	N38°03′05.32″，E109°26′07.36″

（3）面积。总面积为 2.3 平方千米。

（4）基本设定。景观协调区的用地性质应以绿地广场用地（G）为主，以公共设施用地（U）、道路交通用地（S）、居住用地（R）、公共管理服务用地（A）、商业用地（B）等为辅。该区域功能较为单纯，应主要针对城镇历史环境进行修复与维护，可在传统与现代聚落环境之间设立必要的防御及缓冲区域。应注重保护与城镇选址直接相关的地形地貌特征，禁止破坏原建筑周围的山体及平整土地；还应严格约束对自然水体的污染行为，以及对农地、林地、草地等维持城镇历史环境的关键元素的破坏行为。建设方面，应尽可能地使用环保型材料，同时保证建筑风格与城镇传统风貌相协调，建筑体量不宜过大，多为低层、多层建筑，层数不超过 7 层，高度不超过 24 米。

2. 遗产保存

1）历史格局

城镇轮廓方面，可用加固保护和生物保护的方式对城墙进行修护，夯土城墙发生表面剥片、空洞、裂隙的，采用土坯和夯土砌补、裂隙灌浆、锚杆锚固和表面防风化渗透加固等方法进行保护。破坏严重、城墙遗迹在地表已基本无存的地段，采用覆盖保护方式进行保护并进行标识。对东门、西门、南门进行加固保护；对小西门在进行基址覆盖保护后，可采用植物或非植物方式进行标识。

保护城镇传统的街区布局。对于留存至今的街巷道路，不能改变其基本位置、走向等；对于局部改变的街巷道路，则应尽可能恢复其原有位置及走向；对于已消失的街区，可标识其原本位置、走向，并加以说明；同时应禁止在镇内修建新道路。

2）传统街巷

保持现有的街巷宽度不变，严格控制街巷两侧建筑的高度，实现合适的D/H值。

地面铺装材料为石料、青砖且地面铺装材料完整度保存较好的街巷，要求采取日常保养和加固修缮的保护手段；地面铺装材料为石料、青砖，但局部路面出现破损或者破损严重的街巷，可用石料、青砖补修路面；地面依旧为土路路面的街巷，要求采用烧黏土加固技术进行保护。

波罗城内街巷立面景观有门楼、窑脸、古窗、山墙的墀头、砖砌的烟囱、屋基的石台阶，但保存现状一般，要求采取加固保护措施；严格控制沿街建筑的外观材料、建筑风格及高度。

3）建筑保护与风貌整饬

目前波罗城内尚存的传统建筑主要构成是少量的文物保护单位和未定级的"非文物"类民居，鉴于这两类建筑在年代风格断定及维护资金等方面并不统一，本章认为应当采用"区别对待"的方式加以保护，才能具备较强的可行性。

（1）少量的文物保护单位。这类建筑宜采用规范且专业的文物保护措施。在保护措施设计和实施的过程中，应注意不得损害文物及其环境的原真性与完整性，所使用的材料必须具有可逆性与可读性，方案的设计应遵循最小干预原则。这类措施主要有维护、加固、替换及修复。常规维护是波罗城内所有文物的基础保护措施。建议对城墙遗址在常规维护的同时采取加固保护。建议对现存重要建筑及大部分民居院落在常规维护的同时进行局部替换，以维持其结构稳固与风貌完整。建议对波罗堡西城门遗址、东城门遗址及南城门遗址在常规维护的同时开展全面修复，以恢复其旧日风貌。

（2）未定级的"非文物"类民居。一般来说，对这类建筑的保护应以恢复风貌为主要诉求。当然，要实现这一目的，必须由文物主管部门牵头，委托专业机构在参照重要建筑保护措施的基础上，制订民居维护修复的指导性建议及参考方案，以引导、规范民间的修缮行为。方案公布后倡议全体居民共同遵守并加强监督。本章建议对该类建筑的保护可以考虑以下几类方式：现状维持与监控、改善、整修与整饬。

3. 管理机制

建议波罗的保护管理工作从以下几个方面展开。

1）机构与设置

建议组建专业的历史城镇保护管理机构。机构的主要职责如下：负责制定历史城镇保护的规章制度；负责各类保护工作的组织与实施；负责与地方政府各部门协商，对城区内各类基础设施建设方案、建筑方案、商业开发计划等进行联合审核、检查、监控；负责就城镇保护事项与地方政府部门、企事业单位、当地居民等进行协调。机构内设置三个领导岗位，即总协调人、负责人、常务负责人。总协调人可由地方政府主管文物工作的领导兼任，主要负责与地方政府各部门间的业务协调；负责人必须由地方文物主管部门领导兼任，主要负责机构内部的组织、宏观管理及与地方政府的交流沟通；常务负责人则是机构的实际运营者与管理者，建议采取公开招聘的形式，由有相关经验的人员担任。此外，应聘请一定数量的行业内专家，组建学术顾问组，负责技术指导；还应邀请当地居民作为地方联络人，负责宣传保护政策与搜集反馈意见。

2）制度建设

应建立健全各项与城镇保护相关的法律法规及指导性技术文件，并及时向社会公布。

应建立历史城镇保护居民联络会制度和非定期的表决会机制，向当地居民公布最新的保护工作进展及下阶段的工作计划，及时征求民众意见与建议，并进行民主表决，调动民众对历史城镇保护积极性。

3）常规维护管理

应进一步完善地方文物保护员制度，并在此基础上建立日常巡视制度。考虑到实际情况，建议可分片包干。建立文物建筑常规维护制度，定期保养，延缓其衰退。建立传统建筑维修监督指导制度，规范民间修缮行为，保护城镇风貌。在此基础上，可尝试与社会力量合作，进行城镇传统建筑保护数据库及实时监控系统的建设。

4）施工监管

负责城镇保护区划范围内保护修复、环境整治、景观提升、展示利用、基础设施改善等各类工程申报的组织协调、施工单位资质审查、工程方案审核、施工过程跟踪监控、竣工验收等工作。

（二）环境与景观

1. 历史环境

（1）地形地貌。考虑到波罗堡居高临下的选址特色，且其与西侧无定河及东侧荒原的空间关系未发生明显的改变，因而对其保护应以遏制破坏为主，应严格禁止各种破坏地形地貌特征的生产生活活动。

（2）水体。河道疏浚清淤，修整河岸，保持河流的传统尺度与走向。配置污水处理设施，禁止任何单位及个人向自然水体中排放未达标的废水及倾倒废弃物。

（3）植被。开展城镇周边山体、台塬绿化及城镇道路绿化，绿化方案设计时应注意选用本地传统植物品种，保护范围内的道路绿化应避免种植深根性乔木。

（4）周边聚落。应严格限制波罗堡西侧现有聚落的规模，防止其过度扩张；对聚落内部建筑的体量和立面形式应做出限制，具体可参照建设控制地带要求，但可依实际情况放宽；对于现已消失的聚落，应在考古勘探、发掘的基础上标记位置并加以说明。

2. 景观风貌控制

1）基本设定

恢复城镇主要空间轴线方向的视觉通畅。保护城镇的传统天际线形态，恢复城镇的传统屋面形态、传统街巷空间特征及尺度比例。凸显重要建筑、代表性民居院落及传统建筑，隐蔽化处理政府、学校、医院等较大体量现代建筑。城内各种线路、管道等，应逐步改为地埋方式铺设。城中各种指示标牌、说明牌等应逐步更换为传统材质与形式；清理各种现代化的广告牌、灯箱、标语牌、店铺招牌、霓虹灯。清理城中的废弃物、垃圾堆等。

2）景观轴线

共有三条景观轴线。一条从南门至北城墙；一条从望胡台至西城墙；一条从西门至南门。

3）主要景观片区

建议在城内外设立三处景观片区，即城西河谷风光片区、城南历史建筑片区、城东塞外风光片区。

4）主要观景点和视线通廊

（1）主要观景点。建议设立五处观景点，分别为望胡台观景点、南门观景点、东门观景点、西门观景点、西城墙观景点。完善景观节点的设施建设，在保证文物安全和游客安全的基础上，全面展示古城独特的景观风貌。

（2）视线通廊。建议设定三条视线通廊，分别为南门至北城墙、西门至南门、望胡台至西城墙。清理确定的视线通廊的景观干扰因素，严格控制视线通廊视域范围内的相关建设。

（三）设施与利用

1. 基础设施

基础设施改造必须以古城保护和展示为中心，不得对古城重点建筑和景观风貌造成破坏。将古城的基础设施建设与改造纳入城市基础设施建设和改造整体规划，按规划分期、分区实施。古城的基础设施改造应以道路系统为框架，给排水、电力、通信、燃气、供热等管线均沿道路地下埋设。通过基础设施的改造，根治城内污水任意排放、固体垃圾随意堆放的现状，彻底改善环境卫生状况，同时满足整个古城展示和观光旅游发展的需求。

沿主要街巷埋设给水管道，将给水设施纳入市政给水管网系统。生活用水要达到生活饮用水卫生标准，农业和绿化灌溉用水可考虑采用经净化处理的中水，并使用喷灌或滴灌设施进行灌溉。供水量应符合当地的需求，经济合理，节省水资源。排水管网设计应考虑雨水和污水分流。在古城范围内的各级文物保护单位、公共建筑、旅游服务区等设置灭火器，沿主要街巷设置消火栓。

将燃气和供暖设施逐步改造为低排放、低污染、集中型的燃气和供暖设施，实行集中供气、供暖，管道沿道路地下埋设。

将古城的垃圾处理纳入市政环卫系统，实施统一管理。保护范围内设置垃圾箱，并按照需要建立移动垃圾站，在建设控制地带按照实际需要建立垃圾站。在主要展示街巷道路旁、服务区等处设置垃圾箱，建立旅游垃圾处理系统。在入口服务区、停车场、保护管理中心及各级文物保护单位、博物馆附近修建公共厕所。厕所建筑形式外观应与古城整体景观协调，厕所数量、面积和内部设施参照旅游景区公共卫生间建设标准修建。

在古城南门处设置旅游服务区，满足古城管理和游客餐饮、购物、娱乐、休息、医疗等需求，以新街为主服务区。服务区的房屋建筑形式应与古城景观相协调，内部设施参照旅游景区标准修建。

2. 展示利用

波罗古城的展示应遵循"全面保护、体现格局、重点展示"的原则；以不破坏遗产为前提，以体现古城的真实性、可读性和遗产的文化底蕴，以及实现社会教育功能为目标。可以窑洞民居文化、边城文化、红色文化等为主题，分为以下展示功能区进行展示：南城民居区、西城河谷风光区、黄土台塬怀古区。展示内容可包括但不限于：遗存本体，即构成古城的各要素，如城墙城门遗址、传统建筑、历史街巷及古树名木等；遗存环境，即古城址、堡寨、山体、台塬、河流、平川等；无形文化遗产，如古城建筑选址、材料、工艺、结构、装饰、风格、形制等历史价值及蕴含的历史文化。展示方式可以考虑城镇格局、环境、建筑、陈列馆、遗址标识和覆罩、场景模拟等。其中，城镇格局展示主要包括古城选址、地形地貌、城垣与环壕、街巷等不同要素。环境展示主要指在实施环境综合整治、景观风貌控制等措施后，有目的地选取一些基础条件较好的地段或节点加以重点培育，使之呈现出宜人的生态及人居环境。建筑展示可以现有的文物保护单位为依托进行，并进一步选取其中保存较好的作为专题陈列馆，也可另建新馆。馆内通过文字、图片等资料和实物展品，配合多媒体、声、光、电等多种现代展示技术手段进行室内陈列展示，为游客提供相关历史信息的全方位介绍，充分展示文物价值。场馆选址应考虑交通便利性，故在东门或南门附近较为适宜。遗址标识和覆罩展示主要针对城墙及城门遗址，建议对城门、城墙遗址采用植被或砂石等方式加以标识，对考古发掘出土的城墙、城门基址、重要建筑基址等采取覆罩方式进行现状保护展示。场景模拟为补充性展示方式，主要通过当地居民传统生产、生活方式及古街商业活动的场景模拟，还原古城生活场景，以直观的形式展现城市文化特色，增加人们的沉浸感。

因波罗堡规模较小，适宜采用徒步方式游览，故建议考虑设计两条路线，如南门—三官楼—玉皇阁—望胡台—西城墙—西门—接引寺，或接引寺—西门—西城墙—望胡台—玉皇阁—三官楼—南门。同时，应考虑建立游客服务中心—游客服务点—服务设施三级游客服务体系。建议在南门处设置游客服务中心，建筑面积不超过 400 平方米。主要配套服务设施应包括信息中心、公共卫生间、停车场、公交站点、公共自行车存取点、餐饮服务点、饮水处、医疗服务点、讲解服务点。结合城内开放展示的重要建筑及古民居设置游客服务点（分别位于接引寺、东门、玉皇阁），提供必要及基础性的游客服务。及时解决游客服务需求问题，提高综合服务能力。针对游客安全保障制定各项日常规章制度，制定高峰时期游客安全保障应急预案。

老城区的主要游览区域与其建议保护范围基本重合，则其可游览面积约为 0.53 平方千米。结合老城的具体地形情况，游客的游览空间为 150 米^2/人。周转率按每天开放参观 12 小时计，取值为 2。日最大环境容量 C=（A÷a）×D=（530000÷150）×2=7067（人次）。按每年365个参观日计算，年最大环境容量为 365×7067=2579455（人次）。

近期（15 年内）的保护工作建议可按照轻重缓急分为三步。第一个五年内，建议先完成古城重点保护建筑保护措施、近期环境整治项目、一般展示项目，进行旨在了解古城布局结构的考古勘察。完成保护规划编制、报批与公布程序；按照国家文物局要求，完善"四有"档案，建立古城文物信息数据库；落实和完成保护和管理工程项目（如文物保护征地、保护范围界桩、文物保护碑、安防监控设施、重要文物点保护展示工程）；完成保护范围、建设控制地带内环境整治工程（如电线迁埋、垃圾清理、台源植被调整、河流治理等）；完成展示工程（如古城博物馆、近期展示工程项目、入口服务区、停车场建设工程等）；制定并公布《波罗历史城区保护管理条例》。第二个五年内，建议进一步完善文物信息数据库建设、加强保护工作，依据各项检测数据调整和制定相关对策，完成古城范围内环境综合整治工作，丰富展示内容、提升展示效果，加强历史环境修复与整体景观环境风貌保护，推动考古工作和相关研究工作、加大宣传力度，开展文物保护教育活动。第三个五年内，继续提高保护工作科技含量、改善生态环境、深化教育宣传等。

第四章　陕南地区历史性小城镇调查研究

第一节　蜀　河

一、城镇概况

（一）城镇概况与沿革

蜀河镇位于陕西省东南部，与湖北省接壤。行政上隶属于安康市旬阳市，西为安康市双河、棕溪两镇，北、东毗邻湖北省十堰市郧阳区，南为安康市白河县。镇域地处秦巴山区，地形以山地、河谷为主。气候属温带湿润大陆性季风气候，降水多集中于夏秋两季，且暴雨多发，冬春相对干燥，年均降水量830毫米，年均气温13.2℃，无霜期240天。域内河流主要为汉江及其支流蜀河，两河在蜀河南侧交汇。316国道从蜀河镇域穿过，镇内另有三条县道（204县道、304县道、305县道）。截至2018年，蜀河总人口3.8万人，其中城镇常住人口5400人，人口自然增长率为0.8‰，人口密度为212人/千米^2。

蜀河所在的旬阳地区，商周时期属古庸国，周匡王二年（前611年）楚人灭庸。战国时期，秦楚两国于此反复交兵，该地数度易主。秦置旬阳县，西汉因之。东汉建武六年（30年）改置西城县。西晋太康元年（280年）复置洵阳县，并于洵溪口（今蜀河镇）置兴晋县。晋末，洵阳属成国，不久复归东晋，后一度为前秦所据。南朝梁承圣元年（552年），该地为西魏占据。五代时，蜀河先后归属于前蜀、后唐、后晋、后汉、后周。北宋时期，洵阳县隶于金州。1964 年，经国务院批准，洵阳县改为旬阳县。2021 年 2 月，国务院批准旬阳县改为旬阳市（县级）。清末至民国，蜀河先后被称为蜀河铺、蜀河联。中华人民共和国成立后，先后为蜀河乡、蜀河街，1956 年改称蜀河镇。1961 年改称蜀河公社。1984 年，复设蜀河镇。

（二）遗产构成

1. 城郭

蜀河自西晋设镇后的千余年间一直没有建设城墙。清嘉庆六年（1801 年），为应对秦楚两地的白莲教起义而修建城墙，总长度不详，高约 4 米，下部用片岩堆筑墙基，上部用青砖砌筑雉堞，并建城门四座（图 4-1）。

图 4-1　蜀河部分城门现状

2. 街巷

蜀河镇内共有 9 条大小街巷，总长度 3690 米。其中，主要街巷呈"三横五纵"布局，"三横"为镇西路、永安巷、河堤路。镇西路为城中最早的道路，现存的大多数重要建筑均分布于该道路两侧；永安巷为后建道路，主要为满足城镇商业功能，故两侧以店铺、民居为主；河堤路为满足古镇交通水运所修建，现与蜀小路重合，路面已全部硬化。"五纵"则为连接三条主街的次级巷道，分别位于清真寺、时家大院、恒玉公栈、黄州会馆、杨泗庙附近。

3. 建筑与民居

目前镇内已定级的文物保护单位共三处，分别为黄州会馆、杨泗庙和清真寺。

（1）黄州会馆。清时湖北黄州籍商人集资建造的会馆，坐西向东，南北长约 26 米，东西宽约 15 米，占地面积约 380 平方米。中轴线自南向北依次分布有门房、中厅、过厅、上房等主要建筑，前后两院各对称布置厢房。中厅东侧现存一组院落，南北相对，东西两侧建筑无存。门房面阔三间，进深两间，抬梁式，硬山顶。厢房面阔四间，进深一间，为抬梁式，硬山顶。上房建于高 1.3 米的砖砌基座上，面阔三间，进深六椽，有前后金柱向檐柱施单步梁。抬梁式，硬山顶。祠院墙体外包青砖，内衬土坯，砖下碱，碱高 1 米。山门及厢房屋面布板瓦，筒瓦剪边，灰陶素脊，砖砌台明，条石压沿。

（2）杨泗庙。杨泗庙始建年代不详，现存主要建筑有正殿、拜殿、西厢房、戏楼。坐西朝东，与双庙门户相对。北侧为骡帮会馆戏楼，又称"秦腔楼"，面阔、进深均为三间，单檐歇山顶，斗八藻井；南侧为马帮会馆戏楼，又称"汉阳楼"，面阔、进深同北戏楼，重檐三滴水，斗八藻井。两座戏楼装饰华丽，梁枋、柱础均以大量雕刻装饰。主体建筑为南北并列的两个闭合院落，坐东朝西，北侧院落为关帝庙，祀关帝，当年为骡帮活动场所；南侧院落为马王庙，祀马王爷，为马帮活动场所。两院格局基本一致，均为前堂、后堂、左右厢房围合而成的四合院，共用一面山墙，辟有券门相通。前、后堂均为面阔三间、进深三间的抬梁式建筑，七架梁，硬山顶，前后檐砌封火山墙。左右厢房均为面阔三间、进深一间的穿斗式建筑，北庙厢房屋面为硬山两面坡，南庙则为硬山单面坡。隔扇门、门槛、窗、梁柱额枋等均饰以浮雕。

（3）清真寺。清真寺始建于明嘉靖年间，民国四年（1915 年）扩建后，形成现有规模。大殿面阔三间，进深两椽。抬梁式，硬山顶。柱头施三架梁，上施驼峰、蜀柱、叉手，承托脊檩。寝殿面阔同献殿，进深两椽。抬梁式，硬山顶。前檐明间施隔扇门。墙体外包青砖，内衬土坯，砖下碱。屋面布仰瓦，灰陶素脊，筒瓦剪边。砖砌台明，条石压沿。后堂坐西向东，平面呈正方形，4.5 米见方，通高 11 米。抬梁式阁楼建筑，攒尖顶。一层为砖券结构，西北向辟门。二层为平面六边形，柱身包于墙内，于一层券门上方辟门，并做出檐。周边施花格墙。顶部为木结构。墙体外包青砖，内衬土坯，屋面布筒瓦，灰陶素脊。

蜀河当地传统民居主要为土木结构的陕南四合院，黑瓦两面坡或单面坡屋顶，封火山墙，个别建筑为"一颗印"形式。现存民居主要分布于东门巷及镇西路两侧。

二、城镇现状

（一）保存与管理

为实现古镇的整体性研究，本书从"面—线—点"三个层次进行古镇保存现状评估。

1. 历史格局

（1）轮廓形态。蜀河曾于清末修建城墙及四座城门。中华人民共和国成立后，因汉江水患频发，城门与城墙大多被冲毁，坍塌后的城墙石料被当地居民挪用于修建住宅。目前，蜀河城墙在地表以上仅剩40余米，城门仅剩西门。总体上，从历史格局的标识作用角度来看，目前城镇界线已十分模糊，难以辨认，城镇轮廓保存较差。

（2）街区布局。蜀河街巷布局基本未变，其道路方向至今未发生明显变化，城镇外侧因现代道路的修建，致使一些街巷消失或改变，传统街区布局保存一般。

综上，根据本书的评估标准，蜀河在轮廓形态一项应评为"低"，在街区布局上可评为"中"，故其历史格局保存现状评分为"低"，详见表4-1。

表4-1　蜀河历史格局保存现状

轮廓形态（50%）	街区布局（50%）	总评
低（20）	中（30）	低（50）

2. 街巷

经调查统计，蜀河保存较好的街巷有 2070 米，占比 56.10%；保存一般的为 1620 米，占比 43.90%。城中道路仍保留传统铺装材料的有 2155 米，占比

58.40%。沿街立面传统风貌保存比例为 35.6%。古镇主要街巷（如永安巷、乾益巷等）路面多以卵石或石板铺砌，路面平整、整洁，完整保留了古镇原有传统风貌。马家坡北侧、冻绿碥等地区局部卵石路面破损，形成土质路面，景观风貌与古镇整体风貌协调。古镇部分次要街巷，如曹家场地段均为水泥路面，与传统民居聚落风格、传统街巷空间气氛、传统风貌古建筑等均不协调，影响了古建筑的空间景观质量。蜀河各街巷保存情况见表4-2。

表 4-2　蜀河各街巷保存情况

街巷名称	街巷尺度（D/H）	地面高差变化特征	地面铺装材料	地面铺装完整度	沿街立面	街道沿线的传统建筑比例		基本使用功能情况	街巷基本信息	
						评价	数据		长度/米	宽度/米
镇西路	1.33	有高差	石料	较好	丰富	中	51%	综合	765	4—11
永安巷	1.32	有高差	石料	较好	单一	低	8%	综合	825	2.5—7.8
河堤路	1.3	无高差	水泥	一般	丰富	低	4%	商住	1425	4—12
乾益巷	2	有高差	石料	较好	单一	低	42%	综合	100	12
马家坡	2	有高差	石料	较好	丰富	低	31%	综合	110	8—12
时家巷	0.5	有高差	石料	一般	单一	低	40%	居住	85	2.4—3.4
黄州路	0.4	有高差	石料	较好	单一	低	44%	综合	95	1—2.5
东门巷	0.8	有高差	石料	较好	单一	高	100%	综合	175	2.7—3.7
无名巷	0.8	有高差	水泥	一般	丰富	低	0	居住	110	1.5—4

3. 传统建筑

经调查统计，蜀河镇内建筑总量为 499 栋，其中，传统建筑为 102 栋，约占全体建筑的 20.4%；现代建筑为 397 栋，约占全体建筑的 79.6%。传统建筑占比不足三成，作为"古镇"已名不副实；现存传统建筑的分布相对集中，主要在东门巷与镇西路两侧（图4-2）。

第二项调查内容是确认所有现存传统建筑的保存状态，目的是了解古镇传统风貌的退化状况。按照不同构件残损程度将其划分为保存较好、保存一般、保存较差三类状态。

经调查统计，三者现状如下：保存较好为 4 栋，占比 3.9%；保存一般为 32 栋，占比 31.4%；保存较差为 66 栋，占比 64.7%，详见表 4-3。

图 4-2 蜀河老城区保存现状

表 4-3 蜀河传统建筑保存情况统计

城镇	建筑总量/栋	现代建筑/栋	现代建筑比例	传统建筑/栋	传统建筑比例	传统建筑保存现状					
						较好/栋	比例	一般/栋	比例	较差/栋	比例
蜀河	499	397	79.6%	102	20.4%	4	3.9%	32	31.4%	66	64.7%

在全面知晓现状的基础上，我们还须了解形成这种状况所花费的时间，进而获知在一定时段内城市传统风貌的退化率。不过，考虑到相关历史数据（城区内所有传统建筑的历史资料、照片等）的欠缺，这里我们选择使用 2011—2021 年的蜀河历史地图数据进行比较。经统计，该类区域占老城区总面积的9.7%，算下来年均退化率为 0.97%。假设年均退化率不变，按照本书的两类算

法，其衰退的年限下限为 21 年，上限为 93 年。

建筑群在古镇格局、建筑形式、外观、装饰和建筑材料等方面体现其选址及建成时期的特征，较为完整地保存了原有外形及设计特色。现存古建筑依旧保持了原有砖木结构、土木结构，采用砖、木、土、石等当地建筑材料，比较充分地保持了其材料和实体的真实性。现存古建筑功能以民居为主，具有代表性的公共建筑，如黄州会馆、清真寺等，依旧保持了原有的功能。用途和功能的真实性得到了较好的继承和展示。在对蜀河古镇现存古建筑的维修过程中，严格保持核心的传统工艺技术，逐渐形成继承和发掘传统工艺技术与现代文物保护技术并重的工作方式。蜀河古镇建筑群自建成以来，方位与位置从未发生改变，古镇空间格局保持着较为真实的历史格局。古民居建筑群作为中国传统乡土建筑的典型范例，其所包含的历史文化内涵作为陕南人的精神象征，已经得到国内外广泛的关注与认同，这种文化的认同在现代依然存在。

蜀河古镇建筑群聚落格局部分保持了建成时期的规模和风貌，空间模式和氛围也得以较完整保留。蜀河古镇建筑群单体部分保存较好，能够反映建成时期的建筑格局、技术与艺术特征。近年来对蜀河古镇建筑群的保护，使影响古民居保存的自然因素和人为因素逐渐得到控制，随着保护力度的加大，保护工作的进一步规范，蜀河古镇建筑群、建筑单体保持了完整性。蜀河古镇建筑群由于处在交通便利的汉江和蜀河交汇处，现代城镇化进程对其影响较大。古镇所在地地形地貌、植被、土壤保持良好，水体部分受到污染，自然生态环境与景观环境不同程度受到破坏，建设活动影响到文化遗产环境的完整性。古民居建筑群所经历的所有建设活动和人文活动形成了深厚的历史文化积淀，它所包含的历史信息和文化内涵因其单体与总体格局、周围环境等物质载体的完整性而得以完整体现。

综上所述，蜀河城市遗产保存方面有诸多问题。例如，城防系统完整度不高：城墙仅剩 40 余米，城门仅剩一座。街巷方面，城市干道和支路由于地面铺装材料及沿街立面改变，故整体保存较差。总体上看，破坏主要集中在两类区域，一是城市边缘地带，因在新城附近，更易受到影响；二是主要商业通道，因交通和商业活动的原因，道路尺度、铺装及沿街立面较易被改变。

至于传统建筑方面，问题则较为繁多。首先，在城市化演进过程中，部分古建筑被拆除或迁移，原建筑占地变为他用。为满足现代化生活需求，居民加建或改建，破坏了原建筑的平面格局。其次，建筑质量每况愈下。例如，屋面瓦作破损，局部塌陷；梁架承重木构件糟朽、开裂致使整体结构扭曲、变形；墙体裂缝、酥碱、返潮、局部塌陷；墙面粉刷层空鼓、脱落，表面雨水冲刷、污迹明显，墙身底部霉变，墙基局部下沉；地面铺装残破，凹凸不平，排水不畅，或改水泥材质铺地；门、窗等构件糟朽，表面油饰脱落，或改造为现代门窗样式等。最后，建筑整体风貌改变。古镇中大量民居、商铺建筑以现代建筑材料加建或改建，使建筑风貌发生较大变化；太阳能热水器和电视天线架设在建筑屋顶，使建筑存在安全隐患，且影响建筑风貌；搭建的临时构筑物和堆积的杂物使古镇建筑风貌不佳。少量原民居或商铺建筑现作为厂房、易燃物仓库使用。

自然因素（如日光、风雨侵蚀、地下水活动、可溶盐、微生物等）造成的破坏是普遍的，但并非主要原因。从上述现象来看，蜀河老城区受到的破坏主要来自各种人类活动。

4. 保护管理

目前蜀河镇内仅有两处省级文物保护单位（城墙、黄州会馆）、两处县级文物保护单位（杨泗庙、清真寺），竖立了文物保护单位标志，公布了保护范围与建设控制地带，并开始了初步保护档案建设。古镇本身没有保护等级，无"四有"档案，基层行政主体也未开展任何保护管理工作。蜀河古镇建筑群中大部分建筑所有权归属居民私人，部分建筑属古镇居民集体所有。

目前，对蜀河古镇建筑群的保护除依据国家、陕西省关于文化遗产保护的众多普遍性法律、法规外，尚未公布专门针对蜀河古镇建筑群保护的法律法规，无法满足古民居建筑群申报全国历史文化名村名镇保护管理工作现实需要。

长期以来，蜀河古镇建筑群主要由村民住户进行保护管理，1949—2009年，主要由当地人民政府保护管理。管理设施配备较为简陋，缺乏专用的管理用房。目前古镇保护资金主要由省、市、县建设部门、文物行政管理部门、发展和改革委员会等部门拨款，以及居民自筹等组成。目前保护经费缺口较大，不足以满足古镇建筑群的保护管理需求。古镇无安防设施配备，对可能发生的盗窃、破坏等危害古民居的活动不能起到足够的防御作用，无灾害应急预案。

长期以来，蜀河古民居主要由居民住户进行日常保养及维修。近几年，逐步形成了以当地政府为主导、居民住户积极参与的保护管理机制。目前古镇内黄州会馆、杨泗庙等古建筑群由专业文物保护单位进行了保护修缮，部分民居类古建筑尚未得到有效修缮。近年来，进行的环境整治工程主要包括拆除部分影响古镇整体环境风貌的临时建筑及不协调建筑物；修复古镇内部分石板路，这对古镇整体风貌起到了一定程度的积极作用，但是整治的方式及手段有待进一步改进。目前，游客数量较少，尚未制定游客管理制度，未对游客行为进行规范引导。

综上，古镇内部分文物保护单位"四有"工作已初步建立。目前，蜀河古镇建筑群没有专门管理机构，部分文物保护单位竖立了文物保护单位标志，开始了保护档案建设。因未设定保护区划，故不能适应当前保护工作的需要。缺乏保护标识。尚未公布专门针对蜀河古镇保护的法律法规，不能满足古建筑群的保护管理工作现实需要。保护工程存在对历史真实性的不当处理。现有保护措施不能满足建筑群保护工作需要，亟待加强和改善。未设立专业管理机构。缺少专项管理法规，内部管理制度尚不健全，亟待补充完善；管理设施简陋，数量、质量均不足以满足古民居建筑群的保护管理需求；保护档案建设未达到规范要求，仍需进一步补充完善；保护经费严重不足，极大地制约了蜀河古镇古民居保护管理工作的顺利开展；无安防设施配备，无灾害应急预案，对可能发生的危害古民居的活动不能起到足够的防御作用；在古民居的保护维修和环境整治过程中存在对其所包含的历史文化信息及所具有的地域特色、环境特征简单化处理的现象，亟待在今后的保护工程中加以改善；日常维护技术手段较为落后，缺乏对古民居建筑本体及环境的日常监测；缺乏针对游客管理的规章制度，尚未对游客行为进行规范引导。

（二）环境与景观

古镇地处山区，历史地貌基本未发生改变。原生地貌除局部因生产建设活动，如垦山造田、房屋建设等遭破坏，依旧保持了以蜀河为脉络，靠山邻畴的主要地形地貌特征，地形地貌一项变化不大，故可评为"高"；汉江支流蜀河穿镇而过，河道位置基本未发生改变，水量有所减少，河道两侧存在倾倒生活垃圾及排放未处理生活污水的情况，河滩局部存在堆放垃圾杂物的现象，存在水质污染现象，故水体一项应评为"中"；古镇周边为基本农田及森林所环绕，自然绿化程度很高，因而植被一项应评为"高"；蜀河沿岸、蜀河及汉江对岸均为现代建设的新街区，破坏了古镇周边的历史聚落布局，故周边聚落一项仅能评为"中"。综上，蜀河历史环境保存现状的总体评分为"中"，详见表4-4。

表4-4　蜀河历史环境现状评估

地形地貌（40%）	水体（20%）	植被（20%）	周边聚落（20%）	总评
高（30）	中（10）	高（15）	中（10）	中（65）

近年来，随着蜀河经济的发展和居民生活水平的提高，人口逐渐增加，进而出现许多新建住宅。这些新建住宅分布形态有两种类型，一是沿河堤路两边分布，二是在古镇内部"见缝插针"式分布（建于重点保护建筑周围，或采取拆除古建筑再建新建筑的方式）。一方面，新建建筑的增加导致古镇建筑密度过大，空间距变小，从而在光照、通风和消防安全上存在较多隐患，重点保护建筑的安全性受到威胁；另一方面，新建建筑和传统建筑使用材料在色彩、风格、体量等方面有差异，致使新建建筑和重点保护建筑难以融为一体，风格突兀，古镇传统空间环境受到较大影响。

蜀河较好地保留了古镇整体空间格局的景观要素——山体、植被、河流、农田。从清真寺位置眺望古镇景观，视线通畅。南门、西门两处景观节点环境较差。城内电力线路架空设置，电杆位置明显，上空电线复杂交错松散，影响整体景观环境。

古镇各重点地段景观环境如下。

（1）古镇南入口地段。垃圾转运站位置明显，河堤路东侧建筑形式、风格与古镇入口景观氛围不协调；入口道路现为水泥路面，与整体景观风貌不协调；街内电杆位置明显、电线搭接和交错现象严重，既存在较大的消防隐患，又严重影响整体景观风貌。

（2）古镇南门地段。南门洞上方被后期改造，加减平台，破坏了城门原有的景观风貌；南门入口处石板地面破损，局部被水泥抹面；南门两侧后期的排水管线露明沿门洞铺设，与南门的传统历史景观风貌不协调；门内外建筑均为后期红砖平屋顶样式，严重影响了该地段整体景观风貌。

（3）杨泗庙地段。杨泗庙周边部分新建建筑尺度、风格、色彩等方面与该地段传统风貌不符；门前踏步及路面被水泥抹面，较为影响传统街巷景观风貌。

（4）黄州会馆地段。黄州会馆周边新建建筑尺度、风格、色彩等方面与该地段传统风貌不符。

（5）清真寺地段。东侧新建建筑尺度、风格、色彩等方面与该地段传统风貌不符；南侧踏步两侧堆放杂物，环境凌乱；周边生活用水设施位置明显，影响该地段景观环境。

（6）蜀河沿河地段。沿蜀河两岸有随意倾倒垃圾现象，既对环境卫生危害较大，又对整体景观风貌产生严重影响；蜀河两岸多为近期新建住宅，建筑风格、形式均为现代形式，与古镇整体环境风貌不协调；近年来，由于利益驱动，部分居民在蜀河内抽水取砂石，长此以往，对蜀河的完整性破坏严重，并对该地段景观风貌产生不良影响。

（7）永安巷地段。街巷两侧部分传统商业建筑门头被后期改造，与原传统风貌较为不符，影响永安巷整体景观风貌；部分新建建筑的体量过大，色彩与外观材料均与古街传统风貌不协调；街巷路面虽然保持卵石地面，但局部存在凹凸不平的现象，街巷缺乏排水设施；管线架空铺设，存在一定的景观影响。

（三）设施与利用

道路交通方面，古镇内对外车行路为河堤路。南端连接往城关镇方向的公路，现为水泥路面。道路紧邻古镇中部分重要历史建筑，车流量较大，以过境大型货车为主，来往车辆产生的震动对古建筑产生不良影响。河堤路道路两边建筑均为现代风格，体量较大，严重影响蜀河古镇所形成的传统景观风貌。镇内缺少公共停车空间，车辆均沿河堤路两侧停放，易造成交通拥堵。古镇北侧蜀河公路大桥年久失修，现已成为危桥，存在安全隐患。城内有大小街巷 10条，彼此连接，交通便利，部分街巷路面已替换为现代铺装材料，路面平整，环境卫生较好。

给排水方面，镇内生活用水现引自汉江，在古镇南北两侧均设有供水站（水厂），于后山上设有二级水泵站及蓄水池，现供水面积基本覆盖整个古镇，水质较好。目前镇内排水方式为雨污合流制，生活污水直接排入蜀河，对水质造成了一定程度的污染。

此外，电力引自高压电网，经设在镇中的变电站送往全镇。目前，电线全部采用架空铺设的方式，对古镇传统风貌产生极为不良的影响。现古镇区域内建筑密度过大，电力线路交错、搭接现象普遍，存在较大的火灾隐患。镇内设有消火栓 10 处，并且多数位于河堤路两侧，分布不均衡，服务半径未覆盖整个蜀河镇。建筑内移动灭火器作为消防设施。镇内尚无安防监控系统，由村民组成的治安巡逻队负责古镇内公共安全，不能满足古建筑群安全需求。垃圾主要采用集中处理、转运的方式。各居民住户将垃圾集中存放在街巷、道路两侧的垃圾收集设施内，由固定人员在固定时间集中转运至离古镇南入口约 100 米处的垃圾转运站，再转运至垃圾填埋处。垃圾转运站位置距离蜀河河道过近，对蜀河及汉江水质存在潜在影响。古镇内现存公厕 13 处，且集中在沿河堤路一侧，古镇内部分布极不均衡，不能满足蜀河古镇进一步开放展示的需求。古镇内居民厕所多集中在院内，多为旱厕，无专业生活污水处理设施。河堤路东侧居民住户集中设于住宅楼下的厕所，较为简陋，卫生条件较差，生活污水未经处理直排蜀河。随着居民生活水平的提高和对古镇公共卫生环境改善的需求增大，现存问题急需加以整治。

利用方面，老城区古建筑大部分对外开放，可供游客欣赏，但是老城区古建筑布局分散，且相关部门未对古建筑进行统筹规划，故无法充分展示古建筑的特色。目前古建筑展示方式较为单一，缺乏有计划且生动的展示形式，无法充分揭示老城深厚的文化底蕴。古城现有的旅游线路比较单一，无法有效宣传古城特色建筑及城镇特色。老城基础设施完善度不高，暂时只有公共卫生间，无其他公共设施。餐饮和住宿服务基本由村民利用自有住宅提供。老城内无游客服务中心和必要的游客服务点，暂时没有形成一套完整的服务流程。游客以陕西及湖北两省游客为主。年游客量约 7000 人次，多为普通游客，较少为专业研究人员。老城旅游宣传方式较为单一，没有突出古建筑特色以及老城的文化内涵。老城旅游标识牌数量较少，且制作简陋，无法为游客提供较为完整的指示信息，且在城镇中稍显突兀。

三、保护建议

（一）保存与管理

1. 保护区划调整

综合考虑老城古建筑的空间分布情况、城镇外围潜在遗存的可能方位、城镇附近的地形和地貌、文物保护的具体原则和要求等方面的因素后，本书建议，利用不同层次对蜀河进行保护及规划，蜀河所涉及的区域总面积为 2.56 平方千米。

1）保护范围

（1）四至边界。

北界：清真寺北院墙外扩 100 米处。

东界：河堤路东侧。

南界：古镇南门外扩 100 米处。

西界：红岩碥 239 米等高线处。

（2）控制点。蜀河保护范围控制点详见表 4-5。

表 4-5　蜀河保护范围控制点

编号	坐标
控制点 1	N32°56′25.30″，E109°42′04.98″
控制点 2	N32°55′59.38″，E109°42′23.98″
控制点 3	N32°55′52.29″，E109°42′19.67″
控制点 4	N32°56′09.77″，E109°42′00.17″

（3）面积。总面积为 0.28 平方千米。

（4）基本设定。历史城镇见证了历史的发展过程，作为历史的传承载体，反映了一定的历史特性，具有珍贵的历史价值，一旦遭到破坏，将不可再生。因而，在保护范围内，文物保护的两大原则（原真性与完整性）具有不可撼动的优先地位。原则上，保护范围内只能开展各类与文物保护相关的施工，如保养维护工程、抢险加固工程、修缮工程、保护性设施建设工程、迁移工程等。而且，在实施文物保护的过程中，须遵循可逆性、可读性及最小干预等原则，并按照文物保护相关流程进行审批和备案。至于其他建设性的施工，若能证明其与文物保护有关联，如博物馆、保护用房、保护大棚等，或与满足范围内当地居民生产生活基本需求有关，如基本交通、给排水、电力电信、燃气、环卫等，则可以施工，其选址不应与古建筑区域重叠，且新建筑风格与城镇传统风貌相协调，否则应一律禁止。须定期审查环境和景观类工程施工，以保护城镇历史环境的原真性与完整性。对于保护范围内的聚落、建筑群或单体建筑，可视情况分析。若聚落、建筑群或单体建筑对古建筑造成破坏或虽未造成破坏，但有实质性威胁的，应尽快拆除，并协调帮助该区域居民搬离遗址区；若该聚落、建筑群或单体建筑未对古建筑造成破坏，且日后对文物本体不会有威胁，可不进行拆除，但是，须对其相关数据（如整体规模、容积率等）进行审核和监控。另外，应对其外观加以修缮，使其与城镇风格相统一，且须严格控制建筑高度，一般设置高度在 6 米以下。同时，测算区域内的人口承载力，设定某一具体年限，规定人口密度上限。

　　2）建设控制地带

　　（1）四至边界。

　　北界：保护范围北扩 150 米处。

　　东界：保护范围东扩 150 米处。

　　南界：保护范围南扩 300 米处。

　　西界：保护范围西扩 200 米处。

　　（2）控制点。蜀河建设控制地带控制点见表 4-6。

表 4-6　蜀河建设控制地带控制点

编号	坐标
控制点 5	N32°56′36.86″，E109°42′05.78″
控制点 6	N32°56′18.40″，E109°42′26.57″
控制点 7	N32°55′58.71″，E109°42′34.88″
控制点 8	N32°55′43.65″，E109°42′27.05″
控制点 9	N32°55′54.53″，E109°42′01.02″
控制点 10	N32°56′11.95″，E109°41′50.42″
控制点 11	N32°56′29.02″，E109°41′54.12″

（3）面积。总面积为 0.91 平方千米。

（4）基本设定。建设控制地带具有文物保护与景观风貌控制的双重属性。一方面，建设控制地带可保护潜在的遗迹和遗存；另一方面，建设控制地带可通过一些规则，在一定程度上减少威胁，进而实现"预防性保护"。文物保护的两大原则（原真性、完整性）仍是建设控制地带内各类活动的前提。区内用地性质可包括文物古迹用地（A7）、绿地广场用地（G）、公共设施用地（U）、道路交通用地（S）、居住用地（R）、公共管理服务用地（A）、商业用地（B），其分配优先级排序应为 A7 > G > U > S > R > A > B。应注意，绿地广场用地类别应以公园绿地（G1）为主，以生产防护绿地（G2）、广场用地（G3）为辅；道路交通用地类别应仅限于城市道路用地（S1）、公共交通设施用地（S41）及社会停车场用地（S42）几个小类；居住用地类别应仅允许规划一类居住用地（R1）；公共管理服务用地类别应仅限行政办公用地（A1）、文化设施用地（A2）和教育科研用地（A3）；商业用地类别应仅限零售商业用地（B11）、餐饮用地（B13）、旅馆用地（B14）及娱乐康体设施用地（B3）。建设控制地带内，应全面开展区域范围内考古勘探，进而了解区域内潜在遗存的分布情况。若要进行一般性建设，须按照相关规定向文物主管部门备案，且工程选址不能和潜在遗存位置重合。新建筑务必与城镇传统风貌相协调，一般建筑高度不宜超过 9 米。另外，自然环境的恢复和保护也是建设控制地带内的重要内容。一方面，禁止造成地形地貌、水体、植被等环境因素变更的任何行为；另一方面，规范工业废水、废气、废料排放的管理办法及惩罚措施，对于个人的生产生活垃圾应设置相应的垃圾处理点。最后，核算保护范围内的人口承载力，进而计算人口密度（具体以某一年限为止）。

3）景观协调区

（1）四至边界。

北界：保护范围北扩 300 米处。

东界：保护范围东扩 300 米处。

南界：保护范围南扩 500 米处。

西界：保护范围西扩 400 米处。

（2）控制点。蜀河景观协调区控制点见表4-7。

表 4-7　蜀河景观协调区控制点

编号	坐标
控制点 12	N32°56′47.73″，E109°42′03.94″
控制点 13	N32°56′13.16″，E109°42′47.16″
控制点 14	N32°56′01.41″，E109°42′49.67″
控制点 15	N32°55′45.16″，E109°42′41.63″
控制点 16	N32°55′35.26″，E109°42′26.37″
控制点 17	N32°55′39.28″，E109°42′12.59″
控制点 18	N32°55′48.03″，E109°41′53.76″
控制点 19	N32°55′59.73″，E109°41′45.97″
控制点 20	N32°56′11.14″，E109°41′41.68″
控制点 21	N32°56′36.89″，E109°41′42.51″

（3）面积。总面积为 1.37 平方千米。

（4）基本设定。景观协调区的用地性质应以绿地广场用地（G）为主，以公共设施用地（U）、道路交通用地（S）、居住用地（R）、公共管理服务用地（A）、商业用地（B）等为辅。景观协调区功能较为单一，应注重城镇历史环境的修复和维护，亦可将防御及缓冲区域设置在传统和现代聚落环境之间。多关注与城镇选址有关的地形地貌因素，对于破坏区域地形和山体的行为须禁止；同时还应保护自然环境，禁止对自然水体的污染，以及对城镇内历史环境相关元素（如农地、林地、草地等）的破坏。城镇建设方面，新建筑风格应与传统建筑相统一，多使用环保型材料，以低层、多层建筑为主，建筑面积尽量小，一般规定层数低于 7 层，高度低于 24 米。

2. 遗产保存

1）历史格局

城镇轮廓方面，对城墙采用加固保护和生物保护的方法，对夯土城墙发生表面剥片、空洞、裂隙的，采用土坯和夯土砌补、裂隙灌浆、锚杆锚固和表面防风化渗透加固等方法进行保护。对破坏严重、城墙遗迹在地表已基本无存的地段，采用覆盖保护方式进行保护，并采用植物或非植物方式进行标识。对西门进行加固保护。

保护城镇传统街区布局，使其不发生大的改变，如道路的基本位置和走向等不发生改变；对于部分已发生改变的街区布局，应尽可能恢复其原有布局；对于已消失的街区，利用标识牌进行说明，或利用植物方式进行标记；另外，传统街区内禁止增加新道路。

2）传统街巷

保持现有的街巷宽度不变，严格控制街巷两侧建筑的高度，实现合适的D/H值。

对于地面铺装材料为传统石板（碎石）且道路保存完整度较好的街巷，进行日常保养和加固修缮；对于地面铺装材料为传统石板（碎石）且道路局部出现破损或者破损严重的街巷，可使用石板材料进行路面补修；对于水泥路面的街巷，利用传统材料和传统工艺技术，将其整修为石板路面，修旧如旧。

蜀河镇内街巷立面保存现状一般，应视具体情况采取加固保护；严格控制沿街建筑的外观材料、建筑高度，保持古街环境风貌协调。

3）建筑保护与风貌整饬

目前蜀河镇内尚存的传统建筑主要包括少量的文物保护单位和未定级的"非文物"类民居，由于这两类建筑在年代风格断定和维护资金来源方面不同，本书认为应当采用"区别对待"的方式加以保护。

（1）少量的文物保护单位。此类建筑的始建年代、改建时间和营造风格与技法等一般都比较明确，故可制订具有针对性的保护修复方案，并且其维护费用由各级政府的文物保护专项经费来提供，故其文物保护措施较为规范和专业。保护措施在设计和实施的过程中，应保护文物及其环境的原真性及完整性，所使用的相关材料必须具有可逆性与可读性，方案的设计应遵循最小干预原则。这类措施主要有维护、加固、替换及修复。常规维护是镇内所有不可移动文物的基础保护措施。建议对城墙、城门遗址在常规维护的同时采取加固保护。建议对现存重要建筑及大部分民居院落在常规维护的同时进行局部替换，以维持其结构稳定与风貌完整。建议对武昌馆在常规维护的同时开展全面修复，以恢复其旧日风貌。

（2）未定级的"非文物"类民居。此类建筑的始建年代、改建时间及营造工艺、风格等一般较难确定，故无法制订具有针对性的保护修复方案。另外，这些传统民居多数无文物定级，没有政府的保护专项拨款，养护资金基本由居民自行筹集，因此不适合使用文物保护单位的专业保护措施，主要目的应是恢复风貌。当然，要实现这一目的，必须依照流程，由文物主管部门开展相关活动，委托专业机构在参照重要建筑保护条例的基础上，制订有针对性的建议及参考方案以指导居民保护和修缮未定级的"非文物"类民居。方案公布后，引导全体居民共同遵守，相关部门进行监督。不过，对这一类建筑采取任何保护措施的前提是对每一栋建筑进行登记建档，这里可以本书的调查结果为参考。从该类建筑的实际情况出发，结合我国现有文物保护体制，本书建议可以考虑以下几类保护方式。

现状维持与监控：对于完整度较高的传统民居建筑，建议采取保留原状的处理方法。这类建筑本身结构稳定且外形破损程度低，一般采用日常维护保养即可，建筑内里可稍加改造，但尽量不要改动建筑结构。为防止其保存状态进一步劣化，地方文物主管部门可依托文物保护员等民间文物保护力量建立长期监测预警机制；对于出现明显衰退趋势的建筑，可设立重点监控制度。

改善：对于保存状况一般的传统民居建筑，建议采取改善的处理方式。这类建筑通常结构稳定，但屋面、外立面等有一定程度的残损或改变，对日常使用及城镇风貌有一定影响。其梁架结构及外立面采用一般日常维护保养即可，但外部的破损与改变部分需加以修复，修复时尽量使用原始材料与工艺。建筑内部可进行装修改造，但不改变基本建筑结构。

整修：建议全面整修保存情况较差的传统民居建筑。这类建筑不仅外立面和屋面残损严重，梁架结构也有不同程度的损坏，建筑整体完整度不高，且已不具备日常居住功能。整修时可根据建筑损坏情况进行修缮或替换，并可对房屋屋面、外墙及门窗等进行局部替换，修复时应尽量采用原始材料和工艺。建筑内里可进行改造和装修，但尽量不要改变建筑结构。若原有建筑已破败不堪，无法使用，可考虑原址重建，重建时应注意建筑外观须与原始建筑样式一致，内部布局和设施则可依据提升生活质量的需求稍加修整。

整饬：对于建筑质量较好，但建筑外观已明显改变的传统建筑，建议采用外观整饬的方式。可采用将屋面修复为传统样式、将屋面材料替换为传统材料、将外墙材料替换为传统材料及将门窗替换为传统门窗等整饬方式。

3. 管理机制

蜀河古镇的保护管理工作应注重以下三个方面：注重运行管理，加强专业管理，完善管理机构配置；加快落实保护规划对保护区划的相关管理规定；加强工程管理，近期应以本体保护工程、展示设施工程和环境整治工程为主要管理目标。利用专门设立的保护管理机构来开展各项保护管理工作。

1）机构与设置

地方政府应领头，带动地方文物主管部门、住房和城乡建设部门、交通部门、园林部门和环卫部门等组建专业的历史城镇保护管理机构。机构的主要职责如下：制定历史城镇保护规章制度；组织与实施各类保护工作；与地方政府各部门通力合作，审核、检查、监控城区内各类基础设施建设方案、建筑改造方案和商业开发计划等；针对城镇保护事项，与地方政府部门、企业事业单位及当地居民进行协调与商议。机构内设总协调人、负责人、常务负责人三个领导岗位。总协调人由地方政府主管文物工作的领导兼任，具体负责与地方政府各部门间的业务协调；负责人必须由地方文物主管部门领导兼任，主要对机构内部的组织和宏观管理负责，并与地方政府进行沟通；常务负责人是机构的实际运营者与管理者，可采取公开招聘的方式，从相关行业（如考古、文博、建筑等）挑选具有丰富不可移动文物保护工作经验的人员担任。另外，还需聘请一定数量的文物保护方面的专家和学者，组建学术顾问团，负责相关的技术指导；同时，邀请当地居民作为地方负责人，负责保护政策的传播与反馈意见的收集工作。

2）制度建设

应建立健全与机构内部运行相关的各项规章制度，制定并公布和宣传文物安全条例、城镇文物与历史风貌保护行为准则、"三防"应急预案和传统建筑保护条例等规章，并对各类未定级传统建筑进行登记建档。另外，应组建专家小组，尽快研究制定《传统建筑修缮指导意见》《传统建筑修缮方案示例》等，并向社会公布。

健全和完善历史城镇保护居民联络会制度，发动当地居民代表定期（一个季度或半年）开展历史城镇保护座谈会，告知当地居民最新的保护工作进展和下一阶段的工作规划，并收集反馈意见。另外，设置非定期的表决会机制，当涉及重大规章的制定和公布，重要工程的设计与施工等时，可临时召开会议，及时了解民众想法，鼓励民众自由发问及提出相关建议，提高民众对历史城镇保护的认同感和积极性。

3）常规维护管理

在进一步规范和完善地方文物保护员制度的基础上建立日常巡视制度。根据实际情况，建议可分区域巡视，采用保护区域内每日一巡、建设控制地带内每两日一巡、景观协调区内每周一巡的工作频率。建立健全文物建筑常规维护制度，定时定期保养，延缓其衰退。建立和规范传统建筑维修监督指导制度，指导民间修缮方式，保护城镇风貌。在以上工作内容的基础上，与社会力量合作，使城镇传统建筑保护数据库及实时监控系统的建设更加规范和完善。

4）施工监管

保护管理机构应负责城镇保护区划范围内环境整治、保护修复、展示利用、景观提升和基础设施完善等各类工程申报的组织协作、施工单位资质审核、工程方案审查、施工过程跟踪监督及竣工验收等工作。

（二）环境与景观

1. 历史环境

地形地貌：城镇附近地形地貌保护须以遏制破坏为主，对于各种破坏地形地貌特征的生产、生活活动（如开山采石，修建梯田，修整土地，修筑池塘、壕沟、水渠等）应严格禁止。

水体：以河道疏浚清淤为主，以修整河岸为辅，尽量使河流的传统尺度和走向不发生改变。合理使用污水处理设施，明令禁止生产和生活污水直排河流。杜绝任何单位及个人向自然水体中倾倒废弃物的行为。

植被：完善城镇附近山体、台塬绿化和城镇道路绿化，相关绿化方案应注意多使用本地传统植物品种，同时注意不使用深根性乔木。

周边聚落：应密切关注现有聚落的规模，防止其过度扩大；对聚落内部建筑的面积和立面形式有相应的限制，具体可参照建设控制地带要求，但可适度放宽；对于已消失的聚落，应在初期的考古勘探和发掘的基础上对其位置做出标识和说明。

2. 景观风貌控制

1）基本设定

贯通城镇主要空间轴线方向的视线，改造和拆除妨碍视线的现代建筑。保留城镇的传统天际线形态，改造或拆除超过限制高度的现代建筑。恢复城镇的传统屋面样式，对现代建筑屋顶进行风格化改造。改造或拆除影响和破坏传统街巷空间特征及尺度比例的现代建筑。适当减少重要建筑、代表性民居院落及传统建筑片区附近的绿化覆盖率，以起到景观突显效果；在较大体量现代建筑（如政府、学校、医院等）附近加强绿化，以实现隐蔽化处理。城内各种线路和管道等，应以地埋方式铺设为主。城镇中的各种指示标牌和说明牌等应逐步更换为传统材质与形式；合理改造各种现代化的广告牌、灯箱、标语牌、店铺招牌和霓虹灯，及时清理城中的废弃物、闲置资源和垃圾堆等。

重点地段空间环境整治措施建议可考虑以下几个方面。

古镇南入口地段：搬迁垃圾转运站，对原垃圾焚烧池进行改造，恢复自然景观；整治入口处各种标识与标牌，对标识形式、安装位置进行统一规定。

古镇南门地段：改造门洞上部后加平台；剔除门下石板路面被水泥抹面部分；两侧排水管道改线，采用暗敷形式；改造门内外建筑立面材质及色彩形式，与该地段整体景观风貌相协调。

杨泗庙地段：改造周边不协调建筑色彩、立面形式、高度，做到与杨泗庙传统风貌相协调；改造入口踏步形式。

黄州会馆地段：改造附近不协调的建筑色彩、立面形式和高度，做到与黄州会馆传统风貌相协调；将门前水泥地面改造为石板地面；门前管线埋地铺设。

清真寺地段：改造东侧大体量、不协调建筑色彩、立面形式、高度，做到与清真寺传统风貌相协调；整理区域内堆放杂物，整饬环境卫生；改造踏步南侧用水设施位置。

蜀河沿河地段：清理两侧建筑及生活垃圾；拆除河堤路东侧不协调建筑；禁止在蜀河内的挖砂采石行为，保护河床及河道形态不受破坏。

永安巷地段：恢复被后期人为改造的部分建筑商业门脸；改造道路两侧不协调建筑。做到与永安巷传统街巷风貌相协调；剔除局部水泥路面，还原卵石铺装；管线全部埋地敷设，无法埋地的要争取设在隐蔽处，与整体风貌相协调。

2）景观轴线

从古镇南门口至杨泗庙景观节点，继续向北至清真寺景观节点，形成了蜀河古镇贯穿南北的景观轴线，串起南门口、杨泗庙、黄州会馆、清真寺、永安巷五个蜀河古镇重要景观节点。这条景观轴线不仅是蜀河古镇建筑群空间结构特征和艺术魅力的突出表现，也是蜀河古镇历史文化价值、艺术价值的外在表现。通过对该轴线上的景观节点和轴线两侧背景景观的保护与控制，保护蜀河古镇建筑群空间格局与景观特色。

3）主要景观片区

建议在城内外设立三处景观片区，即城西河谷风光片区、城南历史建筑片区、城东塞外风光片区。

4）主要观景点和视线通廊

一是主要观景点。共设六个景观节点，分别是南门口、杨泗庙、黄州会馆、清真寺、永安巷、蜀河沿线。南门口作为古镇的主要出入口，通过环境整治，形成整个古镇的入口标志性景观；通过对杨泗庙及周边环境的整治，展现古镇船帮文化特色；黄州会馆及清真寺作为蜀河古镇内保存较为完整的古建筑群，分别代表了蜀河历史中的商贸文化及宗教文化，具有独特的景观与研究价值，规划中将这两处节点作为重要的景观节点进行展示；永安巷古商业街在漫长的历史发展过程中，不仅是古镇过去繁荣的见证，更是村民今天生活的载体。重点进行古街两侧建筑风貌整治，保护古街空间尺度。保留古街作为古镇重要公共活动空间的功能；通过对蜀河两岸环境整治，形成一条沿河景观带，作为古镇背景景观加以展现。

二是视线通廊。主要视线通廊基本涵盖主要景观节点和观景点，分别为蜀河东西侧观景点—清真寺、蜀河东西侧观景点—黄州会馆、蜀河东西侧观景点—杨泗庙、蜀河东西侧观景点—永安巷。清理确定的视线通廊的景观干扰因素，严格控制视线通廊视域范围内的相关建设。

（三）设施与利用

1. 基础设施

基础设施改造必须以古镇保护和展示为重点，禁止对古镇重点建筑和景观风貌造成破坏。应在城市基础设施建设与改造整体规划中加入古镇的基础设施建设和改造。古镇的基础设施改造应以道路系统为主框架，给排水、电力、通信、燃气和供热等管线均以道路地下埋设为主。基础设施的改造和完善，有利于改善城内污水任意排放和固体垃圾随意堆放的情况，进而改善环境卫生现状。基础设施的改造和完善应使城内居民生活环境得到改善，同时满足整个古镇观光旅游发展的需要。

应按规划分区和分期实施基础设施改造。已实施基础设施改造的区域，应逐步废弃对重点保护建筑与环境景观造成破坏的基础设施；尚未实施基础设施改造的区域，可继续使用现有的基础设施，禁止新建、改建和扩建。

沿主要街巷铺设给水管道，将给水设施纳入市政给水管网系统。在已有新的给水系统的区域，应废弃原有的给水系统；在新的给水系统尚未建成的区域，继续使用现存的给水系统，禁止新建、改建与扩建。生活用水水质要达到生活饮用水卫生标准，农业与绿化灌溉用水尽量采用中水。供水量设计指标应满足当地用水需求，贯彻经济合理原则，节约水资源。排水管网设计须满足雨水和污水分流的要求。雨水利用明渠排放，排入区外河道。对古镇内所有居民及单位产生的生活污水，分区域建设小型污水处理设施，使生活污水达到二级排放标准，就地灌溉使用或排入河道。使用节水的喷灌设施与滴灌设施对古镇内外的农田和绿化带进行灌溉，不得利用大水漫灌的方式。在古镇范围内的各级文物保护部门、公共设施和旅游服务区等放置灭火器，沿主要街巷设置消火栓。

将镇内居民和企事业单位高排放、高污染、分散型的燃气与供暖设施，逐步改造为低排放、低污染、集中型的燃气与供暖设施。燃气与供暖设施改造必须统一安排，管道沿道路地下埋设，进入各民居、企事业单位和旅游服务区、保护管理区。

将古镇的垃圾处理纳入市政环卫系统，进行统一管理。在保护范围内放置垃圾箱，按照居民需求建立移动垃圾站，在建设控制地带按照实际需要设置垃圾分类和处理站点。建立旅游垃圾处理系统，根据居民需求在主要展示街巷道路旁和服务区设置垃圾箱。在入口服务区、停车场、保护管理中心及各级文物保护单位、博物馆附近修建公共卫生间。公共卫生间的建筑风貌应与古镇整体景观协调一致，修建标准可参考旅游景区公共卫生间建设标准。

为满足古镇管理和游客餐饮、购物、娱乐、休息和医疗等需求，在南门处设置旅游服务区，以新街为主服务区。服务区的房屋建筑形式须与古镇景观协调一致，内部设施及修建标准可参照旅游景区标准。

2. 展示利用

蜀河古镇的展示应按照"全面保护、体现格局、重点展示"的原则；前提是不破坏遗产，体现古镇的真实性、可读性和遗产的历史文化内涵，以及实现社会教育功能；力求实现展示与保护相结合、单体文物建筑展示与整体格局展示相结合、文物本体展示与景观展示相结合、物质文化遗产与非物质文化遗产展示相结合。可以民居文化、商贸文化和会馆文化等为主题，考虑分为古巷民居区、汉江风光区等展示功能区进行展示。展示内容具体如下：遗存本体，即组成古城的各要素，如城墙城门遗迹、宗祠建筑、传统公共建筑、传统民居建筑、相关文物建筑、历史街巷及古树名木等；遗存环境，即古城址、山体、台塬、河流等要素；无形文化遗产，如通过古城建筑选址、工艺、材料、装饰、结构、形制、风格等反映出的建筑文化。展示方式有城镇格局、环境、建筑、陈列馆、遗址标识和覆罩、场景模拟等。其中，城镇格局展示主要包括地形地貌、古城选址、城垣与环壕、街巷等不同因素。环境展示主要指在实施环境综合治理、景观风貌改善等措施后，有针对性地选取一些基础条件较好的地理位置或节点加以重点培育，使之呈现出更加宜人的生态和人居环境。建筑展示大多以现有的文物保护单位为基础，并进一步选择其中保存较为完整的作为专题陈列馆，亦可重新构建新馆。馆内以文字、图片等资料和实物展品为主，配合多媒体、声、光和电等多种现代展示技术方式进行室内陈列展示，使游客对相关历史信息了解得更为透彻，文物价值得以充分体现。场馆选址应重点考虑交通的便利性，故在南门附近较为适宜。遗址标识和覆罩展示主要针对城门、城墙遗址，建议对城门、城墙遗址采用植被或砂石等方式加以标识，对考古发掘出土的城墙、城门基址和重要建筑基址等采取覆罩形式进行现状保护展示。场景模拟为补充性展示方式，以当地居民传统生产和生活方式及古街商业活动的场景模拟，尽可能还原古城生活场景，以直观的形式展示城市文化特点，让人沉浸其中。

由于蜀河古镇规模较小，适宜采用徒步方式游览，建议在游线组织上考虑设计两条步行路线，如西门—杨泗庙—黄州会馆—武昌馆—清真寺，或南门—永安巷—时家大院—骡马古道。同时，应考虑建立游客服务中心—游客服务点—服务设施三级游客服务配套体系。建议在南门处设置游客服务中心，建筑面积不超过400平方米。主要配套服务设施有信息中心、停车场、公共卫生间、公交站点、餐饮服务点、公共自行车存取点、饮水处、讲解服务点和医疗服务点。在西门、乾益巷、马家坡和永安巷设置游客服务点，主要配套服务设施应包括公共卫生间、餐饮服务点、饮水处、医疗服务点、讲解服务点。关注游客需求，及时解决游客服务问题，提升综合服务能力。针对游客安全保障制定各项日常规章制度，制定高峰时期有针对性的游客安全保障应急预案。

老城的主要游览区域与其建议保护范围基本重合，则其可游览面积约为0.14平方千米。结合老城的具体地形情况，游客的游览空间为 150 米^2/人。周转率按每天开放参观 12 小时计算，取值为 2。日最大环境容量 C=（A÷a）×D=（140000÷150）×2=1867（人次）。按每年 365 个参观日计算，年最大环境容量为 365×1867=681455（人次）。

近期（15 年内）的保护工作建议可按照轻重缓急分为三步。第一个五年内，先完成旨在了解古镇布局结构的考古勘察，进而明晰重点保护建筑保护办法、近期环境治理项目和一般宣传项目。完成保护规划编制、报批与公布程序；按照国家文物局要求，完善"四有"档案，建设古镇文物信息数据库；落实保护和管理工程，如文物保护征地、保护范围界桩、文物保护碑、安防监控设施、重要文物点保护展示工程；完成环境治理工程，如垃圾清除、电线迁埋、台塬植被修整和河流治理等；完成近期展示工程项目，以及古镇博物馆、入口服务区和停车场建设工程等；制定并公布《蜀河历史城区保护管理条例》。第二个五年内，进一步完善文物信息数据库建设，根据各项检测数据制定和调整相关政策，完成古镇范围内环境综合治理工作，完成展示工程建设、丰富展示内容、提升展示效果，加强历史环境修复与整体景观环境风貌保护，推动考古工作和相关研究工作，开展文物保护教育活动。第三个五年内，以继续提高保护工作科技含量、改善生态环境、深化教育宣传等工作为主。

第二节 石　　泉

一、城镇概况

（一）城镇概况与沿革

石泉县位于陕西省安康市与汉中市之间，北纬 32°45′57″—33°19′56″、东经108°01′08″—108°28′42″的地理区域。石泉在行政区划上归属安康市，北接安康市宁陕县与汉中市佛坪县，西邻汉中市西乡县，东、南与安康市汉阴县接壤。县域地处秦巴山区腹地，地形以山地与河谷为主，海拔为 400—1400 米。域内河流密集，均为汉江支流。气候属亚热带季风湿润气候，降水多集中于夏秋两季，冬春相对干燥，年均降水量873.9毫米，年均气温14.5℃，无霜期260天。

石泉为南北交通枢纽，境内有十天、西汉、西康等高速公路，以及阳安铁路、210国道、316国道等穿过，截至2017年末，石泉公路总里程达1896.44千米，交通十分便捷。

早在史前时代，就有原始人类在今石泉境内繁衍生息。夏代时石泉属于古梁州。商代时石泉为庸国所在地。春秋战国时期，石泉先后属于楚国和秦国。秦时，石泉属汉中郡西城县。汉代改隶于安阳县。晋时设晋昌郡，后更名新兴郡。北魏时于石泉设东梁州，下辖永乐、直城、安康三县，西魏时改永乐县为石泉县。此后直至宋代，石泉一直保持县级建制。元代时改为石泉巡检司，明洪武二年（1369 年）恢复县级建制。民国期间，石泉先后隶属丁陕西省汉中道、陕西省安康督察区。中华人民共和国成立之初，石泉隶属于安康专署。

（二）遗产构成

1. 城郭

石泉虽早在南北朝时已有建制，但今日所见的石泉老县城始建于明代。据《道光石泉县志》所载，明成化十七年（1481 年），知县张翔筑东北城，墙面覆砖石。正德四年（1509 年），陕西按察副使来天球为了防御"蜀寇"，下令四面筑城，方圆约三里，正德十三年（1518 年）时，经知县卢绣增补完善。然而，由于选址紧邻汉江之滨，城池自建成之日即受水患困扰，城垣常因洪涝坍塌。直至万历年间，知县杜钰重修城垣，采用条石筑基，砖砌墙体，四面设城门各一座，上覆雉堞，建三层城楼，自此城垣不易坍塌。清乾隆三十七年（1772 年），知县李照远将北门改建为炮台，于是城门仅余东、南、西三座。嘉庆初年，因爆发"川楚教乱"[①]，清廷为镇压起义的军事需要，下令各地建粮台[②]，朱适然与李枢焕领命于城垣建设石砌粮台两座，至清道光时已废弃。清道光二年（1822 年）时，城垣因洪水坍塌，直至道光二十四年（1844 年），知县慕维城劝捐重修，至道光二十八年（1848 年）竣工，长二里二百五十二步，约合 1555 米，墙高一丈五尺。东、南、西三座城门皆依原貌重建，西城门门额题为"秀挹西江"，南门为"雄临汉浒"，东门为"远瞩金州"，增设小南门一座，但城楼均改为一层，东门上建魁星楼一座，高三层。城墙通体石筑，以灰土合之，上覆雉堞。江边加筑石堤两道，高两丈，长二百一十二丈。今日，北墙、西墙已无存，南墙、东墙尚余局部。

2. 街巷

石泉老城内现有传统街巷 17 条，总长度 1836 米，包括中街（图 4-3）、大南门巷、泗王庙巷、肖家巷、小南门巷、黉学巷、毛家巷、居民巷、西门巷、长胜巷、三衙巷、大北巷、水井巷、胡家巷、戴家巷、李字园巷、校场坝巷，基本保持旧有格局。

图 4-3　石泉主要街道现状（中街）

---

① 即发生于 1796—1804 年的川楚白莲教起义。

② 清代经理行军时饷需的机构。具体可参考郜耿豪：《论经制兵制度下的传统粮台》，《军事历史研究》2004 年第 4 期。

3. 建筑与民居

石泉城中重要建筑见表4-8。

表4-8　石泉城中重要建筑一览

名称	位置	情况	存废
县署	城中部偏西，约当今石泉县人大常委会机关、石泉县人民政府位置。西抵典史厅，东抵书院，北抵城垣	明洪武六年（1373年）建，清康熙五十三年（1714年）毁于火灾，后修复，有大门、仪门、大堂、二堂、三堂，皆面阔三间。东侧建衙神庙和库厩	原构已无存，今日所见的县衙大堂为现代重建
典史厅	县署西侧	明有主簿，后改饶风巡检司，故又称三衙	无存
汛厅	东门内	道光二十九年（1849年）建	无存
常平仓	县署东侧	清时建，可贮稻谷二万石	无存
义仓	县署西侧，典史厅北侧	清道光二十四年（1844年）建，贮粮一千石	无存
社仓	西门内	清雍正七年（1729年）建	无存
养济院	社仓东	清嘉庆元年（1796年）建	无存
儒学	文庙西侧	明洪武四年（1371年）建。在戟门东西侧建有名宦、乡贤祠。棂星门东西侧建有忠孝、节义祠	无存
书院	县署东侧，常平仓北侧	清乾隆年间建，初称石城书院，后改为银屏书院	无存
文庙	现城关一小位置	清康熙十八年（1679年）建	无存
文昌阁	文庙北侧	高三丈有奇	无存
城隍庙	文庙东侧		无存
湖广会馆	城隍庙南侧	清乾隆年间始建，道光年间重修，祀大禹，现名为禹王宫	面阔三间，进深一间，省级文物保护单位
江西会馆	湖广会馆东侧	清乾隆四十八年（1783年）建，祀许真君，又名万寿宫	面阔三间，进深一间，省级文物保护单位
关帝庙	江西会馆东侧	清康熙十九年（1680年）建，祀关公及观音	面阔三间，进深一间，省级文物保护单位
江南会馆	南门内	清乾隆四十七年（1782年）建，祀朱子	无存
四川会馆	中街中段	清嘉庆年间建，祀二郎神	无存

名称	位置	情况	存废
武昌会馆	西门外	清乾隆年间建，祀屈原	无存
河南会馆	东门外	清嘉庆年间建，祀伏羲	无存
山陕会馆	北门外	清道光二十四年（1844年）建，祀关公	无存
黄州会馆	西门外	清乾隆四十三年（1778年）建，祀张真人	无存
先农坛	东门外	清道光二十九年（1849年）建	无存
社稷坛	先农坛北侧		无存
风云雷雨坛	西门外		无存
邑历坛	北门外		无存
汉江龙神庙	南门内	清乾隆三十三年（1768年）建，又名泗王庙	无存

石泉城中民居如下。

（1）郭家民居。郭家民居位于中街与大南门巷交会处，北临中街，东为大南门巷。该民居系石泉郭氏祖宅，郭氏为蜀地移民，于清末移居至石泉并修建宅院，距今一百多年。整个民居由两部分构成，东侧为前店后宅形式的主院落，西侧为作坊。主院落平面18米×9米，两进式。入口辟于院落东北角，前后两重天井位于院落正中，房屋建于天井西、南、东三面，东、西两侧为厢房，堂屋居于南侧正中，通高一层，两侧为二层阁楼。建筑山面均为穿斗式构架，结构外露；内部则为抬梁式构架，砌体均为青砖空斗墙，山墙顶部为封火山墙形式，除堂屋为五架梁两面坡，其余房间皆为三架梁单面坡。

（2）戴家民居。戴家民居位于长胜巷，为石泉戴氏祖宅。据戴氏族人言，其建于晚清时期，距今约一百五十年。整个院落约十米见方，一进式。入口辟于院落西南角，天井位于院落南侧正中，房屋建于天井西、北、东三面，东、西两侧为厢房，堂屋居于北侧正中，通高一层，两侧为二层阁楼。建筑山面均为穿斗式构架，结构外露；内部则为抬梁式构架，砌体均为青砖空斗墙，山墙顶部为封火山墙形式，除堂屋为五架梁两面坡，其余房间皆为三架梁单面坡。

（3）唐家民居。唐家民居位于胡家巷，建筑年代不详。整个院落约二十米见方，一进式。入口辟于院落东南角，天井位于院落正中，东西两侧为厢房，南侧为倒座，堂屋居于北侧正中，通高一层，两侧为耳房。建筑山面均为穿斗式构架，结构外露，墙体为土坯砌筑；内部则为抬梁式构架，山墙顶部为封火山墙形式，除堂屋为五架梁两面坡，其余房间皆为三架梁单面坡。

（4）吴家民居。吴家民居位于黉学巷，建筑年代不详。整个院落约十米见方，一进式。入口辟于院落西侧，天井位于院落正中，东、西两侧为厢房，南侧为倒座，堂屋居于北侧正中，通高一层，两侧为耳房。建筑山面均为穿斗式构架，结构外露，内部则为抬梁式构架，除堂屋为五架梁两面坡，其余房间皆为三架梁单面坡。

二、城镇现状

（一）保存与管理

为实现古城的整体性研究，本书从"面—线—点"三个层次进行古城保存现状评估。

1. 历史格局

（1）轮廓形态。石泉城墙长二里二百五十二步，约合 1555 米，墙高一丈五尺，有城门五座。中华人民共和国成立后，城墙、城门被渐次拆毁，目前西城墙、北城墙已无存，南城墙、东城墙仅余局部；北门、南门、小南门均已无存，西门、东门仅剩砌体结构，城楼无存。总体上，从历史格局的标识作用角度来看，目前城镇界线已十分模糊，难以辨认，城镇轮廓保存较差。

（2）街区布局。石泉主街及两侧巷道格局基本保留，其位置、走向变化不大，然而城镇外侧因现代道路的修建，一些街巷消失或改变，传统街区布局保存较差。

综上，根据本书的评估标准，石泉在轮廓形态与街区布局两项均评为"低"，故其历史格局保存现状评分为"低"，详见表4-9。

表 4-9　石泉历史格局保存现状

轮廓形态（50%）	街区布局（50%）	总评
低（20）	低（20）	低（40）

2. 街巷

对于街巷的评估内容主要包括街巷尺度、地面高差变化特征、地面铺装材料、地面铺装完整度、沿街立面、街道沿线的传统建筑比例、基本使用功能情况等方面的要素。这些要素之间有着内在的联系，同时都反映古城内部街巷风貌特色（图4-4）。

图4-4　石泉老城区保存现状

经调查统计，石泉城中保存较好的街巷为 960 米，占比 52.29%，保存一般的为 876 米，占比 47.71%。城中道路仍保留传统铺装材料的有 771 米，占比 41.99%。沿街立面传统风貌保存比例为 23.2%。石泉各街巷保存情况见表 4-10。

表4-10　石泉各街巷保存情况

街巷名称	街巷尺度（D/H）	地面高差变化特征	地面铺装材料	地面铺装完整度	沿街立面	街道沿线的传统建筑比例		基本使用功能情况	街巷基本信息	
						评价	数据		长度/米	宽度/米
中街	1.33	无高差	石料	较好	丰富	低	41%	商业	513	4—11

续表

街巷名称	街巷尺度（D/H）	地面高差变化特征	地面铺装材料	地面铺装完整度	沿街立面	街道沿线的传统建筑比例		基本使用功能情况	街巷基本信息	
						评价	数据		长度/米	宽度/米
大北巷	1.32	无高差	水泥	较好	单一	低	10%	商业	111	2.5—7.8
校场坝巷	1.3	无高差	水泥	一般	丰富	中	56%	居住	88	4—12
李字园巷	2	无高差	水泥	较好	单一	低	0	综合	53	12
戴家巷	2	无高差	石料	较好	丰富	中	73%	居住	60	8—12
胡家巷	0.5	无高差	石料	一般	单一	低	40%	居住	108	2.4—3.4
水井巷	0.4	无高差	水泥	一般	单一	低	0	居住	75	1—2.5
三衙巷	0.8	无高差	水泥	较好	单一	低	11%	居住	90	2.7—3.7
长胜巷	0.8	无高差	青砖	一般	丰富	中	50%	居住	90	1.5—4
西门巷	0.9	无高差	水泥	一般	单一	低	0	居住	80	2—4
大南门巷	1.3	无高差	水泥	较好	丰富	高	80%	居住	58	2.5—5
泗王庙巷	1.2	无高差	水泥	一般	单一	低	0	居住	63	3—5
肖家巷	0.6	无高差	水泥	一般	单一	低	0	居住	58	2—3
小南门巷	0.6	有高差	水泥	一般	单一	低	0	居住	85	2—4
黉学巷	0.5	无高差	水泥	一般	单一	低	33%	居住	83	1.5—3
毛家巷	0.4	无高差	水泥	一般	单一	低	0	居住	63	2—3
居民巷	1	无高差	水泥	一般	单一	低	0	居住	158	2—4

3. 传统建筑

经调查统计，石泉老城内建筑总量为 407 栋，其中，传统建筑为 110 栋，约占全体建筑的 27%；现代建筑为 297 栋，约占全体建筑的 73%。传统建筑占比不足三成，作为"古城"已名不副实；现存传统建筑的分布相对集中，主要在长胜巷、大南门巷、胡家巷、戴家巷、黉学巷。

确认所有现存传统建筑的保存状态是调查的第二项内容，目的是了解古城区传统风貌的退化情况。按照不同构件残损程度将其划分为保存较好、保存一般、保存较差三类状态。

经调查统计，三者现状如下：保存较好为 0 栋；保存一般为 73 栋，占比约66.4%；保存较差为 37 栋，占比约 33.6%，详见表 4-11。

表 4-11 石泉传统建筑保存情况统计

城镇	建筑总量/栋	现代建筑/栋	现代建筑比例	传统建筑/栋	传统建筑比例	传统建筑保存现状					
						较好/栋	比例	一般/栋	比例	较差/栋	比例
石泉	407	297	73.0%	110	27.0%	0	0	73	66.4%	37	33.6%

在全面了解现状的基础上，尚需明晰形成这种情况所花费的时间，进而得知城市传统风貌在一定时间内的退化率。不过，由于相关历史数据（城区内所有传统建筑的历史资料和照片等）的欠缺，这里我们选择使用2012—2021年的石泉历史地图数据进行对比。经统计，彻底改变或消失的区域占老城区总面积的6.8%，进而得出年均退化率为0.76%。假设年均退化率不变，根据本书的两类算法，可知其衰退的年限下限为36年，上限为123年。

石泉老城在历史格局、建筑形式、外形、装饰和建筑材料等方面一定程度上保存了当地传统形式及特色，真实性一般。整体聚落格局和规模较完整；城中历史上的重要建筑现大多无存或改作他用；组成历史环境的各种要素完整性较好；传统文化内涵保存一般，完整性一般。城内现代化基础设施较少，当地居民的生产生活方式对古城有一定程度的影响，部分传统建筑原有功能发生改变，多数文物尚未定级，也未实施保护工程，整体延续性较差。

综上所述，石泉遗产保存方面有许多问题。例如，城防系统损毁严重，城墙仅余数十米，城门仅剩两座。街巷方面，有十条城市干道和支路因地面铺装材料改变或沿街立面改变导致整体保存较差。总体上看，破坏主要发生在两类区域，一是城市边缘地区，因与新城连接，更易受到影响；二是主要商业通道，由于交通压力及商业活动，道路尺度和铺装及沿街立面较易被改变。

在传统建筑方面，问题较多。首先，在城市化过程中，拆除或迁移了部分古建筑，原建筑占地挪为他用。为满足现代化生活需求，居民加建或改建使原建筑平面格局改变。其次，建筑质量令人担忧。例如，屋面瓦作破损严重，致使房屋局部塌陷严重；梁架承重木构件开裂使整体结构扭曲与变形；墙体裂开、返潮、酥碱、局部倒塌；墙面粉刷层鼓包、掉落，表面污迹明显，墙身底部霉变，墙基有局部下沉倾向；地面铺装破损严重，坑坑洼洼，铺装材料与原有风貌不协调；内部构件（如窗户）年久失修，表面油饰脱色、掉落，有的已替换为现代门窗样式；等等。最后，建筑整体风貌变化较大。古城中民居和商铺多以现代建筑材料重建或改建，改变了建筑原有风貌；太阳能热水器和电视天线设备架设杂乱，影响建筑整体风貌；建筑院内、街巷附近搭建临时构筑物，堆积杂物，严重影响古城容貌。少量原民居或商铺建筑现作为厂房、易燃物仓库使用，存在安全隐患。

自然因素（如日光、地下水活动、风雨侵蚀、微生物、可溶盐等）造成的破坏比较常见，但并不是最主要的原因。从上述情况来看，石泉老城受到的威胁主要来自各种人类活动。

4. 保护管理

目前石泉城内有三处省级文物保护单位（湖广会馆、江西会馆、关帝庙）和两处县级文物保护单位（西门、东门），古城本身没有保护等级，无"四有"档案，基层行政主体也未开展任何保护管理工作。

目前，对石泉老城的保护除依据国家、陕西省关于文化遗产保护的众多普遍性法律、法规外，尚未公布专门针对老城保护的法律法规，不能满足申报全国历史文化名城保护管理工作的现实需要。尚无专门管理机构和配套管理设施。老城的保护资金主要依托省、市、县建设部门、文物行政管理部门、发展和改革委员会等拨款，以及居民自发筹资等。目前，保护经费缺口较大，不能满足老城的保护管理需求。仅三处省级文物保护单位配置了安防监控设备，其他文物保护单位无安防设施配备，不能对可能发生的盗窃和破坏等行为起到足够的警示和防御目的。

长期以来，城内建筑多为居民住所，针对建筑的保护维修多是居民自发的行为。多数民居类古建筑没有得到有效修整。古城内没有系统的环境整治方案，需要进行有效规划，提升整治效果。目前游客数量不多，没有具体的游客管理制度。

综上，城内多数建筑没有定级；无专业的管理机构及管理设施。未设定保护区划，无保护标识和保护方法，无保护经费，无安防设施，无灾害应急预案。还没有建立以政府为主导，以居民参与为辅的管理维修机制。没有制定游客管理规章制度。

（二）环境与景观

石泉古城地处汉江河谷，周边山体及阶地基本保持原状，地形地貌一项变化不大，故可评为"高"；汉江沿城镇南侧蜿蜒流过，河道位置基本没变，水量丰沛，但存在水质污染现象，故水体一项应评为"中"；城镇附近新街区的建设，对自然绿化有较大影响，因而植被一项应评为"中"；汉江沿岸及汉江对岸均为现代建筑，破坏了老城附近的历史聚落格局，故周边聚落一项仅可评为"中"。综上，石泉历史环境保存现状的总体评分为"中"，详见表4-12。

表 4-12　　石泉历史环境现状评估

地形地貌（40%）	水体（20%）	植被（20%）	周边聚落（20%）	总评
高（30）	中（10）	中（10）	中（10）	中（60）

近年来，石泉经济快速发展，居民生活水平逐渐提高，人口密度增加，使县内出现了许多新建民居。这些新建民居分布形态有两种类型，一是沿河边两侧道路分布，二是在古城内部"见缝插针"式分布。一方面，新建筑的增加使古城建筑密度变大，空间距离缩小，从而在采光、通风和消防安全方面存在较多问题，直接影响到重点保护建筑；另一方面，新建筑的建筑材料多为现代建筑材料（如红砖、水泥等），在各个方面都与重点保护建筑有着较大反差，使古城传统空间环境受到较大影响。

石泉古城整体空间格局的景观要素——山体、植被、河流、农田保存较好。西门、东门两处景观节点环境相对较差。城内电力线路架设杂乱且松散，对城市风貌和整体景观环境影响较大。

（三）设施与利用

道路交通方面，石泉老城主要通过北侧的人民路、文昌路，东侧的文化南路，西侧的广场南路及南侧的滨江大道与县城其他区域连接。道路两边建筑均为现代风格，体量较大，严重影响老城所形成的传统景观风貌。城内缺少公共停车空间，目前车辆主要在校场坝巷的公共停车场停放，进出道路狭窄，交通不便。城内有大小街巷 17 条，彼此连接，交通便利，部分街巷路面已替换为现代铺装材料，路面平整，环境卫生较好。

给排水方面，城内生活用水引自汉江，在南北两侧均设有供水站，于后山上设有二级水泵站及蓄水池，供水面积基本覆盖整个老城，水质较好。目前城内排水为雨污合流方式，生活污水未经处理直接排入汉江，对水质造成了一定程度的污染。

此外，电力引自高压电网，经设在城中的变电站送往全城。目前，电线全部采用架空铺设的方式，对古城传统风貌产生不良影响。现老城内建筑密度过大，电力线路交错、搭接现象普遍，存在较大的火灾隐患。目前，城内设有 30 处消火栓，并且多数位于中街两侧，分布不均衡，服务半径未覆盖老城。建筑内移动灭火器作为消防设施，仅在已维修完成的建筑内部设计了消火栓，尚不能满足老城整体的消防安全需求。目前，仅省级文物保护单位配备了安防设备，一般传统建筑尚无安防监控系统。古城垃圾主要采用集中处理、转运的方式。各居民住户将垃圾集中存放在街巷、道路两侧的垃圾收集设施内，固定人员在指定时间集中运送至新城区的垃圾转运站，再送达垃圾填埋处。老城现存公共卫生间较为集中。民居厕所多为旱厕，且多集中在院内，暂无污水处理装置。

利用方面，目前来看，老城内大多数古建筑是对外开放的，但未进行整体规划，进而无法宣传老城闪光点。展示方式较为单一，仅利用古建筑原貌进行展示，缺乏现代宣传技术，不利于揭示老城的历史文化底蕴。现有展示路线单一，展示效果较差，无法有效传扬老城历史文化。城内的公共服务设施只有部分公共卫生间，游客的餐饮、住宿服务目前多为村民利用自有住宅提供。老城内未设置游客服务中心和游客服务点，无法为游客提供有效指导和服务。游客多为本省及邻近省份游客。年游客量约 8000 人次，消费能力有限。宣传内容较为单一，总体宣传力度不大，无法突出老城历史文化内涵及特色。没有形成完善的解说与标识系统，现有标识牌制作简易，数量少，指导性不强，且与城镇整体风貌景观协调性较差。

三、保护建议

（一）保存与管理

1. 保护区划调整

根据历史城镇文物本体分布的空间区域、城镇附近地形地貌、城镇外围潜在遗存的可能方位、文物保护基本原则及环境景观等，本书建议，对于石泉旧城区的保护区划可参照以下不同层次进行设定，所涉及的区域总面积为 7.67 平方千米。

1）保护范围

（1）四至边界。

西界：广场南路西侧。

东界：文化南路东侧。

北界：向阳路北侧。

南界：滨江大道南侧。

（2）控制点。石泉保护范围控制点见表 4-13。

表 4-13　石泉保护范围控制点

编号	坐标
控制点 1	N33°02′23.20″；E108°14′48.88″
控制点 2	N33°02′13.07″；E108°15′09.85″
控制点 3	N33°02′04.50″；E108°15′07.73″
控制点 4	N33°02′15.71″；E108°14′43.99″

（3）面积。总面积为 0.19 平方千米。

（4）基本设定。历史城镇是弥足珍贵的文化资源，一旦破坏将无法再生。因而，在保护区域内，须遵循文物保护的两大原则，即原真性与完整性。原则上，保护区域内仅可开展与文物保护相关的工作，如遗址的保护修缮、考古勘探与发掘、环境提升与改善、古建筑的修缮维护、景观再造及文物宣传展示等。在保护措施、工程等相关工作开展的过程中，应按照可逆性、可读性及最小干预等原则，根据流程去相关部门审批，然后进行备案。关于各类建设性的施工，只有与文物保护有关，建筑选址没有和文物重合，且建筑外表和城镇传统风格较为统一，才应允许开工建设，否则一律禁止。当环境和景观类工程施工时，专业人员要按时审查，以保证城镇历史环境的原始样貌不被改变。对于已存在于保护范围内的聚落、建筑群或单体建筑，应视具体情况而定。若其已对文物本体造成破坏，或虽没有造成破坏，但产生了实质性威胁的，应快速拆除，并通知和协助当地居民尽快搬离；当其位于保护区域内，但对文物本体没有造成直接损坏及实质性威胁的，可暂不搬迁，不过，应对其整体面积和容积率等进行监督和控制。同时，还应对其外部进行修缮，使其与城镇传统风貌保持一致，建筑高度一般在 6 米以下。最后，测算保护范围内的人口承载力，以某一年限为止，设定人口密度上限。

2）建设控制地带

（1）四至边界。

西界：大桥路西侧。

东界：育才路东侧。

北界：石泉县北部山脚一线。

南界：长同线北侧。

（2）控制点。石泉建设控制地带控制点见表 4-14。

表 4-14　石泉建设控制地带控制点

编号	坐标
控制点 5	N33°02′34.92″；E108°14′28.76″
控制点 6	N33°02′35.76″；E108°14′49.52″
控制点 7	N33°02′14.26″；E108°15′36.44″
控制点 8	N33°02′02.63″；E108°15′32.97″
控制点 9	N33°01′41.96″；E108°15′14.58″
控制点 10	N33°02′08.86″；E108°14′19.04″

（3）面积。总面积为 1.67 平方千米。

（4）基本设定。建设控制地带具有文物保护与景观风貌控制的双重属性。首先，其设立可为潜在的遗迹、遗存的保护提供空间保障；其次，通过对某些规则的预先设定，最大限度杜绝可能发生的威胁，在一定程度上实现"预防性保护"。建设控制地带内，文物保护的原真性、完整性两大原则仍是各类活动的前提。区内仅允许规划以下用地：文物古迹用地（A7）、绿地广场用地（G）、公共设施用地（U）、道路交通用地（S）、居住用地（R）、公共管理服务用地（A）、商业用地（B），其分配优先级排序应为 A7＞G＞U＞S＞R＞A＞B。应注意，绿地广场用地应以公园绿地（G1）为主，以生产防护绿地（G2）、广场用地（G3）为辅；道路交通用地应仅限于城市道路用地（S1）、公共交通设施用地（S41）及社会停车场用地（S42）几个小类；居住用地应仅允许规划一类居住用地（R1）；公共管理服务用地应仅限行政办公用地（A1）、文化设施用地（A2）和教育科研用地（A3）；商业用地应仅限零售商业用地（B11）、餐饮用地（B13）、旅馆用地（B14）及娱乐康体设施用地（B3）。建设控制地带内，开展全区域考古勘探，以确定与城镇相关的潜在遗存的布局情况。可进行一般性建设，但工程选址和已探明遗存的位置禁止重叠，并向文物主管部门备案。区域内建筑务必与城镇传统风貌统一，且建筑高度一般设置在 9 米以下。除考古勘探、文物保护和建筑外貌改善之外，建设控制地带内须注重自然环境的保护和恢复。首先，须禁止任何可能造成环境元素变更的行为；其次，应严格约束生产生活垃圾的处理；最后，对保护区域内的人口承载力进行测算，以某一年限为止，设定人口密度上限。

3）景观协调区

（1）四至边界。

西界：保护范围外扩 1200 米。

东界：保护范围外扩 1800 米。

北界：保护范围外扩 1200 米。

南界：保护范围外扩 750 米。

（2）控制点。石泉景观协调区控制点见表 4-15。

表 4-15　石泉景观协调区控制点

编号	坐标
控制点 11	N33°02′53.91″；E108°14′18.08″
控制点 12	N33°02′59.51″；E108°14′38.21″
控制点 13	N33°02′50.37″；E108°15′12.78″
控制点 14	N33°02′35.12″；E108°15′46.36″
控制点 15	N33°02′09.68″；E108°16′28.04″
控制点 16	N33°01′21.14″；E108°16′01.55″
控制点 17	N33°01′15.36″；E108°15′26.22″
控制点 18	N33°02′04.01″；E108°13′52.74″

（3）面积。总面积为 5.81 平方千米。

（4）基本设定。景观协调区的用地性质应以绿地广场用地（G）为主，以公共设施用地（U）、道路交通用地（S）、居住用地（R）、公共管理服务用地（A）、商业用地（B）等为辅。该区域功能较少，多数为对城镇历史环境的修复与维护，同时建议在传统与现代聚落环境之间设立必要的防御和缓冲区域。一是禁止破坏与城镇选址直接相关的地形地貌及平整土地的行为；二是严格约束企业和个人对自然水体的污染，以及对农地、林地等维持城镇历史环境的关键因素的破坏。建设方面，应尽可能使用环保型的仿古材料，建筑风格应与城镇传统风貌相统一，建筑体积不宜过大，多为低层和多层建筑，一般层数不超过 7 层，高度在 24 米以下。

2. 遗产保存

1）历史格局

可利用加固保护和生物保护的方法对城墙进行保护，对夯土城墙发生表面脱片和裂隙的，可利用土坯和夯土砌补、裂隙灌浆、表面防风化渗透加固等方法进行保护。对城墙遗迹在地表已基本无存的区域，可进行覆盖，使用植物或非植物方式进行标记。

首先，对于留存至今的街巷道路，应尽量使其基本位置和走向等不发生改变；其次，对于局部改变的，尽量恢复其原始的道路走向和位置；再次，利用植物或非植物方式标记已消失的街区，并补充相关说明；最后，严禁在城镇范围内修建新道路。

2）传统街巷

保持现有的街巷宽度不变，严格控制街巷两侧建筑的高度，实现合适的D/H值。

继续沿用原有的石板和青砖路面。地面铺装材料为传统石板（碎石）或青砖的街巷，采取日常保养和加固修缮的保护措施，若局部路面出现破损或者破损严重，使用石板或青砖进行路面补修；地面为水泥路面的街巷，采用传统材料、传统工艺进行修整。

石泉老城内街巷立面保存现状一般，应视具体情况采取加固、支护、替换等保护措施；严格控制沿街建筑的外观材料、建筑高度，与古街环境风貌相协调。

3）建筑保护与风貌整饬

目前石泉老城内尚存的传统建筑主要有以下两类，本章认为应当采用"区别对待"的方式加以保护。

（1）少量的文物保护单位。这类建筑的始建年代、改建时间及营造风格与技法等通常都比较明确，且其维护费用由各级政府的文物保护专项经费来保障，故宜采用专业的文物保护措施。在保护措施设计和实施的过程中，不得损害文物及其环境的原真性和完整性，所使用的材料须符合可逆性和可读性，方案的设计应遵循最小干预原则。这类措施主要有维护、加固、替换及修复。常规维护是石泉老城区所有文物建筑的基础保护措施。建议对现存的城墙遗址在常规维护的同时采用加固保护。建议对现存重要建筑及大部分民居院落在常规维护的同时进行局部替换，以维持其结构稳定与风貌完整。建议对石泉东城门遗址、西城门遗址等在常规维护的同时开展全面修复，以恢复其旧日风貌。

（2）未定级的"非文物"类民居。一般来说，这类建筑的始建年代、改建时间及营造工艺、风格等不易确定，故不宜制订统一的修复方案。另外，传统民居多数无定级，故无法享受政府的保护专项资金，保养和修护资金基本由当地居民自发筹集，因而不宜采用专业保护措施，但应恢复其原有风貌。当然，要实现这一目的，必须由文物主管部门牵头，委托专业机构制订民居维护修复的指导性建议及参考方案，以引导和规范民间的修缮行为。建议全体居民在方案公布后共同遵守并加强监督。不过应注意，此类建筑须登记建档后方可采取保护措施，这里可以本书的调查结果为依据。从该类建筑的实际情况出发，结合我国现有文物保护体制，本书建议可以考虑以下几类保护方式。

改善：对于保存状况一般的传统民居建筑，建议采取改善的处理方式。这类建筑主要集中于长胜巷、大南门巷、戴家巷、黄学巷，通常结构稳定，但屋面、外围等有一定程度的残损或变化，对城镇风貌有一定的影响。建议对外部的破损部分进行修复，修复时尽量使用原始材料和工艺。建筑内部稍加装修，但尽量不要改变建筑结构。

整修：对于保存状况较差的传统民居建筑，建议进行全面整修。这类建筑大多损坏严重，不仅外立面和屋面不完整，梁架结构也已经不稳固，建筑整体质量较差。整修时可对其梁架结构视情况进行替换，并可更换房屋屋面、外墙、门窗等，在修复过程中建议使用原始材料和工艺。建筑内部可进行装修改造，但不改变基本建筑结构。

整饬：对于建筑质量尚可，但建筑外观已显著改变的传统建筑，采用外观整饬的方法较为合适，可将屋面材料更换为传统材料、屋面恢复为传统样式、外墙材料更换为传统材料、门窗更换为传统门窗等。

经改善、整修后的传统民居建筑，可参照文物保护单位的相关日常维护标准制定定期巡查及保养计划。此外，对于城镇中大量的现代民居建筑，也可参照上述方式进行外观整饬，但应设计多元化的改造方案，避免立面风格过度一致。

3. 管理机制

石泉老城的保护管理工作应依托专门设立的保护管理机构，并注重以下三个方面：首先，加强运行管理，注重专业管理，完善管理机构配置；其次，落实保护规划对保护区划的管理规范；最后，加大工程管理力度，近期应注重展示设施工程、本体保护工程及环境整治工程管理。

1）机构与设置

建议组建历史城镇保护管理机构，该机构由地方政府牵头，地方文物主管部门、住房和城乡建设部门、交通部门、园林部门、环卫部门等共同参与。机构的主要职责如下：一是负责历史城镇保护规章制度的制定；二是负责各类保护工作的组织与实施；三是负责与地方政府各部门协作，对城区内各类基础设施建设方案和商业开发计划等进行联合检查与监控；四是负责就城镇保护事项和地方政府部门、当地居民等方面进行协商。机构内设置总协调人、负责人、常务负责人。总协调人可由地方政府主管文物工作的领导兼任，主要负责与地方政府各部门间的业务协调；负责人必须由地方文物主管部门领导兼任，主要负责机构内部的组织、宏观管理及与地方政府的沟通联系；常务负责人由从考古、文博、建筑等相关行业选拔的具备丰富不可移动文物保护工作经验的人员担任，负责机构的实际运营与管理。此外，应聘请一定数量的行业内专家，组建学术顾问组，负责对保护工作进行技术指导；还应邀请当地居民作为地方联络人，负责保护政策的传播和反馈意见的搜集。

2）制度建设

一是应健全、完善与机构内部运行有关的各项制度，制定并公布文物安全条例、"三防"应急预案、城镇文物与历史风貌保护行为准则、传统建筑保护条例等规章；二是建立各类未定级传统建筑的登记建档工作制度；三是尽快组织相关领域专业力量，研究制定并公布指导性技术文件，如《传统建筑修缮指导意见》《传统建筑修缮方案示例》等。

应建立历史城镇保护居民联络会制度，邀请一定数量的当地居民，定期召开座谈会，使当地居民了解保护工作的进展及工作计划，并收集反馈意见。此外，须设置非定期的表决会机制，以备不时之需，若涉及重大规章的制定、公布，重要工程的设计、施工等方面事项，则可临时召开会议，让民众发言并表决，提高民众对历史城镇保护的积极性。

3）常规维护管理

首先，完善地方文物保护员制度，并在此基础上建立日常巡视制度。其次，根据实际情况，分片包干，按照一定频率对相关地带进行巡视。再次，设置文物建筑常规维护制度，定期修护和保养。最后，建立健全传统建筑维修监督指导制度，由专业人员引导民间修缮行为，维护城镇风貌。另外，利用社会力量，进行城镇传统建筑保护数据库和实时监控系统的建设。

4）施工监管

机构应负责与城镇保护相关的各类工程申报的组织协调、施工单位的资质审查、工程方案的审核、施工过程的跟踪监控以及竣工验收等工作。

（二）环境与景观

1. 历史环境

地形地貌：城镇附近地形地貌保护应以禁止破坏为主，严格禁止各种破坏地形地貌特征的生产生活活动，如开山采石，修建梯田，挖掘池塘、壕沟等。

水体：尽量使河流的传统尺度与走向不发生改变。配置污水处理设施，遏制生产、生活污水直排河流。发布公告，禁止任何单位及个人向自然水体中倾倒废弃物。

植被：开展城镇附近山体、台塬绿化及城镇道路绿化，绿化方案设计时应注意选用本地传统植物品种，保护区域内的道路绿化禁止种植深根性乔木。

周边聚落：应严格限制现有聚落的规模；限制聚落内部建筑的体量和立面形式，具体可依据建设控制地带要求；对于已完全消失的聚落，应在考古勘探、发掘的基础上对其位置做出标识与说明。

2. 景观风貌控制

1）基本设定

恢复城镇主要空间轴线方向的视觉通畅，对阻挡视线的现代建筑进行改造和拆除。保护城镇的传统天际线形态，对超过限制高度的现代建筑进行改造。对现代建筑屋顶进行风格化修整，还原城镇的传统屋面形态。改造或拆除影响、破坏传统街巷空间特征及尺度比例的现代建筑。在重要建筑、代表性民居院落及传统建筑片区附近适度减少绿化覆盖率，突显景观；在较大体量现代建筑（如政府、学校、医院等）附近加大绿化面积，用绿化方式对其进行遮掩。改变城内各种线路和管道的铺设方式，建议以地埋为主。将指示标牌、说明牌等逐步更换为传统材质与样式；清理各种现代化的广告牌、灯箱、标语牌、店铺招牌和霓虹灯，以及城中的废弃物、垃圾堆等。

2）景观轴线

共两条景观轴线。一条为古城西门经中街至古城东门；另一条为大北巷往南至大南门巷。

3）主要景观片区

建议在城内外设立三处景观片区，即城东古会馆片区、传统街巷民居片区、滨河风光片区。

4）主要观景点和视线通廊

一是主要观景点。共设三个景观节点，分别为西门、东门、南门。二是视线通廊。主要视线通廊基本涵盖主要景观节点和观景点，分别为西门—中街—东门、大北巷—大南门巷—滨江路。清理视线通廊的景观干扰因素，严格控制视线通廊视域范围内的相关建设。

（三）设施与利用

1. 基础设施

基础设施改造必须注重古城保护和展示，不得破坏古城重点建筑和景观风貌。将古城的基础设施建设与改造纳入城市整体规划。古城的基础设施改造，以道路系统为框架，各种管线均沿道路地下埋设。通过基础设施的改造和完善，杜绝城内污水任意排放和固体垃圾随意堆放的状况。基础设施改造应使城内居民生活环境得到改善，并应满足整个古城展示和观光旅游发展的需求。基础设施的改造应按规划分区、分期实施。已实施基础设施改造的区域，应逐步拆除对重点保护建筑和环境景观造成破坏的基础设施；尚未实施基础设施改造的区域，可继续利用现有的基础设施，禁止新建、改建和扩建。

沿主要街巷埋设给水管道，将给水设施纳入市政给水管网系统。在已有新的给水系统的区域，应废弃原有的给水系统；在新的给水系统尚未建成的区域，继续使用现有的给水系统，禁止新建、改建与扩建。生活用水达到生活饮用水卫生标准，可考虑采用经净化处理的中水进行农业和绿化灌溉。应依据当地用水量需求设置供水量，节省水资源。应进行雨水和污水分流。雨水利用明渠排放，排入区域外部的河道。分区修建小型污水处理设施进行生活污水处理，使生活污水达到二级排放标准，就地灌溉使用或排入河道。尽量使用喷灌和滴灌设施满足古城内外的农田和绿化带灌溉需求。在古城区域内按相关要求放置灭火器，在主要街巷两侧设置消火栓。

将高排放、高污染、分散型的燃气和供暖设施，逐步改造为低排放、低污染、集中型的燃气和供暖设施。必须统一安排燃气和供暖设施改造，集中供气、供暖，进入各民居、企事业单位和旅游服务区、保护管理区的管道必须采用地下埋设方式。

将古城的垃圾处理纳入市政环卫系统。按照需要，在保护范围内放置垃圾箱并建立移动垃圾站，在建设控制地带建设垃圾站。在主要街巷道路两侧和服务区放垃圾箱，建立和完善旅游垃圾处理系统。建议在入口服务区、停车场、保护管理中心及各级文物保护单位、博物馆附近增加公共卫生间数量。公共卫生间建筑形式应与古城整体景观相适应，其他设施参照旅游景区公共卫生间建设标准修建。

在古城南门处设置旅游服务区，满足古城管理和游客基本需求。服务区的房屋建筑形式应与古城景观相协调，参照旅游景区标准修建内部设施。

2. 展示利用

石泉老城的展示应遵循"全面保护、体现格局、重点展示"的原则，不得破坏遗产，体现古城的真实性、可读性和遗产的历史文化价值，实现社会教育功能；力求实现"四个结合"，即展示与保护相结合、文物本体展示与景观展示相结合、单体文物建筑展示与整体格局展示相结合、物质文化遗产与非物质文化遗产展示相结合。可以民居文化、商贸文化和会馆文化等为主题，分以下几个展示功能区进行展示：会馆文化区、古巷民居区、汉江风光区。展示内容可包括以下方面，也可在此基础上进行创新。遗存本体，如城墙城门遗址、宗祠建筑、传统公共建筑、传统民居建筑、相关文物建筑、历史街巷及古树名木等；遗存环境，即古城址、堡寨、山体、台塬、河流等要素；无形文化遗产，如通过古城建筑选址、材料、工艺、结构、装饰、风格和形制等反映出的建筑价值。可以考虑城镇格局、环境、建筑、陈列馆、遗址标识和覆罩、场景模拟等展示方式。其中，城镇格局展示有古城选址、地形地貌、城垣与环壕、街巷等不同要素。环境展示主要是指在实施环境综合整治、景观风貌控制等措施后，重点培育一些基础条件较好的地段或节点，使之在未来呈现出宜人的生态和人居环境。建筑展示可以现有的文物保护单位为基础，选取其中保存较为完整的作为专题陈列馆，同时可另建新馆。馆内通过资料和实物展品，综合利用多媒体、声、光、电等进行室内陈列展示，充分展示文物价值，使游客对传统建筑的了解更加深刻。考虑交通便利性，场馆选在南门附近较为适宜。遗址标识和覆罩展示主要针对城墙及城门遗址，建议对城门、城墙遗址采用植被或砂石等方式进行标识，对历史古城墙、城门基址及重要建筑基址等采取覆罩方式进行现状保护展示。通过对当地居民传统生产、生活方式及古街商业活动的场景模拟，在一定程度上恢复古城生活场景，以直观的形式为游客展示文化特色。

鉴于石泉规模较小，适宜采用徒步游览，故建议在游线组织上设计两条步行路线，如东门—会馆建筑群—黉学巷—戴家巷—胡家巷—大南门巷—长胜巷—西门，或西门—长胜巷—大南门巷—胡家巷—戴家巷—黉学巷—会馆建筑群—东门。同时，应考虑建立游客服务中心—游客服务点—服务设施三级游客服务体系。建议在南门处设置游客服务中心，建筑面积不超过 400 平方米。主要配套服务设施应包括信息中心、公共卫生间、停车场、公交站点、公共自行车存取点、餐饮服务点、饮水处、医疗服务点、讲解服务点。结合古城内开放展示的重要建筑及古民居设置游客服务点，分别位于西门、东门、大北巷，提供必要及基础性的游客服务。及时满足游客服务需求，提高综合服务能力。针对游客安全保障制定各项日常规章制度，以及高峰时期游客安全保障应急方案。

老城的主要游览区域与其建议保护范围基本重合，则其可游览面积约为0.19平方千米。结合老城区的具体地形情况，游客的游览空间为150米^2/人。周转率按每天开放参观 12 小时计算，取值为 2。日最大环境容量 C=（A÷a）×D=（190000÷150）×2=2533（人次）。按每年 365 个参观日计算，年最大环境容量为365×2533=924545（人次）。

近期（15 年内）的保护工作可按照轻重缓急分为三步。第一个五年内，先制定古城重点保护建筑保护措施，完成一般展示项目、近期环境整治项目，进行考古勘察以完善古城布局结构。完成保护规划编制、报批与公布程序；依据国家文物局要求，完善"四有"档案，尽快完成古城文物信息数据库建设；将保护和管理工程项目（如文物保护征地、文物保护碑、安防监控设施和重要文物点保护展示工程）落到实处；加速完成环境治理工程，如电线迁埋、垃圾清理和河流治理等；完成展示工程，如古城博物馆、近期展示工程项目、入口服务区和停车场建设工程等；制定《石泉历史城区保护管理条例》，并向社会公布。第二个五年内，进一步完善古城文物信息数据库建设，根据各项检测数据制定和完善相关对策，完成展示工程建设、丰富展示内容、提升展示效果，加强历史环境修复与整体景观环境风貌保护，推动考古工作和相关研究工作，定期开展文物保护教育活动。第三个五年内，进一步提高保护工作科技含量，深化教育宣传。

第三节 漫 川 关

一、城镇概况

（一）城镇概况与沿革

漫川关镇隶属于陕西省商洛市山阳县，位于山阳县城东南约 70 千米的陕西、湖北两省交界处，南与湖北省十堰市郧西县上津镇相接。镇域面积 266.4 平方千米。镇域地处秦岭山脉东南麓，地形以山地、丘陵及山间谷地为主，镇域群山环绕，如天竺山、郧岭、猛柱山、太平山等，古镇所在地周围有落凤山、卧虎山、青龙山、花果山、如意山、土地岭等，有金钱河、靳家河、万福河等三条主要河流流经，均属汉江支流。年平均气温 14.6—16.3 ℃。极端最低气温-10.4 ℃，极端最高气温 41.5 ℃。年平均降水量 653—758 毫米。无霜期年平均215—235 天。镇域森林覆盖率达到62%，有林地26 万亩、耕地2.1 万亩。

目前漫川关下辖古镇、莲花池、闫家店 3 个社区，以及万福、箭河、猛柱山、花园沟、李家坪、康家坪、松树坪、东寺、前店子、乔家、水码头、小河口、南坡13 个行政村，户籍人口 30234 人。

漫川关境内有福银高速、203 省道过境，以及两条县级镇级公路，交通较为便利。

在今漫川关北约一千米处，1980 年发现了乔村遗址，属仰韶文化庙底沟类型。可见，该镇所在的河谷地带，早在史前时期就有古人类栖息。

夏代时，该地属九州之梁州。《尚书·禹贡》载："华阳黑水惟梁州。"商时属商国，即殷商始祖契的封地。西周时属雍州。春秋时属晋，又称蛮子国。《元和郡县图志》载："上洛县南一百里即晋阴地，漫川即古蛮子国。"战国时属秦，称商於之地。

秦设郡县制后，该地属商县，县地位于今丹凤县，秦代属内史，西汉属弘农郡，东汉改属京兆，三国属魏。

西晋泰始二年（266年），于京兆南置上洛郡，将商县南部与平阳县北部划设丰阳县，因县治设于丰阳川得名。前秦时改隶荆州。刘宋时先后设阳亭、西丰县，齐时改回丰阳县。北魏太和五年（481年）复设阳亭县，永平四年（511年）设上庸郡。西魏复立丰阳县，废帝二年（553年），郡治移至漫川关，增设漫川县，改属上津郡，郡治位于郧县上津镇。北周保定三年（563年）废县，并入丰阳。

隋时属上洛郡丰阳县。唐时归山南西道商州丰阳县。五代属商州丰阳县。北宋初年，属永兴军商州丰阳县。后因宋金反复鏖兵，隶属变化无定。金据后，初为丰阳县，后于贞元二年（1154年）降为京兆府商州上洛县丰阳镇。元初复置县，先后隶属安西路、奉元路。元末废县。

明初复置商州丰阳县，后降为巡检司。成化年间，因郧阳民变[①]，成化十二年时（1476年），移丰阳巡检司于漫川，改设西安府商州山阳县。此后直至民国，县名未再变更，民初属汉中道，民国二十二年（1933年）撤道，改为省直辖。民国二十四年（1935年），改隶第四行政督察专员公署。中华人民共和国成立后，为山阳县漫川区。1997年，撤区并乡建镇后，合并了原万福、同安，建立了漫川关镇人民政府。

（二）遗产构成

1. 城郭

目前，镇内地表以上已无任何城垣及城门的痕迹。由于漫川关的记载基本出于《山阳县志》等文献，而文献中并未提及是否建有城垣，迄今为止，有关部门也从未进行过针对性的考古勘探，严格意义上来说，漫川关是否曾建有城垣仍无定论。不过考虑到该地为秦楚锁钥，行政建制多有兴废，且历史上战火

---

① 成化元年（1465年），刘通、石龙等于荆襄之地聚流民起义，建元德胜，定国号为汉，次年被兵部尚书白圭率军镇压。成化四年（1468年），刘通余部李原等再起，自称太平王，旋为都御史项忠镇压而失败。

频仍，理应建有城防设施。

2. 街巷

漫川关老城内有 12 条街巷，总长度 3047 米，大部分保持原有格局。街巷基本没有固定成文的名称，多为约定俗成的口头叫法，如南北贯穿古镇的老街，又称蝎子街、明清街、漫川街，其由三段组成，分别被称为上街（秦街）、中街、下街（楚街）。此外还有西侧的临河街、东侧的后街（后新街、会馆街）、南端的下新街，以及横向连接各街的小巷，如学堂巷、陆家巷、拐弯巷、码头巷、龙王蹬等。

3. 建筑与民居

（1）骡帮会馆、马帮会馆。这两个会馆坐落于明清街的中段即中街的建筑群，建于清光绪九年至十三年间（1883—1887 年），建筑群整体坐东面西，由双山门、双戏楼、双庙组成。

双山门位于老街西侧，坐东朝西，北侧为骡帮会馆山门，南侧为马帮会馆山门，均由正房和门房组成。正房均为面阔两间，进深一间，穿斗式，五架梁，悬山顶；门房均为面阔一间，进深一间，穿斗式，三架梁，硬山顶，山墙为封火山墙。

双戏楼位于山门之后，坐西朝东，与双庙门户相对。北侧为骡帮会馆戏楼，又称"秦腔楼"，面阔、进深均为三间，单檐歇山顶，斗八藻井；南侧为马帮会馆戏楼，又称"汉阳楼"，面阔、进深同北侧戏楼，重檐三滴水，斗八藻井。两座戏楼装饰华丽，梁枋、柱础均以大量雕刻装饰。

主体建筑为南北并列的两个闭合院落，坐东朝西，北侧院落为关帝庙，祀关帝，当年为骡帮活动场所；南侧院落为马王庙，祀马王爷，为马帮活动场所。两院格局基本一致，均为前堂、后堂、左右厢房围合而成的四合院，共用一面山墙，辟有券门相通。前、后堂均为面阔三间、进深三间的抬梁式建筑，七架梁，硬山顶，前后檐砌封火山墙。左、右厢房均为面阔三间、进深一间的穿斗式建筑，北庙厢房屋面为硬山两面坡，南庙则为硬山单面坡。隔扇门、门槛、窗、梁柱额枋等均饰以浮雕。

1981 年，该组建筑群被公布为县级文物保护单位；1992 年升为省级文物保护单位；2013 年被国务院公布为第七批全国重点文物保护单位。

（2）武昌会馆。武昌会馆位于马王庙南侧，坐东朝西，系明成祖时由湖北客商集资修建，清康熙、咸丰、同治、光绪年间几经修葺。现在看到的建筑为一座由前堂、后堂、左右厢房组成的封闭式院落。前、后堂均为面阔三间、进深三间的抬梁式建筑，七架梁，硬山顶，前后檐砌封火山墙，后堂又称忠烈宫，祀屈原及明代开国英烈。左、右厢房均为面阔三间、进深一间的穿斗式建筑。2013 年，武昌会馆被国务院公布为第七批全国重点文物保护单位。

（3）北会馆。位于关帝庙北侧，坐东朝西，建于清光绪七年（1881 年），系由晋、陕、甘等地客商捐资修建。现在看到的建筑为一座由前堂、后堂、左右厢房组成的封闭式院落。前、后堂均为面阔三间、进深三间的抬梁式建筑，七架梁，硬山顶，前后檐砌封火山墙。左、右厢房均为面阔三间、进深一间的穿斗式建筑。2013 年，北会馆被国务院公布为第七批全国重点文物保护单位。

（4）吴氏民居。吴氏民居位于老街南段（下街）西侧，坐东朝西，建于清中叶，一度作为南北商贾、赶考读书人投宿的客栈，又称"莲花第"。民居平面呈长方形，占地面积约 330 平方米。从前向后依次坐落店铺、前天井、过厅、堂屋、后天井，与左右两侧的厢房共同围合成封闭的两进式院落。除堂屋为七架梁抬梁式结构外，其余建筑均为穿斗式。全屋均为一斗一眠空斗墙，店铺及堂屋山墙前后檐顶部砌封火山墙。

（5）黄氏民居。黄氏民居位于老街中段（中街）西侧，坐西朝东，建于清光绪十六年（1890 年）。该民居最初的建筑用途为钱庄，故采用了"窨子屋"①的形式，后改为药铺。黄氏民居平面呈长方形，占地面积约210平方米。从前向后依次坐落门厅、前天井、前堂、过厅、后天井、后堂，与左右两侧的厢房共同围合成封闭的两进式院落。除后堂为七架梁抬梁式结构外，其余建筑均为穿斗式。全屋均为一斗一眠空斗墙，后堂山墙后檐顶部砌封火山墙。正门上方仿木构垂花门形制砌筑石雕门楼。

---

① 又称"一颗印"，一种流行于南方的四合院形式。其特点为高墙环绕，门道狭窄，外立面不开窗或少开窗，屋面多为向内倾斜的单面坡。相较于一般四合院，窨子屋的防卫色彩更为强烈。

二、城镇现状

（一）保存与管理

为实现古镇的整体性研究，本书从"面—线—点"三个层次进行古镇保存现状评估。

1. 历史格局

（1）轮廓形态。漫川关的城墙、城门、城壕等边界标记均未保存下来，故从历史格局的标识作用角度来看，目前城镇界线已十分模糊，难以辨认，城镇轮廓保存较差。

（2）街区布局。漫川关主街及两侧巷道格局基本保留，其位置、走向变化不大，然而城镇外侧因现代道路的修建，一些街巷消失或改变，传统街区布局保存一般。

综上，根据本书的评估标准，漫川关在轮廓形态一项应评为"低"，在街区布局一项可评为"中"，故其历史格局保存现状评分为"低"，详见表4-16。

表4-16　漫川关历史格局保存现状

轮廓形态（50%）	街区布局（50%）	总评
低（20）	中（30）	低（50）

2. 街巷

经调查统计，漫川关保存较好的街巷为 2377 米，占比 78.01%，保存一般的为 670 米，占比 21.99%。镇中道路仍保留传统铺装材料的为 913 米，占比 29.96%。沿街立面传统风貌保存比例为 15.4%。漫川关各街巷保存情况见表4-17。

表4-17　漫川关主要街巷保存情况

街巷名称	街巷尺度（D/H）	地面高差变化特征	地面铺装材料	地面铺装完整度	沿街立面	街道沿线的传统建筑比例		基本使用功能情况	街巷基本信息	
						评价	数据		长度/米	宽度/米
秦街	1.33	无高差	水泥/卵石	较好	丰富	中	50%	商住	480	4—11
楚街	1.32	无高差	水泥	较好	丰富	低	41%	商住	340	2.5—7.8
望水街	1.3	无高差	石料	较好	单一	低	0	商业	500	4—12
水磨街	2	无高差	水泥	较好	单一	低	0	商业	33	12
会馆街	2	无高差	石料	较好	单一	低	10%	综合	600	8—12

续表

街巷名称	街巷尺度（D/H）	地面高差变化特征	地面铺装材料	地面铺装完整度	沿街立面	街道沿线的传统建筑比例		基本使用功能情况	街巷基本信息	
						评价	数据		长度/米	宽度/米
匠铺街	0.5	无高差	水泥	一般	单一	低	0	综合	105	2.4—3.4
尚庙巷	0.4	无高差	土路	较好	单一	低	9%	综合	100	1—2.5
陆家巷	0.8	无高差	水泥	较好	单一	低	33%	居住	104	2.7—3.7
拐弯巷	0.8	无高差	水泥	一般	单一	低	0	居住	215	1.5—4
学堂巷	0.9	无高差	水泥	一般	单一	低	25%	综合	195	2—4
龙王蹬	1.3	无高差	水泥	较好	单一	低	17%	居住	220	2.5—5
码头巷	1.2	无高差	水泥	一般	单一	低	0	居住	155	3—5

3. 传统建筑

经调查统计，漫川关镇内建筑总量为282栋，其中，传统建筑为72栋，约占全体建筑的25.5%；现代建筑为210栋，约占全体建筑的74.5%。传统建筑占比不足三成，作为"古城"已名不副实；现存传统建筑的分布相对集中，主要在秦街与中央广场（图4-5）。

图4-5 漫川关老城区保存现状

确认所有现存传统建筑的保存状态是调查的第二项内容，目的是了解古城区传统风貌的退化情况。按照不同构件残损程度将其划分为保存较好、保存一般、保存较差三类状态。

经调查统计，三者现状如下：保存较好为 21 栋，占比 29.2%；保存一般为 34 栋，占比 47.2%；保存较差为 17 栋，占比 23.6%，详见表 4-18。

表 4-18　漫川关传统建筑保存情况统计

城镇	建筑总量/栋	现代建筑/栋	现代建筑比例	传统建筑/栋	传统建筑比例	传统建筑保存现状					
						较好/栋	比例	一般/栋	比例	较差/栋	比例
漫川关	282	210	74.5%	72	25.5%	21	29.2%	34	47.2%	17	23.6%

在全面掌握现状的基础上，尚需了解形成这种状况所花费的时间，进而获知城区传统风貌在一定时段内的退化率。不过，考虑到相关历史数据（城区内所有传统建筑的历史资料、照片等）的阙如，这里我们选择调用 2014—2021 年的漫川关历史地图数据进行对比，经统计，彻底改变或消失的区域占老城区总面积的 9.7%，算下来年均退化率为 1.39%。假设年均退化率不变，按照本书的两类算法，其衰退的年限下限为 18 年，上限为 65 年。

漫川关老城在历史格局、建筑形式、外观、装饰和建筑材料等方面在一定程度上保存了当地传统形式及特色，真实性一般。整体聚落格局、规模较完整；历史上的重要建筑现大多无存或改作他用；组成历史环境的各种要素完整性较好；传统文化内涵保存一般，完整性一般。缺乏现代化基础设施，当地居民生产、生活方式对古镇有一定程度影响，部分传统建筑原有功能发生改变，大部分文物尚未定级，也未实施保护工程。整体延续性较差。

综上所述，漫川关城市遗产保存方面存在许多问题。例如，城防系统已无存。街巷方面，有 12 条因地面铺装材料改变或沿街立面改变导致整体保存较差，其中既有城市干道又有支路。总体上看，破坏主要发生在两类区域，一是城市边缘地带；二是主要商业通道。

关于传统建筑方面，问题则较为繁多。首先，在城市化发展过程中，部分古建筑被拆除或迁移，原建筑占地挪为他用。当地居民为满足现代化生活需求，加建、改建，导致原建筑平面格局被破坏。其次，建筑质量状况变差。例如，屋面瓦作残缺不全，局部出现塌陷；梁架承重木构件开裂和朽烂使整体结构变形和扭曲；墙体问题严重（如裂缝、酥碱、返潮），致使局部塌陷；墙面粉刷层空鼓、脱落情况严重，表面雨水冲刷、污迹明显，墙身底部有霉变，墙基局部下沉；地面铺装破损严重，凹凸不平，甚至有的已改为水泥材质；门和窗户年久失修、糟朽，表面油饰脱落，或改造为现代门窗样式；等等。另外，建筑整体风貌发生改变。古镇内大量民居、商铺建筑已用现代建筑材料加建或改建，使建筑风貌发生较大变化；太阳能热水器及电视天线设备架设在屋顶，严重影响建筑风貌；建筑院内及街巷两侧搭建临时构筑物，杂物较多，影响视觉效果。少量原民居或商铺现作为易燃物仓库使用，存在较大安全隐患。

从上述现象来看，漫川关老城区受到的威胁主要来自各种人类活动，而非自然因素。

4. 保护管理

目前漫川关老城内有四处全国重点文物保护单位（骡帮会馆、马帮会馆、武昌会馆、北会馆）和两处省级文物保护单位（吴氏民居、黄氏民居），古镇本身没有保护等级和"四有"档案，基层行政主体也未开展任何保护管理工作。在老城保护方面，仅有国家、陕西省关于文化遗产保护的普遍性法律、法规，没有专门针对老城保护的法律法规。尚无专门管理机构，也没有配套管理设施。目前老城的保护资金主要由省、市、县建设部门、文物行政管理部门、发展和改革委员会等部门拨款，以及居民自筹等组成。目前保护经费缺口较大，不能满足老城的保护管理需求。仅全国重点文物保护单位和省级文物保护单位配置了安防监控设备，其他文物保护单位并未配置安防设施，存在较大的安全隐患。

长期以来，老城内建筑多为居民居住，以居民自发的保护维修行为为主。目前老城内仅城隍庙由村委会出资进行过修缮，大部分民居类古建筑没有进行有效修缮。老城区的环境整治需要进行系统规划。目前老城游客数量较少，没有对游客行为进行规范引导。

综上，老城内大部分建筑未定级，无专门管理机构及管理设施，没有制定具体的保护管理制度与应急预案，保护经费严重不足，安防设施配备不到位，保护现状堪忧。还没有建立起以政府为主导、居民参与的管理维修制度。缺乏针对游客管理的规范流程，没有对游客行为进行规范引导。

（二）环境与景观

老城地处汉江河谷，周边山体及阶地基本保持原状，地形地貌一项变化不大，故可评为"高"；汉江支流漫川河沿城镇西侧蜿蜒流过，河道位置基本未发生改变，水量较丰沛，但水质污染严重，故水体一项应评为"低"；城镇周边自然绿化程度高，因而植被一项应评为"高"；河滨沿岸及对岸均为现代建设的新街区，破坏了老城周边的历史聚落布局，故周边聚落一项仅可评为"中"。综上，漫川关历史环境保存现状的总体评分为"中"，详见表4-19。

表4-19　漫川关历史环境现状评估

地形地貌（40%）	水体（20%）	植被（20%）	周边聚落（20%）	总评
高（30）	低（5）	高（15）	中（10）	中（60）

近年来，随着漫川关社会经济的发展，居民生活水平的提高，人口密度的增加，镇内出现了许多新建建筑。这些新建建筑分布形态有两种类型，一是沿河边两侧道路分布，二是在古镇内部"见缝插针"式分布。一方面，大量新建建筑的增加，导致古镇建筑密度过大，建筑与建筑之间空距缩小，从而在采光、通风和消防安全上存在较多问题，直接影响到重点保护建筑的安全性；另一方面，新建建筑多数选用现代建筑材料与现代风格，在体量、色彩、质感、高度等方面都与重点保护建筑有着明显的不同，严重影响了古镇传统空间环境。

漫川关较好地保留了古镇整体空间格局的景观要素——山体、植被、河流、农田。镇内电力线路架空设置，电杆位置明显，影响整体景观环境。

（三）设施与利用

道路交通方面，漫川关老城主要通过西侧的水磨街和南侧的匠铺街、南新街与县城其他区域连接。道路两侧建筑多为现代风格，规模较大，对老城传统景观风貌影响较大。镇内缺少公共停车空间，目前车辆主要在山北的公共停车场停放，与老城距离较远，交通不便。镇内有大小街巷12条，彼此连接，交通便利，部分街巷路面已替换为现代铺装材料，路面平整，环境卫生较好。

给排水方面，镇内生活用水引自汉江，在南北两侧均设有供水站，于后山上设有二级水泵站及蓄水池，现供水面积基本覆盖整个镇，水质较好。目前镇内排水方式为雨污合流制，生活污水直接排入汉江，对水质有一定程度的污染。

此外，电力引自高压电网，经设在镇中的变电站送往全镇。目前，电线全部采用架空铺设的方式，电线交错松散且搭接现象普通，对古镇传统风貌产生不良影响，且存在较大的火灾隐患。目前，镇内设有消火栓10处，其多数位于会馆区，分布不平衡，服务半径未覆盖老城。建筑内移动灭火器作为消防设施。目前仅全国重点文物保护单位和省级文物保护单位配备安防设备，一般传统建筑尚无安防监控系统。目前，古镇垃圾多采用集中处理和转运的方式。各居民住户将垃圾集中存放在街巷、道路两侧的垃圾收集设施内，由固定人员在固定时间集中转运至新城区的垃圾转运站，再转运至垃圾填埋处。老城内现存公共卫生间5处，分布较为集中。传统民居厕所多为旱厕，且集中在院内，无专业生活污水处理设施。

利用方面，目前老城内大部分古建筑均作为展示内容对外开放，但未进行统筹规划，没有充分展示出老城的主要特色。目前展示方式仅为古建筑原貌展示，缺乏文字、图片、实物陈列展示，方式较为单一，不能充分揭示老城丰富的历史文化内涵。现有展示路线单一，没有历史环境的展示路线，有效观赏视点少，不能完整展示老城主要特色。老城内除部分公厕外暂无其他公共服务设施，村民利用自有住宅提供餐饮、住宿服务。没有游客服务中心和必要的游客服务点，没有形成完整的服务体系。游客以陕西及湖北两省游客为主，年游客量约9000人。宣传内容较为简单，总体力度偏弱，没有突出老城历史文化特色及价值。尚未形成完善的解说与标识系统，现有标识牌制作简陋且数量较少，缺乏文化内涵。

三、保护建议

（一）保存与管理

1. 保护区划调整

在综合考虑了历史城镇文物本体分布的空间范围、城镇外围潜在遗存的可能方位、城镇周边地形地貌、文物保护基本要求及环境景观等之后，本书建议，对于漫川关的保护区划，可参照以下不同层次进行设定，所涉及的区域总面积为 1.34 平方千米。

1）保护范围

（1）四至边界。

西界：水磨街西侧，漫川河东岸。

东界：城镇边缘外延 100 米。

北界：一柏担二庙北侧 50 米。

南界：南新街南侧。

（2）控制点。漫川关保护范围控制点详见表 4-20。

表 4-20 漫川关保护范围控制点

编号	坐标
控制点 1	N33°14′11.29″；E110°03′42.00″
控制点 2	N33°14′11.26″；E110°03′42.78″
控制点 3	N33°13′51.56″；E110°03′54.25″
控制点 4	N33°13′46.77″；E110°03′42.42″

（3）面积。总面积为 0.18 平方千米。

（4）基本设定。历史城镇是珍贵的文化资源，一旦遭到破坏便不可再生。因而，在保护范围内，优先遵循文物保护的原真性与完整性两大原则。原则上，保护范围内只能开展各类与文物保护相关的施工（如遗址的保护、古建筑的修缮、考古勘探与发掘、环境提升与治理、文物宣传等）。而且，在实施保护工程等的过程中，需要依据可逆性、可读性及最小干预等原则，依法报相关部门审批与备案。若要进行建设性的施工，一是能够证明其与文物保护直接相关（如博物馆、保护用房、保护大棚等）；二是与满足范围内当地居民生产生活基本需求有关（如基本交通、给排水、电力电信、燃气、环卫等），其选址不与文物重合，且外观与城镇传统风貌一致，除此之外，应严格禁止各类建设性的施工。当环境、景观类工程施工时，须定期审查，以确保城镇历史环境的原真性和完整性不被破坏。对于已存在于保护范围内的聚落、建筑群或单体建筑，可视情况采取不同措施。若其已对文物本体造成破坏，或虽未造成破坏，但产生了实质性威胁的，则应尽快拆除，并协助居民搬离遗址区。若其未对文物本体造成直接破坏，且没有实质性威胁的，可暂不搬迁，但是，须对其进行严格的监控与限制。另外，还应对其外观加以修缮和维护，使其与城镇传统风貌相统一，且须严格控制高度（一般不宜超过 6 米）。同时，测算保护区域内的人口承载力，以某一年限为止，人口密度不能超过其上限。

2）建设控制地带

（1）四至边界。

西界：甘钦线西侧。

东界：保护范围东侧 300 米一线。

北界：保护范围北侧 200 米处桥梁北侧。

南界：保护范围南侧 300 米处山脚一线。

（2）控制点。漫川关建设控制地带控制点见表 4-21。

表 4-21　漫川关建设控制地带控制点

编号	坐标
控制点 5	N33°14′17.18″；E110°03′37.17″
控制点 6	N33°14′18.87″；E110°03′45.47″
控制点 7	N33°13′49.12″；E110°03′59.76″
控制点 8	N33°13′38.44″；E110°03′48.33″
控制点 9	N33°13′41.74″；E110°03′32.68″

（3）面积。总面积为 0.37 平方千米。

（4）基本设定。建设控制地带具有双重属性——文物保护与景观风貌控制。一方面，其设立可为潜在的遗迹、遗存的保护提供空间保障；另一方面，则可通过对某些规则、规范的预先设定，在一定程度上实现"预防性保护"。建设控制地带内，各类活动的前提是遵循文物保护的原真性、完整性两大原则。区内用地仅限于以下几类：文物古迹用地（A7）、绿地广场用地（G）、公共设施用地（U）、道路交通用地（S）、居住用地（R）、公共管理服务用地（A）、商业用地（B），其分配优先级排序应为 A7 > G > U > S > R > A > B。应注意，绿地广场用地应以公园绿地（G1）为主，以生产防护绿地（G2）、广场用地（G3）为辅；道路交通用地应仅限于城市道路用地（S1）、公共交通设施用地（S41）及社会停车场用地（S42）几个小类；居住用地应仅允许规划一类居住用地（R1）；公共管理服务用地应仅限于行政办公用地（A1）、文化设施用地（A2）和教育科研用地（A3）；商业用地应仅限于零售商业用地（B11）、餐饮用地（B13）、旅馆用地（B14）及娱乐康体设施用地（B3）。建设控制地带内，应开展全范围考古勘探，以明晰与城镇相关的潜在遗存的具体布局情况。可进行一般性建设，但工程选址不得与已探明遗存的位置相重合，并向文物主管部门备案。区内建筑必须与城镇传统风貌相统一，高度一般不宜超过 9 米。除考古勘探、文物保护和建筑风貌改善之外，建设控制地带内还应加强自然环境保护。一方面，须禁止任何可能造成地形地貌、水体和植被等变更的行为；另一方面，严格规范生产生活垃圾的处理，并进行监督。最后，还应对保护范围内的人口承载力进行测算，以某一年限为止，设定人口密度上限。

3）景观协调区

（1）四至边界。

西界：保护范围西 500 米一线。

东界：保护范围东 600 米一线。

北界：保护范围北 400 米一线。

南界：保护范围南 600 米一线。

（2）控制点。漫川关景观协调区控制点见表 4-22。

表 4-22 漫川关景观协调区控制点

编号	坐标
控制点 10	N33°14′23.45″；E110°03′28.05″
控制点 11	N33°14′22.73″；E110°03′58.24″
控制点 12	N33°13′50.07″；E110°04′07.63″
控制点 13	N33°13′32.67″；E110°03′55.82″
控制点 14	N33°13′37.56″；E110°03′25.48″

（3）面积。总面积为 0.79 平方千米。

（4）基本设定。景观协调区的用地性质应以绿地广场用地（G）为主，以公共设施用地（U）、道路交通用地（S）、居住用地（R）、公共管理服务用地（A）、商业用地（B）等为辅。该区域应以城镇历史环境的修复与维护为主，同时可在传统与现代聚落环境之间设立必要的防御及缓冲区域。应注意保护与城镇选址直接相关的地形地貌，禁止各类破坏山体及平整土地的行为；保护自然水体，严格约束任何企业及个人对水体的污染；严禁对农地、林地和草地等维持城镇历史环境的关键元素的破坏行为。建设方面，尽量使用环保型材料，保持传统建筑风格，体量不宜过大，层数不高于7层，高度不高于24米。

2. 遗产保存

1）历史格局

首先，对于留存至今的街巷道路，保证其基本位置和走向等不变；其次，对于局部改变的街巷道路，应尽可能恢复其原有位置和走向；最后，对于已消失的街区，可选择利用植物或非植物方式进行标记，并进行相关说明。另外，应禁止在镇内修建新道路。

2）传统街巷

保持现有的街巷宽度不变，严格控制街巷两侧建筑的高度，实现合适的D/H值。

沿用原来的石板路地面，进行日常保养与加固修缮，局部路面出现裂痕或者遭到严重破坏的街巷，建议使用石板材料进行路面修整；地面依旧为土路路面的街巷，利用烧黏土加固技术进行保护；地面铺装材料为水泥路面的街巷，可采用传统材料和传统工艺技术整修为石板路面，修旧如旧。

漫川关老城内街巷立面景观有门楼、古窗、山墙的墀头、砖砌的烟囱、屋基的石台阶，但保存现状一般，要求采取加固保护措施；严格控制沿街建筑的外观材料、建筑高度，保持古街环境风貌协调。

3）建筑保护与风貌整饬

目前漫川关老城内尚存的传统建筑主要有少量的文物保护单位和未定级的"非文物"类民居，鉴于这两类建筑在年代风格断定及维护资金来源方面存在差异，本书认为应当采用"区别对待"的方式加以保护，才能具备较强的现实性。

（1）少量的文物保护单位。这类建筑的始建年代、改建时间及营造风格与技法等通常都比较明确，可制订针对性较强的保护修复计划，并且其维护费用由各级政府的文物保护专项经费来保障，故宜使用规范且专业的文物保护方法。在保护措施设计和实施的过程中，应坚持最小干预原则，要保持文物及其环境的原真性和完整性，所使用的材料必须符合可逆性与可读性。这类措施主要有维护、加固、替换及修复。常规维护是漫川关镇内所有文物建筑的基础保护措施。建议对存在结构问题的传统建筑在常规维护的同时采用加固保护的措施。建议对现存重要建筑及大部分民居院落在常规维护的同时进行局部替换，以维持其结构稳定与风貌完整。建议对老城中保存现状较差的传统建筑在常规维护的同时开展全面修复，以恢复其旧日风貌。

（2）未定级的"非文物"类民居。一般来说，这类建筑的始建年代、改建时间及营造工艺、风格等不易确定，没有办法制订统一的保护修复计划和方案。另外，这些传统民居无法享受政府的保护专项拨款，养护资金多为居民自筹，因此不宜采用专业保护方法，而应以恢复风貌为主。当然，要达到这一目的，必须由文物主管部门牵头，委托专业机构在依据重要建筑保护措施的基础上，制定民居维护修复的指导性建议，以规范民间的修缮行为。在方案公布后，建议全体居民共同遵守并加强监督。不过，必须对每一栋建筑登记建档之后才可采取保护措施，这里可以本书的调查结果为根据。结合该类建筑的实际情况以及我国现有文物保护体制，本章建议对该类建筑的保护可以考虑以下几类方式。

现状维持与监控：对于完整度较好的传统民居建筑，可采取保留原状的处理方法。这类建筑主要集中分布在秦、楚街交界的中心广场一带，本身结构稳定，外观风貌保持良好，其梁架结构及外围采用一般日常维护保养即可，建筑里面可进行装修改造，但须坚持不改变基本建筑结构的原则。为防止其保存状态进一步退化，地方文物主管部门可借助民间文物保护力量（如文物保护员）建立长期监测预警机制；对于出现明显衰退趋势的建筑，可重点监控。

改善：对于保存状况一般的传统民居建筑，可采用改善的处理方式。这类建筑通常结构稳定，但屋面、外立面等完整度不高，局部出现破损，对城镇风貌有一定影响。其梁架结构及外部采用一般日常维护保养即可，但需修复外部的破损与改变部分，修复时尽可能使用原始材料和工艺。建筑内里可进行装修改造，但不改变基本建筑结构。

整修：对于保存状况较差的传统民居建筑，建议进行全面整修。这类建筑不仅外立面、屋面残损，梁架结构也有不少问题，已基本不具备使用功能。整修时可根据具体情况进行局部或全部替换，并可对房屋屋面、外墙、门窗等进行更换，修复时建议使用原始材料与工艺。在不改变基本建筑结构的基础上，可进行建筑内部的装修改造。

整饬：对于建筑质量尚可，但建筑外观被显著改变的传统建筑，以及现代民居建筑，可采用外观整饬的手段，可考虑将屋面恢复为传统形式、将外墙和屋面材料替换为传统材料、将门窗替换为传统门窗等。

3. 管理机制

漫川关老城的保护管理工作应注重以下三个方面：首先，加强运行管理，注重专业管理，建立健全管理机构配置；其次，落实保护规划对保护区划的管理规定；最后，强调工程管理，近期应注重本体保护工程、展示设施工程及环境整治工程管理。

1）机构与设置

地方政府应起带头作用，联合地方文物主管部门、住房和城乡建设部门、交通部门、园林部门、环卫部门等组建专业的历史城镇保护管理机构。机构的主要职责如下：负责历史城镇保护规章制度的制定；负责与地方政府各部门协作，对各类与城镇保护相关的建设方案进行联合审核、检查和监控；负责各类保护工作的组织、协调和实施；等等。机构内设置三个领导岗位（即总协调人、负责人、常务负责人）。总协调人可由地方政府主管文物工作的领导兼任，主要负责与地方政府各部门间的业务协调；负责人必须由地方文物主管部门领导兼任，主要对机构内部的组织、宏观管理及与地方政府的沟通联络负责；常务负责人是机构的实际运营者与管理者，从考古、文博、建筑等相关行业公开选拔具有相关经验的人员担任。此外，也可考虑聘请行业内专家组建学术顾问组，进行技术指导，邀请当地居民作为地方联络人，负责保护政策的宣传与反馈意见的搜集。

2）制度建设

建立健全与历史城镇保护相关的各项规章制度，并进行公布和宣传。建立历史城镇保护居民联络会制度，可邀请一定数量的当地居民代表，定期召开座谈会，向当地居民公布最新的保护工作进展和下一阶段的工作计划，并收集反馈意见。此外，设立非定期的表决会机制，当涉及重大规章的制定和公布，重要工程的设计和施工等方面事项时，可临时召开会议，以及时征求民众意见，了解民众想法，并进行民主表决，增强民众对历史城镇的保护意识。

3）常规维护管理

应进一步规范地方文物保护员制度，并在此基础上建立日常巡视制度和文物建筑常规维护制度。定期定时保养文物建筑，减缓其衰退速度。建立传统建筑维修监督指导制度，规范民间修缮行为，保护城镇原始风貌。在此基础上，尝试借助社会力量，建设城镇传统建筑保护数据库及实时监控系统。

4）施工监管

负责城镇保护区划范围内各类工程申报的组织协调、施工单位资质审核、工程方案审核、施工过程跟踪监控和竣工验收等工作。

（二）环境与景观

1. 历史环境

地形地貌：对历史城镇周边地形地貌的保护应以遏制破坏为重点，严格禁止各种破坏地形地貌特征的生产和生活活动，如开山采石，平整土地，挖掘池塘、壕沟等。

水体：河道疏浚清淤，修整河岸，保持河流的传统尺度和走向。配置和定期检查污水处理设施，遏制生产、生活污水和废弃物进入河流。

植被：对城镇进行绿化，设计绿化方案时注意选用本地传统植物品种，保护区域内的道路绿化应禁止种植深根性乔木。

周边聚落：应严格限制周边现有聚落的规模；对聚落内部建筑的面积和立面形式应做出约束；对于已消失的聚落，应在考古勘探、发掘的基础上对其位置进行标识，并加以说明。

2. 景观风貌控制

1）基本设定

恢复城镇主要空间轴线方向的视觉通畅，改造或拆除妨碍视线的现代建筑。维持城镇的传统天际线形态，整改超过限制高度的现代建筑。恢复城镇的传统屋面形态，整饬现代建筑屋顶。改造或拆除影响传统街巷空间特征和尺度比例的现代建筑。在重要建筑、代表性民居院落及传统建筑片区附近应适度减少绿化覆盖率，凸显景观效果；在较大体量现代建筑（如政府、学校、医院等）周围应提高绿化覆盖率，种植一些高大的树木，实现隐蔽化处理。老城内各种线路和管道等，应依次改为地埋方式铺设。老城内各种指示标牌、说明牌等，应逐步替换为传统材质和形式；各种现代化的广告牌、灯箱、标语牌、店铺招牌和霓虹灯，应尽快拆除或进行仿古化处理；等等。

2）景观轴线

仅一条景观轴线，从秦街到楚街再到会馆街。

3）主要景观片区

建议设立三处景观片区，即古会馆片区、传统街巷民居片区、滨河风光片区。

4）主要观景点和视线通廊

共设五个景观节点，分别为一柏担二庙、中央广场、会馆街、水磨街中段、娘娘庙。主要视线通廊基本涵盖主要景观节点和观景点，即秦街、楚街、会馆街、娘娘庙至老城。清理视线通廊的景观干扰因素，严格控制视线通廊视域范围内的相关建设。

（三）设施与利用

1. 基础设施

基础设施改造必须以古镇保护和展示为重心，禁止对古镇重点建筑和景观风貌造成破坏。将古镇的基础设施建设与改造纳入城市整体规划。古镇的基础设施改造应以道路系统为框架，沿道路地下埋设给排水、电力、通信、燃气、供热等管线。通过基础设施的改造，杜绝污水任意排放、固体垃圾随意堆放的情况，使居民生活环境得到改善，并满足整个古镇展示和观光旅游发展的需求。

基础设施的改造应按规划分区、分期实施。首先，已实施基础设施改造的范围，应逐步废弃对重点保护建筑和环境景观造成影响的基础设施；尚未实施基础设施改造的地方，可继续利用现有的基础设施，不得新建、改建和扩建。

沿主要街巷埋设给水管道，将给水设施纳入市政给水管网系统。在已采用新的给水系统的范围内，应废弃原有的给水系统；在新的给水系统没有建成的区域，暂时继续利用现有的给水系统，不得新建、改建和扩建。生活用水达到生活饮用水卫生标准，农田和绿化带灌溉用水可考虑使用经净化处理的再生水，并使用节水的喷灌和滴灌设施。供水量设计指标应符合当地的需求，合理利用水资源。建议排水管网设计考虑雨水和污水分流。雨水利用明渠排放，排入区外河道。对古镇内的生活污水，利用小型污水处理设施进行处理之后，使其达到二级排放标准。在古镇内合理摆放灭火器和设置消火栓。

将镇内高排放、高污染、分散型的燃气和供暖设施，统一改造为低排放、低污染、集中型的燃气和供暖设施，集中供气、供暖，管道沿道路地下埋设。

统一管理古镇的垃圾处理系统。各区域按实际需求设置垃圾箱和垃圾站，并保证不对城镇整体景观产生破坏。在入口服务区、保护管理中心及各级文物保护单位、博物馆周围修建公共卫生间。公共卫生间外部风格应与古镇整体景观统一，其他设施参照旅游景区公共卫生间建设标准修建。

在古镇北入口处设置旅游服务区，满足古镇管理和游客基本需求。服务区的房屋建筑形式应与古镇景观相一致，内部设施依照旅游景区标准修建。

2. 展示利用

漫川关老城的展示应遵循"全面保护、体现格局、重点展示"的原则；以不破坏遗产为基础，体现古镇的真实性、可读性和遗产的历史文化价值，并实现社会教育功能；力求实现展示和保护相结合、单体文物建筑展示与整体格局展示相结合、文物本体展示与景观展示相结合、物质文化遗产与非物质文化遗产展示相结合。可以民居文化、自然风光和会馆文化等为主题，分以下三个展示功能区进行展示：古巷民居区、汉江风光区和会馆文化区。展示内容可包括但不限于：遗存本体，即构成古城的各要素，如宗祠建筑、传统公共建筑、传统民居建筑、相关文物建筑、历史街巷及古树名木等；遗存环境，即古城址、山体、河流、平川等要素；无形文化遗产，如通过古城建筑选址、材料、工艺、结构、装饰、风格、形制等反映出的建筑文化。展示方式可以考虑城镇格局、环境、建筑、陈列馆、场景模拟等。其中，城镇格局展示主要有古城选址、地形地貌和街巷等不同因素。环境展示主要指在实施环境综合治理、景观风貌控制等措施后，有目的性地选取一些基础条件较好的地段或节点加以重点培育，创造出适宜的环境。建筑展示可以现有的文物保护单位为基础，并进一步选取其中保存较为完整的作为专题陈列馆，也可另建新馆。馆内通过文字和图片等资料和实物展品，配合多媒体、声、光、电等进行室内陈列展示，使游客对相关历史信息了解更透彻，充分展示文物特色和价值。补充性展示方式为场景模拟，主要利用当地居民传统生产、生活方式及古街商业活动的场景模仿，更直观地展示城市文化特点，增加人们的沉浸式体验。

漫川关城镇规模很小，而且南北长、东西窄，故设计一条步行游线即可覆盖主要游览区域，即一柏担二庙—秦街—会馆建筑群—楚街—会馆街—娘娘庙观景台。同时，应考虑建立游客服务中心—游客服务点—服务设施三级游客服务体系。建议在古镇北入口处设置游客服务中心，建筑面积不超过 400 平方米。根据古镇内开放展示的重要建筑和古民居设置游客服务点（分别位于中央广场、娘娘庙观景点、水磨街中段），提供必要及基础性游客服务。

老城区的主要游览区域与其建议保护范围基本重合，则其可游览面积约为 0.18 平方千米。结合老城区的具体地形情况，游客的游览空间为150米^2/人。周转率按每天开放参观 12 小时计算，取值为 2。日最大环境容量 C=（A÷a）× D=（180000÷150）×2=2400（人次）。按每年 365 个参观日计算，年最大环境容量为365×2400=876000（人次）。

建议近期（15 年内）的保护工作按照轻重缓急分为三步。第一个五年内，完成古镇重点保护建筑保护举措、近期环境治理项目、一般展示宣传项目，进行旨在明晰古镇布局结构的考古勘察。完成保护规划编制、报批和公布程序；完善"四有"档案，开展古镇文物信息数据库建设；落实和完成保护和管理工程项目，如文物保护征地、保护范围界桩、文物保护碑、安防监控设施和重要文物点保护展示工程；完成保护区域、建设控制地带内环境治理工程，如电线迁埋、垃圾清理和河流整治等；完成展示工程，如古镇博物馆、近期展示工程项目、入口服务中心和停车场建设工程等；制定并向社会公布《漫川关历史城区保护管理条例》。第二个五年内，健全文物信息数据库建设，根据各项检测数据调整和制定相关对策，加大古镇范围内环境综合整治工作力度，完善展示内容，提升展示效果，加强历史环境修复与整体景观环境风貌保护，推动考古工作和相关研究工作，加大宣传力度，开展文物保护教育活动。第三个五年内，继续提高保护工作科技含量、改善生态环境和深化教育宣传等。

第五章 研 究 总 结

一、样本城镇的保存现状

本书通过连续三年的田野调查，共调查历史性小城镇 9 座，涵盖陕北、关中、陕南等区域，总共调查建筑 7320 座，街巷 48.343 千米。现将调查结果归纳如下。

（一）历史环境

历史环境这一术语，在近年来的各类国际国内公约、法规、文件、城市规划文本，以及研究性著作中业已成为一个高频词语。然而，关于其概念如何界定却鲜有人论及。既然以"历史"作为"环境"的限定条件，那么如何认识这种"历史性"，就是每一项研究应首先考虑的问题。本书认为，进入现代社会后，由于工业发展、农业变革、平整土地、开山采石、新式街区建设、环境污染、乱砍滥伐等一系列因素的影响，城镇周边的环境早已"重置"，甚至多次"重置"，从这种意义上来讲，城镇的"历史环境"是一个伪命题，并不具备科学层面的价值，其本身不过是现代人主观认识中对往昔环境的一种"仿真"。

不过，保持城镇周边环境不至于继续劣化，并不断提升其宜居程度，在现实层面上无疑具有积极意义。一般来说，由于未经上述各类现代化因素的破坏，"历史环境"与当下人们理解的良好的人居环境在相当大的程度上彼此重合。

鉴于此，本书从地形地貌、水体、植被、周边聚落等几方面入手，对 9 座样本城镇历史环境保存情况进行评估，结果如表 5-1 所示。

表 5-1　样本城镇历史环境保存情况一览

城镇	地形地貌（40%）	水体（20%）	植被（20%）	周边聚落（20%）	总评
韩城	高（30）	低（5）	中（10）	低（5）	中（50）
麟游	高（30）	高（15）	高（15）	中（10）	中（70）
陈炉	高（30）	高（15）	中（10）	中（10）	中（65）
米脂	中（20）	低（5）	中（10）	低（5）	低（40）
高家堡	高（30）	中（10）	中（10）	中（10）	中（60）
波罗	高（30）	中（10）	中（10）	中（10）	中（60）
蜀河	高（30）	中（10）	高（15）	中（10）	中（65）
石泉	高（30）	中（10）	中（10）	中（10）	中（60）
漫川关	高（30）	低（5）	高（15）	中（10）	中（60）

9 座样本城镇的历史环境保存状况的平均分值约为 59 分，即历史环境普遍保存较差。其中，麟游因从中华人民共和国成立后就实行了"新旧分离"的城市发展方针，在山下另辟新城，且老城位于山上，交通不便，已彻底农村化，不再作为现麟游县城区的功能模块，故其历史环境保存情况相对最好；米脂则因为一直以来新老城区嵌套发展，老城周边的传统聚落格局荡然无存，且因新城扩张造成地形地貌变化、水体污染、植被锐减等结果，故分值最低，与之情况相类似的还有韩城。

（二）历史格局

城镇的历史格局主要由两方面因素决定：一为轮廓形态；二为街区布局。前者一般等同于城市的平面边界，通常由城垣及环壕等古代城防设施标记；后者通过街巷围合而成，故取决于街巷道路的位置是否发生变动。经过评估，本书涉及的 9 座样本城镇的传统格局保存情况如表 5-2 所示。

表 5-2　样本城镇历史格局保存情况一览

城镇	轮廓形态（50%）	街区布局（50%）	总评
韩城	低（20）	中（30）	低（50）
麟游	高（40）	高（40）	高（80）
陈炉	高（40）	高（40）	高（80）
米脂	中（30）	中（30）	中（60）
高家堡	中（30）	高（40）	中（70）
波罗	中（30）	高（40）	中（70）
蜀河	低（20）	中（30）	低（50）
石泉	低（20）	低（20）	低（40）
漫川关	低（20）	中（30）	低（50）

9 座样本城镇的传统格局保存状况的平均分值约为 61 分，即传统格局普遍保存一般。其中，评估得分最高的为麟游和陈炉，最低的为石泉，韩城、蜀河、漫川关得分较低，陕北三城居中。从具体情况分析，两座高分城镇除了街巷布局基本保持原貌之外，麟游因为保留四面城垣，故拥有最好的轮廓完整度；陈炉的城防体系主要由"四堡"及因山就势的地貌共同组成，这一点不同于一般的平原城市，故没有传统意义上的城垣。4 座低分城镇中，石泉因城垣基本无存，且城镇北半部受新街区建设的影响而变化过大，旧有的轮廓格局已难以辨认，故得分最低；蜀河城垣基本无存，且城镇西北部新旧混杂；漫川关城垣荡然无存，城镇东部轮廓与街巷布局不明晰；韩城城垣荡然无存，但环城路的位置在一定程度上起到了标识城镇轮廓的作用，城区的边角区域街巷布局改变较为明显，其中东北区块受地产及旅游开发影响，变化尤为剧烈。

（三）街巷道路

本书共调查 9 座历史性小城镇中的街巷道路，里程共计 48343 米，其中陈炉因位于山坡，且沿山脊呈"展翼"状布局，故街巷道路蜿蜒往复，里程最长，计 17192 米；麟游因本身为"中国最小县城"，占地面积很小，街巷道路里程最短，计 1528 米。

通过进一步分析可知，保存较好的街巷有 25661 米，占比 53.08%；保存一般的有 22492 米，占比 46.53%，保存较差的有 190 米，占比 0.39%。平均来看，各城镇传统街巷保存较好的平均比例仅为 54.54%，其中保存较好街巷长度最长的是陈炉，有8902米，但占比却低于平均值2.76个百分点；其次为韩城，有4205米，低于平均值3.03个百分点；最短的为高家堡，有734米，低于平均值31.24个百分点。保存一般的平均比例为45.20%；保存较差的只有韩城。

从具体参数来看，传统铺装材料保存情况最好的为波罗和高家堡，分别为3704米和3150米，占比均达100%，高于平均值42.68个百分点；最差的为麟游，计293米，占比19.18%，低于平均值38.14个百分点。沿街立面方面，传统风貌立面保存的平均比例为35.68%，其中最高的为米脂，占比59.7%，高于平均值24.02个百分点；最低者为漫川关，仅为15.4%，低于平均值20.28个百分点，详见表5-3。

表5-3 样本城镇传统街巷保存情况一览

城镇	街巷总长度/米	总体保存状况						主要指标		
		保存较好/米	比例	保存一般/米	比例	保存较差/米	比例	传统地面铺装材料		沿街立面传统风貌
								长度/米	比例	
韩城	8163	4205	51.51%	3768	46.16%	190	2.33%	2935	35.95%	26.2%
麟游	1528	1079	70.62%	449	29.38%	0	0	293	19.18%	43.6%
陈炉	17192	8902	51.78%	8290	48.22%	0	0	7790	45.31%	29.5%
米脂	6033	3527	58.46%	2506	41.54%	0	0	5133	85.08%	59.7%
高家堡	3150	734	23.30%	2416	76.70%	0	0	3150	100%	30.2%
波罗	3704	1807	48.79%	1897	51.21%	0	0	3704	100%	57.7%
蜀河	3690	2070	56.10%	1620	43.90%	0	0	2155	58.40%	35.6%
石泉	1836	960	52.29%	876	47.71%	0	0	771	41.99%	23.2%
漫川关	3047	2377	78.01%	670	21.99%	0	0	913	29.96%	15.4%

虽然在传统地面铺装材料的保存程度方面，高家堡与波罗均为100%，但两者的实际情况并不相同。前者比例高是因为名气较大，旅游开发着手较早，城中主要街巷，如东西南北四条大街、同心巷、十字上下巷，南东头道巷、二道巷、三道巷等都进行了整修，将路面铺装材料替换为石材；后者则是因为长期缺乏重视，开发程度低，也几乎没有游客，比较"原生态"，因而除正对南门的主街近年来用石材翻新之外，城中其余道路基本保持青砖墁地或原始的黄土路面，且以土路为主。除去这些较为特殊的情况，总体而言，在全部9座样

本城镇中，传统街巷保存情况最好的当属米脂。

（四）重要建筑

本书中的"重要建筑"，指的是城镇中在历史上发挥政治、军事、经济、文化、宗教等方面功能的各类公共建筑，如衙署、文庙、学堂、寺观、坛祠、会馆等，是每一座传统城镇曾经的功能性建筑，是重要的组成部分。然而，随着时代变迁，这些建筑逐渐失去了往日的功能，又因为原初并不具备基本的居住功能，因而与传统民居相比，其在现代社会中的角色与定位往往更加尴尬。经调查，9座样本城镇中的传统重要建筑保存情况如表5-4所示。

表5-4　样本城镇传统重要建筑保存比例一览

城镇	保存比例
韩城	54.6%
麟游	8.7%
陈炉	15.2%
米脂	17.4%
高家堡	12.3%
波罗	42.5%
蜀河	38.6%
石泉	21.4%
漫川关	24.7%

样本平均值约为26.16%，说明重要建筑保存情况普遍较差，尚不足三成。其中，历史上有"小北京"之称的韩城，因城中古建筑等级较高，许多重要建筑在早年间就已被公布为文物保护单位而得以留存，故比例最高，超过五成，高出平均值28.44个百分点；麟游因中华人民共和国成立后即采用"新旧分离"的城市发展模式，老城区逐渐农村化，绝大多数重要建筑在被文物部门关注之前就已被当地居民改建为住房，甚至被拆除以获取建筑材料，因而留存比例极低，不足一成，低于平均值17.46个百分点。其余城镇的比例则基本在一成多到四成多。

（五）民居

在既往研究中，城镇中传统民居的总体保存情况往往最容易被忽视，并且缺乏详细的定量研究。鉴于此，本书主要从两个层面对样本城镇进行调查研究。第一个层面是传统民居的赋存总量与占比；第二个层面则是在第一个层面上的展开，即现有传统民居的保存完整程度。调查结果如表 5-5 所示。

表 5-5　样本城镇传统建筑保存情况一览

城镇	建筑总量/栋	现代建筑/栋	现代建筑比例	传统建筑/栋	传统建筑比例	传统建筑保存现状					
						较好/栋	比例	一般/栋	比例	较差/栋	比例
韩城	2579	1847	71.6%	732	28.4%	75	10.2%	541	73.9%	116	15.8%
麟游	176	85	48.3%	91	51.7%	0	0	47	51.6%	44	48.4%
陈炉	587	395	67.3%	192	32.7%	0	0	131	68.2%	61	31.8%
米脂	1970	1013	51.4%	957	48.6%	178	18.6%	532	55.6%	247	25.8%
高家堡	677	456	67.4%	221	32.6%	0	0	141	63.8%	80	36.2%
波罗	143	69	48.3%	74	51.7%	0	0	43	58.1%	31	41.9%
蜀河	499	397	79.6%	102	20.4%	4	3.9%	32	31.4%	66	64.7%
石泉	407	297	73.0%	110	27.0%	0	0	73	66.4%	37	33.6%
漫川关	282	210	74.5%	72	25.5%	21	29.2%	34	47.2%	17	23.6%

本书共调查 9 座样本城镇中的 7320 栋建筑，其中包括 2551 栋传统建筑和 4769 栋现代建筑，分别占比约 34.8% 和 65.2%，样本城镇平均传统建筑保存比例为 35.4%，总体比例偏低。从区域角度看，陕北样本普遍好于另外两个区域，而陕南地区则普遍较差，3 个样本均低于 30%。在 9 座城镇中，传统建筑保存比例最高的为麟游和波罗，均高于平均值 16.3 个百分点，或与两城均交通不便、开发程度较低有关；最低的为蜀河，低于平均值 15 个百分点，可能是因为初始镇域过于狭小，现代街区沿河岸扩张后造成两者比例失当。

传统建筑保存情况方面，在 2551 栋传统建筑中，保存较好的仅有 278 栋，占比 10.9%，样本平均值仅 6.9%。其中，最高的为漫川关，占比 29.2%，高于平均值 22.3 个百分点，这一方面是因为其传统建筑保存总量最少，仅 72 栋，另一方面则是由于近年来当地政府对中央广场周围的会馆建筑进行了统一修缮，故建筑保存完好的程度较高。值得注意的是，麟游、陈炉、高家堡、波罗、石泉 5 座城镇已没有保存状况较好的传统建筑。保存一般的有 1574 栋，占比 61.7%，其中最高的为韩城，最低的为蜀河。保存较差的有 699 栋，占比为 27.4%，其中最高的为蜀河，最低的为韩城。

（六）街区衰退

通过比对历史地图数据，近年各城镇街区传统风貌衰退情况及趋势如表 5-6 所示。

表 5-6　样本城镇街区衰退情况一览

城镇	街区衰退比例	年均衰退速率	街区传统风貌消失所需时间/年
韩城	18.6%（2003—2018 年）	1.24%	23—66
麟游	6.6%（2013—2021 年）	0.83%	62—113
陈炉	8.8%（2011—2021 年）	0.88%	37—104
米脂	12.8%（2013—2021 年）	1.60%	30—55
高家堡	19.4%（2012—2021 年）	2.16%	15—37
波罗	9.1%（2010—2021 年）	0.83%	62—110
蜀河	9.7%（2011—2021 年）	0.97%	21—93
石泉	6.8%（2012—2021 年）	0.76%	36—123
漫川关	9.7%（2014—2021 年）	1.39%	18—65

需要说明的是，这里计算的年均衰退速率仅为比较粗略的估算数值，这是因为，一方面，通过地图数据能够识别的只是非常明显、外在的区域变化，至于每个院落、建筑内部的翻新、改造等则不得而知，因而这一数值可能仅为实际速率的下限；另一方面，具体到每一座城镇，变化往往不是线性、匀速的，经常呈现阶段性增幅特征，而这种集中于某一阶段的显著变化，既可能发生在本书的统计年限区间之内，也可能发生于之前，这都会对最后的结果带来比较大的影响。例如，高家堡在近十年间经历了较为集中的旅游开发和文物重建，又恰好发生在统计年限区间之内，故贡献了样本城镇中最高的年均衰退速率。基于上述原因，严格说来，本书的计算数据或然性较大。不过，尽管如此，从中得出的年均衰退速率平均值——1.18%，仍然具有现实的借鉴意义。

进而，在假设年均衰退速率不变的前提下，可对各城镇的理论衰退极限加以估算。这里又有两种算法：一种是假设之后的变化全部发生于传统部分，这样可以得出衰退年限的下限；另一种是假设变化均匀发生于城镇的每一部分，这样可以得出衰退年限的上限。平均计算下来，年限区间主要在34—85年，趋势不可谓不严峻。

（七）主要问题

综上所述，通过对 9 座样本城镇的调查、统计、分析与归纳，可以看出，陕西省历史性小城镇的保存现状总体不佳，如传统建筑保留下来的仅三成多，重要建筑不足三成，老街巷仅五成多，街区年均衰退速率为 1.18%等，说明这些在人们印象中曾经的"历史城镇"早已名实难副，传统风貌已濒临消亡，保护形势极其严峻。然而，恰恰是如此重要的事实，一直以来却为研究者所忽视。在本书之前，尚未有人通过系统的田野调查从定量层面揭示这一问题——既有研究以定性描述、理论架构或数学建模为主，然而在不掌握基本事实的基础上进行分析、制定对策，其科学性值得商榷。本书认为，不管是"高大上"的理论，还是建模型，都无助于现实问题的解决。历史性小城镇在当下的存续困境，根本原因在于城镇功能的衰退与失衡。正如疾病的医治需要先治疗后调理，历史城镇的保护亦同此理，首先需要在最短时间内遏制病情的发展，即阻止新破坏的发生，减缓衰退的速度；其次需要逐步进行政策、法规等方面的调整，恢复城镇功能，使其回归健康发展的轨道。这应是历史城镇保护的基本逻辑。

二、基本保护策略

历史城镇保护工作的重点应放在遏制破坏、设立专门保护管理机构、建立保护管理机制、进行环境整治和基础设施改善等方面。

（一）保护区划的设定

《中华人民共和国文物保护法》（2017 年）第十五条规定，"各级文物保护单位，分别由省、自治区、直辖市人民政府和市、县级人民政府划定必要的保护范围，作出标志说明"，同时又在第十八条中规定，"根据保护文物的实际需要，经省、自治区、直辖市人民政府批准，可以在文物保护单位的周围划出一定的建设控制地带，并予以公布"。根据以往工作经验及调查中了解到的实际情况，本书建议，除少数城镇体量极小的特殊案例外，一般情况下，应在保护范围、建设控制地带之外再加设景观协调区。其中，保护范围主要承担对遗址本体的保护；建设控制地带负责对遗址周边一定范围建设行为及建筑体量的控制；景观协调区则致力于对城镇历史环境的保护与恢复。针对陕西省历史性小城镇的保护区划，本书建议如下几个方面。

1. 保护范围

（1）划定依据。在实际操作中，由于文物周边环境的复杂性，"文物本体外延 100 米"这一标准很难严格贯彻，有时也不宜墨守成规，不然可能会产生令人啼笑皆非的后果。例如，在十多年前，在编制某处近现代史迹保护规划的过程中，就曾出现因固守条款，以致保护范围边界线将民居一分为二的情况。鉴于此，在后来的修订中取消了这一规定。本书认为，在划定保护范围时，需考虑四个方面的问题。第一，是否能够保证一定的空间范围，即不宜过近；第二，要充分考虑城镇周边存在附属设施的可能，为将来的考古工作留有余地；第三，若毗邻现代城市建成区，是否会对现代城市造成过度影响；第四，城镇周边一定距离内是否有诸如道路、河流、农田、山体等人工或自然界线，如有，可善加利用。一般情况下，建议将保护范围划在城镇外延 200—300 米的距离即可。

（2）基本设定。历史城镇是珍贵的文化资源，一旦遭到破坏便不可再生。因而，在保护范围内，文物保护的原真性与完整性两大原则具有不可动摇的优先地位。原则上，保护范围内只能开展各类与文物保护相关的施工。而且在保护措施、工程等实施的过程中，必须遵循可逆性、可读性及最小干预等原则，并依法报文物主管部门审批，同时向上一级文物主管部门备案。对于已存在于保护范围内的聚落、建筑群或单体建筑，若已对文物本体造成破坏，或虽未造成破坏，但产生了实质性威胁的，应尽快拆除，并协助居民搬离遗址区；若对文物本体造成直接破坏，也没有实质性威胁的，短期内可不搬迁，不过，须对其整体规模、容积率等进行严格的限制与监控，同时，还应对其外观加以修整，使其与城镇传统风貌相适应，且高度一般不宜超过 6 米。最后，还应对保护范围内的人口承载力进行测算，以某一年限为止，设定人口密度上限。

2. 建设控制地带

（1）划定依据。虽然《中华人民共和国文物保护法》（2017 年）未对建设控制地带的配置做出强制规定，但本书仍建议在城镇保护中将其列为必选项，这是因为建设控制地带事实上承担了多重职能。首先，在保护范围与现代人类活动之间保留必要的隔离与缓冲地带，大幅减轻保护范围受到的压力。若无建设控制地带，则保护范围孤悬于外，直面冲击。其次，建设控制地带对各类建设行为的制约，在一定程度上发挥了保护城镇外围潜在遗存的作用。最后，建设控制地带对建筑高度、密度、风格等方面的限定，对保护城镇周边的历史环境与景观具有积极作用。建设控制地带一般以城镇外延 500—800 米为宜，若该范围内分布村庄等现代小型聚落，建议将边界适度外扩，直至将该聚落完全纳入为止。

（2）基本设定。建设控制地带具有文物保护与景观风貌控制的双重属性。建设控制地带内，开展各类活动的前提是坚持文物保护的原真性与完整性。区内用地性质可包括文物古迹用地（A7）、绿地广场用地（G）、公共设施用地（U）、道路交通用地（S）、居住用地（R）、公共管理服务用地（A）、商业用地（B），其分配优先级排序应为 A7＞G＞U＞S＞R＞A＞B。应注意，绿地广场用地类别应以公园绿地（G1）为主，以生产防护绿地（G2）、广场用地（G3）为辅；道路交通用地类别应仅限于城市道路用地（S1）、公共交通设施用地（S41）及社会停车场用地（S42）几个小类；居住用地类别应仅允许规划一类居住用地（R1）；公共管理服务用地类别应仅限行政办公用地（A1）、文化设施用地（A2）和教育科研用地（A3）；商业用地类别应仅限零售商业用地（B11）、餐饮用地（B13）、旅馆用地（B14）及娱乐康体设施用地（B3）。建设控制地带内，应开展全范围考古勘探，以明确与城镇有关的潜在遗存的分布情况。可进行一般性建设，但工程选址必须避开已探明遗存的位置，并向文物主管部门备案。区内建筑必须与城镇传统风貌相适应，且高度一般不宜超过 9 米。除考古勘探、文物保护和建筑风貌改善之外，建设控制地带内还应注重自然环境的保护与恢复。最后，还应对保护范围内的人口承载力进行测算，以某一年限为止，设定人口密度上限。

3. 景观协调区

（1）划定依据。设立景观协调区在相关法规中并无明确的依据，但考虑到历史环境对于城镇整体保护的重要性，本书仍建议，在可能的情况下，尽量加设这一区域。该区域的划定因为完全从环境与景观角度出发，故应尽量考虑以城镇所在的小地理单元为范围，如某段河谷、盆地或山前阶地等。界线除了道路、桥梁等人工物之外，还可考虑山脊线、河岸等自然边界，范围一般在 1000—2000 米。

（2）基本设定。景观协调区的用地性质应以绿地广场用地（G）为主，以公共设施用地（U）、道路交通用地（S）、居住用地（R）、公共管理服务用地（A）、商业用地（B）等为辅。该区域功能较为单纯，应以城镇历史环境的修复与维护为主，同时可在传统与现代聚落环境之间设立必要的防御及缓冲区域。应注重保护与城镇选址直接相关的地形地貌特征，禁止各类破坏山体及平整土地的行为；还应保护自然水体，以及农地、林地、草地等维持城镇历史环境的关键元素。建设方面，应尽可能地使用环保型材料，建筑风格应与城镇传统风貌相协调，建筑体量不宜过大，层数不超过 7 层，高度不超过 24 米。

（二）历史文化资源保护

1. 传统格局

保护城镇的传统格局，首先要实现对其历史轮廓的保护。对于一般城镇而言，这种轮廓或边界多以城墙、界墙、环壕等为标志。就调查中所见，各城镇原有城垣的保存状况普遍很差，大多已不复存在，故建议先在城垣及城壕已消失的区段开展考古勘探，以明了其具体位置与范围。之后对保存状况不同的区段，采用对应的保护措施，如对保存现状较好的区段，建议采用加固保护和生物保护的方法，对夯土城墙发生表面剥片、空洞、裂隙的，采用土坯和夯土砌补、裂隙灌浆、锚杆锚固和表面防风化渗透加固等方法进行保护；对破坏严重、城墙遗迹在地表局部残存的区段，建议采用覆盖保护方式进行保护；对破坏严重、城墙遗迹在地表已基本无存的区段，建议采用覆盖保护方式进行保护，并采用植物或非植物方式进行标识。

其次则是保护城镇传统的街区布局。对于留存至今的街巷道路，应确保其基本位置、走向等不发生改变；对于局部改变的街巷道路，则应在可能的情况下，恢复其原有位置及走向；对于已消失的街区，可考虑采用植物或非植物方式标识其原有布局，并配套相关说明；同时应禁止在老城区内修建新道路。

2. 传统街巷

应保持原有街巷的空间尺度。对于保存状况较好的街巷，应在维持现有的街巷宽度不变的基础上，严格控制街巷两侧建筑的高度；对于保存较差，需要进行风貌整饬的街巷，则应注意在整饬过程中保证合适的 D/H 值。

地面铺装材料方面，应尽量继续沿用传统材料。对于仍为石料、青砖的地面且铺装完整度较好的街巷，应采取日常保养和加固修缮的保护措施；对于仍为石料、青砖的地面，但局部路面出现破损或者破损严重的街巷，应使用石料、青砖进行路面补修；对于土路路面的街巷，可保持原状，但在游客流量较大的区域，可采用烧黏土加固等路面硬化技术加以保护；对于地面铺装已替换为沥青、水泥等材料的街巷，应采用传统材料、传统工艺技术加以整修使其恢复旧貌。

应严格控制沿街建筑的外观材料、建筑高度，保持古街环境风貌协调。

3. 重要建筑

这类建筑的始建年代、改建时间及营造风格与技法等通常都比较明确，并且其维护费用由各级政府的文物保护专项经费来保障，故宜采用规范且专业的文物保护措施。在保护措施设计和实施的过程中，应注意遵循最小干预原则，且不得损害文物及其环境的原真性与完整性，所使用的材料必须具有可逆性与可读性。这类措施主要有维护、加固、替换及修复。

4. 民居

一般来说，民居的始建年代、改建时间及营造工艺、风格等不易确定，故无法制订统一的保护修复方案。另外，这些传统民居大多未进行文物定级，不享受政府的保护专项拨款，养护资金基本需要居民自筹，因而应以恢复风貌为主要诉求。当然，要实现这一目的，必须由文物主管部门牵头，委托专业机构在参照重要建筑保护措施的基础上，制订民居维护修复的指导性建议及参考方案并进行公布和监督，以引导、规范民间的修缮行为。不过，对这一类建筑采取任何保护措施的前提，是对每一栋建筑进行登记建档，这里可以本书的调查结果为参考。从该类建筑的实际情况出发，结合我国现有文物保护体制，本书建议，在制定指导意见时，可以考虑从以下几个方面加以规定。

对于保存较好的传统民居建筑，建议采取保留原状的处理方式。这类建筑本身结构稳定，外观风貌保持良好，其梁架结构及外立面采用一般日常维护保养即可，建筑内部可进行装修改造，但不改变基本建筑结构。为防止其保存状态进一步劣化，地方文物主管部门可依托民间文物保护力量（如文物保护员）建立长期监测预警机制；对于出现明显衰退趋势的建筑，可设立重点监控制度。

对于保存状况一般的传统民居建筑，建议采取改善的处理方式。这类建筑通常结构稳定，但屋面、外立面等有一定程度的残损或改变，对日常使用及城镇风貌有一定影响。其梁架结构及外立面采用一般日常维护保养即可，但外部的破损与改变部分需加以修复，修复时倡导使用原始材料与工艺。建筑内部可进行装修改造，但不改变基本建筑结构。

对于保存状况较差的传统民居建筑，建议进行全面整修。这类建筑不仅外立面、屋面残损，梁架结构也经常存在各类病害，建筑质量严重下降，已基本不具备使用功能。可视情况对其梁架结构进行局部或全部替换，并对房屋屋面、外墙、门窗等进行更换，修复时倡导使用原始材料与工艺。建筑内部可根据提升生活质量的需求进行装修改造，但不改变基本建筑结构。

对于建筑质量尚可，但建筑外观被显著改变的传统建筑，建议采用外观整饬的手段。整饬内容包括但不限于降低建筑高度、将屋面恢复为传统形式和传统材料、将外墙材料更换为传统材料、将门窗更换为传统门窗等。

5. 文化空间

每座城镇都有地方性的民俗、节庆、宗教、民间信仰等方面的活动，但在现代化进程中，其所依托的物质空间，如寺庙、宫观、祠堂等大多被拆除或改建，失去了原生的"文化空间"，致使这一类非物质文化遗产的保护与传承雪上加霜。鉴于此，本书建议，应将这一方面的考量纳入城镇保护工作之中。不过，各城镇中现有空间大多十分紧张，难以专门开辟区域来开展该类活动，故建议对于一些已年久失修、结构失稳且无人使用的现代建筑，如废弃厂房、仓库、民宅等，可考虑直接拆除。拆除后的空间作为公共活动场所使用。

（三）辅助措施

1. 管理体制

本书建议，历史性小城镇的保护管理工作应依托专门的保护管理机构并注重以下三个方面：加强运行管理，强调专业管理，健全管理机构配置；落实保护规划对保护区划的管理规定；加强工程管理，近期应注重本体保护工程、展示设施工程及环境整治工程管理。

1）机构与设置

建议由地方政府牵头，地方文物主管部门、住房和城乡建设部门、交通部门、园林部门、环卫部门等共同组建专业的历史城镇保护管理机构。机构的主要职责如下：负责制定历史城镇保护规章制度；负责组织与实施各类保护工作；负责与地方政府各部门合作，对城区内各类基础设施建设方案、建筑方案、商业开发计划等进行联合审核、检查、监控；负责就城镇保护事项与地方政府部门、企业事业单位、当地居民等进行协调与协商。机构内设置总协调人、负责人、常务负责人三个领导岗位。总协调人可由地方政府主管文物工作的领导兼任，主要负责与地方政府各部门间的业务协调；负责人必须由地方文物主管部门领导兼任，主要负责机构内部的组织、宏观管理及与地方政府的沟通联络；常务负责人由从考古、文博、建筑等相关行业选拔的具备丰富不可移动文物保护工作经验的人员担任，负责机构的实际运营与管理。此外，应聘请一定数量的行业内专家，组建学术顾问组，负责技术指导；还应邀请当地居民作为地方联络人，负责保护政策的普及与反馈意见的收集。

2）制度建设

应健全、完善与机构内部运行有关的各项制度，制定并公布文物安全条例、"三防"应急预案、城镇文物与历史风貌保护行为准则、传统建筑保护条例等规章，并建立各类未定级传统建筑的登记建档工作制度。同时，应组织相关领域专业力量，尽快研究制定《传统建筑修缮指导意见》《传统建筑修缮方案示例》等指导性技术文件，并向社会公布。

应建立历史城镇保护居民联络会制度，向当地居民公布最新的保护工作进展及下阶段的工作计划，并收集反馈意见。此外，还应设立非定期的表决会机制，当涉及重大规章的制定、公布，重要工程的设计、施工等方面事项时，可临时召开表决会，以及时征求民众意见与建议，提高民众对历史城镇保护的参与感与积极性。

3）常规维护管理

应进一步完善地方文物保护员制度，并在此基础上建立日常巡视制度。考虑到实际情况，建议可分片包干，采取以下工作频率：保护范围内每日一巡、建设控制地带内每两日一巡、景观协调区内每周一巡。建立文物建筑常规维护制度，定期维护与监控，延缓其衰退。建立传统建筑维修监督指导制度，指导民间修缮行为，保护城镇风貌。在以上基础上，可尝试与社会力量合作，进行城镇传统建筑保护数据库及实时监控系统的建设。

4）施工监管

保护管理机构应负责城镇保护区划范围内保护修复、环境整治、景观提升、展示利用、基础设施改善等各类工程申报的组织协调、施工单位资质审查、工程方案审核、施工过程跟踪监控、竣工验收等工作。

2．环境与景观

（1）历史环境修复。地形地貌：考虑到历史城镇周边地形地貌的变化往往体量巨大，使其尽复原状将耗费庞大的人力、物力、财力，不具备现实可行性，因而对其保护应以遏制破坏为主。

水体：保持河流的传统尺度与走向。配置污水处理设施，加强水体长效管护。

植被：开展城镇周边山体、台塬绿化及城镇道路绿化，设计绿化方案时应注意选用本地传统植物品种，保护范围内的道路绿化应避免种植深根性乔木，维持生态平衡。

周边聚落：应严格限制周边现有聚落的规模；对聚落内部建筑的体量和立面形式应做出限制，具体可参照建设控制地带要求，但可依实际情况进行适度放宽；对于现已消失的聚落，应在考古勘探、发掘的基础上对其位置做出标识与说明。

（2）景观风貌控制。恢复城镇主要空间轴线方向的视觉通畅，保护城镇的传统天际线形态，恢复城镇的传统屋面形态，保持传统街巷空间特征及尺度比例。在重要建筑、代表性民居院落及传统建筑片区周边应适度减少绿化覆盖率，起到景观突显效果；在政府、学校、医院等较大体量现代建筑周边应加强绿化，实现隐蔽化处理。城内各种线路、管道等，应逐步改为地埋方式铺设。城中各种指示标牌、说明牌等应逐步更换为传统材质与形式。整治城镇环境，保持清洁容貌。

在实际操作中，建议围绕以下元素进行：①确定景观轴线，串联城内重要建筑；②划设景观片区，以重要建筑或建筑群作为每一片区的组织核心；③设立主要观景节点；④划分视线通廊，并清理范围内的景观干扰因素，控制视线通廊视域范围内的相关建设。

3. 展示与利用

建议在深入挖掘历史性小城镇价值的基础上，积极推进城镇的展示与利用。历史性小城镇拥有较为丰富的自然与人文旅游资源，建议整合各类资源，建立完整的展示体系。根据历史文化资源的文化价值与保存现状，确定展示对象。研究历史文化资源的环境承载力，控制展示利用强度。规范和完善展示、服务设施，加强游客管理，确保文物的安全性、管理的有序性。将城镇的展示利用纳入当地和省级旅游资源整体规划，使城镇与周边旅游资源、相关文物和旅游部门、社会各领域建立和谐关系，争取广泛的支持与合作。

（1）展示主题、分区与内容。建议每座城镇从自身的历史传统出发，提炼若干展示主题。例如，陕北地区可以考虑边城文化、陕南地区可以考虑商贸文化、关中个别城镇可以考虑陶瓷文化等，并依托主题设立不同的展示区。

不同的展示主题可对应不同的展示内容，一般包括：①文物本体——城镇格局、街巷、城墙、建（构）筑物、石刻、遗址、古树名木及附属文物等。②文物环境——地区传统景观特色，独特的聚落空间特征、城镇选址、格局变迁、周边山形水系等；非物质文化遗产。

（2）展示方式。展示方式包括原状展示、标识展示、环境综合展示、场馆展示、模拟展示等。其中，原状展示为主要的展示方式，对城镇中大部分重要建筑、民居、城垣、街巷等均可采用该方式；对于城镇中业已消失的城垣、城壕、街巷、重要建筑等遗迹，可采用植物或非植物材料在地表进行标识展示；对于城镇内部的街区环境，以及外部的自然与人文环境，可通过环境整治、道路改善、设立景观节点、清理视线通廊等多种手段相结合的方式进行环境综合展示；对于城镇中的可移动文物、老物件、历史资料、影像资料等，可建立场馆进行城镇史的专题展示；通过各类虚拟、模拟技术，直观再现城镇传统生产、生活、商业活动等场景。

（3）展示路线、展示设施与游客容量控制。老城区因为道路狭窄、人流量大等原因，应尽量限制机动车辆进入。

展示路线设置方面，应考虑尽量利用原有街巷道路，采用步行游览方式，形成城镇内部交通展示系统。

展示设施方面，包括专题陈列馆、解说及标识系统、服务设施等。为了不破坏城镇传统风貌，专题陈列馆可采用改造旧公共建筑的方式设立。解说及标识系统主要由图文标识和影音解说系统共同构成，一般应在城镇各入口、展示路线、主要景观节点等位置设立说明及标识，在陈列馆、重要建筑等关键节点设置影音解说系统，在已消失的各类遗迹处进行标识等。服务设施分为两类，一类是常见的能够满足参观者食、宿、购、娱的设施，但必须与城镇整体风貌相协调；另一类则是为相关的历史、艺术、考古等方面学术研究预留的设施。

游客容量控制方面，应着手建立、健全关于游客管理的日常制度，制定高峰时期游客安全保障应急预案，并设立专门游客管理岗位，提升游客管理水平和综合服务能力，以及建立游客信息和安全监测系统，积累相关信息，为后续科学管理提供数据支撑。游客容量控制应满足文物安全承载能力、生态环境承载能力、观赏心理舒适要求、功能技术等相关标准。依据游客容量的实际监测结果，以及对文化遗产的有效保护和合理利用原则，对测算游客容量进行动态调整。游客容量应与生态环境容量相协调。联合周边区域旅游体系，调节、疏导集中季节、集中时段的游客容量。

在调查过程中，本书发现，历史性小城镇需要进行的基础设施改造及提升主要集中在以下几个方面。

防灾方面，结合传统民居的修缮和改造，逐步提高建筑的耐火等级，对用火、用电设施进行全面改造，控制建筑密度，考虑防火间距。各项建设严格执行国家颁布的消防规范，健全消防设施，新建工程规划建设时保留消防通道和建筑物的防火间距，做好重点历史文物建筑的消防工作。消防给水管道与生活给水管道共用，布置规划区消防给水系统，给水管网应连成环状，沿城镇道路布置消火栓，消火栓最大间距不超过 120 米。以城内主要街道作为消防通道，其在作为主要旅游步行街的同时要考虑发生消防事故时消防车的通行，保证发生消防事故时车辆通行宽度不小于 4 米，净空不小于 4 米。

对城内建筑实施减震、防震措施专项设计，对陈列展示的文物需采取减震、隔震措施，提高抵御外力侵害能力，确保建筑及文物的安全。强化应急值守工作，安排专业应急人员值守，随时通过网络及时了解地震灾情，做好应急准备工作；规划建设灾难避险开敞空间，开展应急演练工作，组织居民进行紧急避险疏散，提高应急应对能力。

通过综合运用土壤保持、植被保护等生态保护和建设措施，工程措施和生物措施相结合，进行综合治理，缓解旱、涝、洪等自然灾害，防治重大破坏性影响。城外河道的防洪工程等级参照《防洪标准》（GB 50201—2014）设计。

内部道路改造方面，应注意其主要目的是恢复城镇历史风貌，故以道路铺装材料复原为主，而且改造标准是按照人行道而非车行道，改造完成后应禁止机动车驶入老城或其历史核心区。

建议在城镇外围靠近各出入口的位置建设一定数量的停车场，供当地居民及游客使用。既可充分利用现有空地，也可采用废弃建筑改造或征地的方式。

城内排水采用雨污分流制。疏通城中现有排水暗渠，并以这种形式为基础逐步完善排水系统，有效排出雨水；城内污水排放应纳入市政污水排放系统，规划污水管道埋深结合地块给排水的要求及街道下综合管线的布置，雨水口、污水检查井等排水设施的改造和设置应结合街道铺装及古城风貌进行。周边若有山体，应沿登山道路修建排水管道，在积水地段修建排水渠，防止雨水过度渗漏导致的山体滑坡等地质灾害。景观协调区内河流污染治理应达到《地表水环境质量标准》（GB 3838—2002）Ⅲ类标准要求。

改造线路架设方式，主要街巷电力电信线路、燃气管道采取地埋敷设的方式，不同用途线路尽量分孔敷设，达到古城整治所要求的景观效果。

环卫方面，地方政府应配合古城环境整治和旅游开发，为游客和居民提供清新整洁的古城环境。实行垃圾分类，密闭式收运、就近回收利用资源。环卫设施的设置应方便游客和居民的使用，防止二次污染，切实保障人民群众的身体健康，保持古城清洁容貌。

生活垃圾：通过垃圾收集袋装垃圾，由人工或小型电动垃圾车运至垃圾收集点，再通过垃圾车运至垃圾转运站，最终送至垃圾处理厂。

建筑垃圾：由建设单位或居民根据环卫部门和古城风貌保护的要求来自行收集和清运处理，或由环卫部门运至指定的地点处理。

根据实际情况，应在各条街巷内结合景观风貌合理地建设垃圾收集点。垃圾收集点的服务半径尽量不超过 70 米。

古城内设置的环卫设施均应符合古城风貌，便于垃圾清运。垃圾箱应美观、耐用、防雨、阻燃，设于街巷两侧或游客停留观赏区、广场、停车场等的路口，主要旅游步行街按间隔 20—50 米设置，主要街道按 50—100 米设置，次要街道内部按照 100—200 米或两端设置。

公共卫生间按每座服务半径 300—500 米设置，沿主要步行街道及靠近游客停留观赏区设置。在过渡阶段，粪便要进入化粪池处理后，定期清掏外运，无害化处理后可做农用肥料，待污水处理厂和污水管网完善后，粪便直排污水处理厂进行生化处理。

三、关于长期保护的思考

对于历史性小城镇长期性（10 年或 15 年以上）保护策略的探索，应在成功实施上节所述之基本保护措施，令各类破坏与劣化在短期内得到遏制或缓解，各类传统建筑得到妥善维护与修复的基础上，通过对城镇发展模式的反思与调整来实现。本书涉及的 9 座样本城镇，反映出两种不同的城市发展模式——"新旧分治"与"新旧同治"，其中，韩城、麟游、波罗 3 座城镇符合前者，陈炉、米脂、高家堡、石泉、蜀河、漫川关 6 座城镇则属于后一种情况。"新旧分治"指的是在老城区外另设新城，双中心并驾齐驱的城市发展模式，与传统的老城在内、新城在外的"同心圆"式城市结构差异明显。在我国的历史学术语境下，这种规划思想的产生与现代化进程相关联，其开端可追溯至 20 世纪 50 年代的"梁陈方案"，并且由于该方案的夭折，以及后来诸如北京、西安、南京等古都历史面貌的大幅度退化，而被视为一种具有文化遗产保护作用的城市发展方针。

进入 21 世纪后，随着城镇化的不断推进，新的问题也逐渐产生——老城发展停滞，与新城区隔阂加大，日益边缘化。这一现象也引起了个别学者的关注。2002 年，刘临安、王树声撰文对"新旧分离"的保护模式进行了反思，认为该规划思想本身是正确的，但在发展中忽视了"适时性"，既未能及时化解分离过程中产生的矛盾，也未能及时培养新的城市机能如旅游产业，致使老城和新城无法融为一体①。2013 年，张明辉、黄明华再度关注该问题，他们肯定了"新旧分治"模式在城市文化遗产保护方面的积极作用，指出老城区的问题在于失去了多样性，主张应以老城为中心，在培育新的城市职能（如发展旅游业和商业）的同时，逐步搬迁居民，并在城市形态上与山水融合，实现新城老城分而不离、协同发展②。

　　事实上，除上述专题探讨"新旧分离"的成果外，学界对该问题的关注已有二十余年。早在 1999 年，阮仪三、王景慧、王林就将"传统城市风貌型"历史文化名城，定义为"具有完整的保留了某时期或几个时期积淀下来的完整的建筑群体的城市"③，并指出"具有文物保护价值"的古建筑（含民居）约占老城整体面积的 15%。2006 年，吴朋飞、李令福从《西安宣言》的精神出发，强调"新旧分离"对古城的本体保护是适宜的，不过应注意与环境保护相结合④。在 2007 年的中国城市规划年会上，黄明华、王静提出应采用包围或半包围的方式优化城市整体及老城空间布局，使老城融入新城发展⑤。2014 年，学界对该问题的关注度明显提高，张彬强调应在旅游功能、传统商业空间、民居功能置换等方面采取措施，保证古城传统风貌的延续⑥；白少甫则提出"两层面（物质、精神）、两原则（营造特色、以人为本）、三层

　　① 刘临安、王树声：《对历史文化名城"新旧分离"保护模式的再认识——以历史文化名城韩城与平遥为研究案例》，《西安建筑科技大学学报》（自然科学版）2002 年第 1 期。

　　② 张明辉、黄明华：《新旧分离，"分"而"不离"——对韩城未来城市发展的思考》，中国城市规划学会：《城市时代 协同规划——2013 中国城市规划年会论文集》，青岛：青岛出版社，2013 年。

　　③ 阮仪三、王景慧、王林：《历史文化名城保护理论与规划》，上海：同济大学出版社，1999 年，第21 页。

　　④ 吴朋飞、李令福：《从本体保护到环境保护——以历史文化名城韩城为例》，《西北民族研究》2006 年第 4 期。

　　⑤ 黄明华、王静：《韩城老城复兴与城市总体布局关系思考》，中国城市规划学会：《和谐城市规划——2007 中国城市规划年会论文集》，哈尔滨：黑龙江科学技术出版社，2007 年。

　　⑥ 张彬：《功能转变下的韩城古城传统风貌延续的研究》，西安建筑科技大学 2014 年硕士学位论文。

次（城市、街区、单体）、三模式（保护、利用、发展）"的传统商业空间重构策略①；刘冠男从人、居住、社会、自然、支撑系统五要素入手分析，指出历史环境的保护范围应从老城扩展到整个聚落体系，并与郊野景观及山水环境相结合②。

综观既有研究，其对老城衰落原因的看法都较为近似，归纳起来不外乎以下两个方面：①"新旧分离"原则正确，但确实导致了老城的衰落；②不论是主张老城融入新城，还是主张新城融入老城，实现的手段都是培养新的城市机能，即旅游业。姑且不论上述第一条是否符合事实，仅就第二条而言，实际上是给老城区强行置换一套前所未有的功能，如此老城区能否继续称为"老"城也是一个值得探讨的问题。另外，上述观点也与现实经验相抵触。首先，现实中在"新旧分离"之后保护和发展得较好的例子并不鲜见，如平遥和丽江。其次，据调查，绝大多数赴样本城镇参观的游客都为省内一日游，其在老城区的消费基本就是一顿午餐，而该区域提供的餐饮服务以廉价的地方小吃为主，同时主要商业街的沿街商铺也以小卖部、五金杂货店等为主，事实上，这已经是当地政府大力开展旅游开发后的结果。可想而知，以当地目前孱弱的旅游、商业发展水平，即便继续强行进行开发与升级，其等级与体量仍远远不能满足老城保护与发展的需求。由此，则难免会产生疑惑："新旧分离"是否会导致历史城区的衰落？培育新产业，如旅游业是不是挽救老城的"灵丹妙药"？

那么，究竟是何种原因造成了样本城镇老城今日的"困局""危局"？

城市是一个空间范畴，在这一前提下，上述两个问题本质上是同一的——借用列斐伏尔的空间理论，人类生活的空间是文化的"空间实践"产物，是物理空间、社会空间、精神空间的辩证统一。一方面，文化"将自身投射到空间里，在其中留下烙印，同时又生产着空间"③；另一方面，"人们为了发展自身，发展他们的社会生活和变化，就需要一种相对稳定的场所体系"④。这就

---

① 白少甫：《韩城古城保护与利用中的传统商业空间建构研究》，西安建筑科技大学 2014 年硕士学位论文。

② 刘冠男：《人居视野中的韩城历史环境保护研究》，清华大学 2014 年硕士学位论文。

③ E. W. Soja, *Thirdspace: Journeys to Los Angeles and Other Real-and-Imagined Places*, Oxford: Wiley-Blackwell, 1996, p.45.

④ 王建国：《城市设计》，南京：东南大学出版社，2004 年，第 205 页。

决定了文化空间不只是被动地接受塑造，人类实践赋予它特定的格局与规则，"作为过去行为的结果，迎接新的行为的到来，同时暗示一些行为，禁止另一些行为"①，从而能动地反作用于社会文化的构造。由此，"城市文脉"的本质可理解为文化实践与空间的交互作用在时间中的延异，即必须从历史角度考察人与城镇的关系，或者城镇对人的价值——与日常的"价值"不同，这里更接近于舍勒价值学说中的"价值样式"②：在初建之时，城镇在人们眼中不过是普通的人造事物。人们在使用中会尽量维持其基本功能；世代更替，在人们的主观认识中，古老的房舍与街景代表了宗族身份认同的先辈遗物，蕴藏着与先祖之间的血缘纽带，感官价值由此进化为"作为身体总体广延"的生命价值，人们开始自发对其进行修缮维护；千百年后，人们逐渐意识到这些遗构具有精神层面的"有用性"，进而制定法令规章，以保护该类社会性的文化财产，其中又有一部分具有较高知性与反思精神的人认识到在这种精神价值中还蕴含着一种近乎神圣的体验——作为古代人类创造的最大的文化遗产，城镇就是人的圣殿，从中可以窥到人性对自然的改造、理解。人性借助城镇完成了对时间的超越，在古往今来奔涌不息的人性之流中，往昔、当下与未来得到共现，"我们死去了，但我们将生命传了下去。我们和子孙后代享有一个共同的生命"③。

显然，历史城镇的价值包含终极意义上的"工具性"。马克思认为："人不仅像在意识中那样在精神上使自己二重化，而且能动地、现实地使自己二重化，从而在他所创造的世界中直观自身。"④奥地利的建筑保护运动先驱李格尔则将其界定为"岁月价值"，能够作为"我们自己也是其沿革中的一部分的人类历史长河的证据，作为早已存在并于我们很久之前就被创造而成的作品吸

---

① H. Lefebvre, *The Production of Space*, Trans. by D. Nicholson-Smith, Oxford: Wiley-Blackwell, 1991, p.11.

② 马克斯·舍勒的价值现象学将价值按照由低级到高级划分为感官价值、生命价值、精神价值和神圣价值四种样式，分别源自感性、生命、心灵、精神四方面的意向感受。

③ （美）霍尔姆斯·罗尔斯顿著，刘耳、叶平译：《哲学走向荒野》，长春：吉林人民出版社，2000年，第98页。

④ 中共中央马克思恩格斯列宁斯大林著作编译局：《1844年经济学哲学手稿》，北京：人民出版社，2014年，第54页。

引着我们"①。

然而，时至今日，历史城镇所拥有的这种终极性的工具价值却似乎难以为继，"自我确证"褪变为"自我厌弃"。显然，由于某种原因，历史城镇曾经的价值已失去原有的内涵，呈现"虚无化"状态，于是，在人们潜意识的价值判断中理所当然地被定性为"无价值之物"。鉴于此，要使历史城镇以"有益而庄严的样子传给我们的后代"②，并在现代社会中得到进一步的发展，关键在于充实价值真空，使其获得"存在合理性"。当然，形而上的推衍并不能解决形而下的问题，是故，必须立足事实，探寻这种价值虚无的具体表现及原因。

历史城镇是一种复合体，它同时拥有城市和文物的属性与特点，因此，在面对该类对象时，决策者既不能像对待现代城市那样只考虑发展，又无法如处理"死"遗址一般仅实施保护。事实上，这一问题必须辩证地看待。由于该类文化遗产的特殊性质，发展与保护其实是一而二、二而一的关系，即筹划发展的时候不能脱离保护，反之，讨论保护的时候也不应忘记发展。需要强调的是，与常说的"取得保护与发展的平衡"不同，对于历史城镇而言，保护铸就发展，发展植根保护，两者互为表里，辩证统一。这一认识应当作为思考历史城镇问题的起点。因此，不论是"新旧分治"，还是城镇化、房地产、旅游开发，都只是问题的浅层，而非老城保护不力、发展乏力的深层原因。老城正在经历的保护"危局"与发展"困局"，实质上反映出的是一种城市功能上的"失衡"和"失序"。一方面，作为昔日区域政治中心、文教中心、商业中心、居住中心的老城逐渐边缘化、城中村化，其政治与文教功能基本消失，商业与居住功能随之大幅弱化，整体功能的有机平衡被打破；另一方面，某些地方政府部门以城市发展中往往最不重要的旅游功能为抓手，大搞开发，大兴土木，实在无异于舍本逐末，隔靴搔痒。所有这些都表现出决策部门在对老城区的城市定位的理解上存在误区，继而导致在发展策略与保护措施方面的短视和

① A. Riegl, The Modern Cult of Monuments: Its Essence and Its Development. In N. S. Price, et al., *Historical and Philosophical Issues in the Conservation of Cultural Heritage*, Los Angeles: Getty Conservation Institute, 1996, pp.69-83.

② W. Morris, The Manifesto of the Society for the Protection of Ancient Buildings. In L. Smith, *Cultural Heritage Volume 1: History and Concepts*, London: Routledge, 2007, p.113.

急功近利。

综上所述，倘若能够从城市的本质属性出发来思考，实事求是地、辩证地审视现状，那么纷乱的表象会渐次褪去，问题的实质则会逐渐显现。本书认为，老城区保护与发展问题的实质在于以下几点。

第一，老城区固有居住功能的退化是影响其保护与发展的根源。刘易斯·芒福德在《城市发展史——起源、演变和前景》中指出，城市拥有两种基本属性：磁体（圣祠、集市）和容器（居住区），在其起源及发展初期，两种基本属性都可能一度占据主流，但随着定居规模的扩大，容器属性越发明显[①]，也就是说，"容器"，即"居住"才是城市的固有功能——倘若一座城市有且仅有这项功能，或许难以称得上一座发达的城市，而一旦失去该功能，即便其他功能仍得到保留，也不复为一座城市了。老城区居住功能的退化主要表现如下：建筑本体方面，大部分传统住宅年久失修，出现如承重木构件糟朽、开裂，屋面塌陷，瓦件破碎、缺失，墙面酥碱、空鼓、起翘、开裂，地面起伏、积水，地基下沉等病变，甚至发展为危房。同时，房屋内缺乏必要的现代生活设施，如目前城中大部分住宅使用的都是旱厕，尚未埋设专用排水管线，排水方式仍为雨污合流，导致在降水较多的夏秋季节内涝多发。建筑环境方面，城镇内街巷脏乱，公共卫生较差，居民私自搭建各类构筑物，电力及通信管线架空敷设，布局凌乱，再加上缺乏必要的消防设施，安全隐患极大（特别是近年来，如云南丽江、湖南凤凰、河北正定、云南独克宗、贵州报京、浙江石板巷、山西义井等国内多处古城、古街、古村发生火灾，均造成了难以挽回的损失）。上述问题直接造成城内居民居住质量下降，人口"空心化"，年轻居民及具备一定经济条件的居民通常选择迁居至新城区，城内留下的大多属于老弱妇孺等低收入或弱势人群，可以说，仅以城内现有的居民基础难以支撑任何可持续的传统建筑修缮与更新机制，也就必然造成保护与发展相互掣肘的局面。

第二，相应法规的缺失令老城区传统风貌建筑的保护与更新无据可依。虽然《中华人民共和国文物保护法》（2017 年）第五条明确规定"中华人民共和国境内地下、内水和领海中遗存的一切文物，属于国家所有"，但在现实操作

---

① （美）刘易斯·芒福德著，宋俊岭、倪文彦译：《城市发展史——起源、演变和前景》，北京：中国建筑工业出版社，2015 年，第 9 页。

中，不论国家层面，还是地方层面，其保护行为的实现所依托的都是文物保护单位制度，即唯有被定级的文物，才有获得分配对应保护资源（资金、人力）的权利。如此一来，像上文所述的传统风貌建筑一类，因不属于任何级别的文物保护单位，其处境十分尴尬。一方面，这些建筑不在当地文物部门的保护目录中，意味着基本不会分配到任何保护资源；另一方面，当地居民在翻修住宅的时候，或者根本意识不到其潜在的文物价值，或者意识到了，但却不知该如何恰当地进行修缮。城镇的传统风貌，就在这种漠视与迷惘中逐渐消逝。

第三，管理体制问题加剧了老城区文物建筑保护的困境。以韩城为例，老城区的专业文物保护机构仅金城区文物保护管理所一家，编制为 15 人，实际在编人员仅有 6 人，就城内丰富的文物资源而言，人手远远不足。此外，城中的全国重点文物保护单位、省级文物保护单位及84处古民居、60处古商铺等文物建筑，原先全部由文物保护管理所管辖，后随着机构调整，除北营庙、九郎庙、状元楼三处外，其余文物全部划归古城管委会下属的博物馆。近几年，管委会又将一部分文物建筑的产权售予某文投集团作房地产开发之用，而该集团接手之后即在狮子巷、弯弯巷、隍庙街、九郎庙巷等地大拆大建。总之，目前老城区的保护管理机制所表现出的是"混乱"与"倒挂"。一方面，多头管理造成令出多方，不但削弱了专业文物保护机构的权威，也耗费了本就不足的公共资源；另一方面，由旅游部门统管文物保护事业，必然会导致文物安全向旅游开发让路等本末倒置的错误做法。

显然，在上述三项原因中，第一项是根本原因，第二项制约了第一项的改善，而第三项则加剧了第一项的恶化，这三者组成了一个彼此呼应的复合体，导致任何单方面、单维度的改善努力都无法成功。事实上，根据我们在调研中的所见，这三项原因在整个陕西省普遍存在，即使放眼全国，也具有相当的普适性。因此，可以说，这三项原因共同代表了问题的核心实质。遗憾的是，关于这一点在迄今为止的各项研究中鲜有论及。

承上，不同于既有研究中的主流观点，本书认为，不论是"新旧分离"还是"新旧同治"，与老城区的衰退没有必然联系，虽然"新旧分治"在客观上可能有利于略微减少大拆大建的发生（视乎地方政府的"决心"），但对当地居民的私拆乱建依然无能为力，个体行为尽管看起来规模小，但天长日久积少成多，量变终会引发质变。当我们摒弃了非此即彼的定式思维时，则会发现问题的症结在于城市固有居住功能的消解与退化，管理体制的混乱加剧了这一问题，同时任何改善现状的尝试都面临无法可依的窘境。理解了这一点，也就自然明白在这种情况下，发展旅游无异于缘木求鱼——毕竟对任何一座现代城市而言，其"容器"属性必然大于"磁体"属性。如此一来，解决这类问题的基本思路也就呼之欲出了。

第一，在指导思想上，既不能"以新入旧"，也不宜"以旧入新"，而应强调新旧城区平等发展，先修复固有的"容器"属性，再考虑附加的"磁体"属性，让旧城区成为古迹丰富、环境优美、设施便利的传统风貌住宅区和商业区，成为整座城市机体不可分割的一部分，兼具历史与活力的功能模块。

第二，在实现步骤方面，可划分为三个阶段——第一阶段为破坏遏止阶段，主要通过改革管理体制、加强针对性立法、开展系统研究来为保护更新扫清障碍、夯实基础；第二阶段为肌理修复阶段，主要通过维护、修缮危旧房屋，以及整治街巷环境来保持城区的传统建筑比例；第三阶段为有机更新阶段，主要通过科学引导、鼓励居民在新建或翻新住宅时遵循传统建筑风格与工艺特点，进一步恢复城市历史风貌。考虑其间有较长的时间跨度，建立相应的长效机制也就十分必要。

第三，针对未定级传统建筑进行相应的保护立法是实现旧城区历史肌理修复的关键抓手。

第四，必须清楚，保护与发展的最终目标永远是"人"。有些地方政府在这一点上常常本末倒置，一方面放任居民住宅衰朽，另一方面热衷于在街道上安置华而不实的灯光设备、兜售千篇一律的纪念品。历史城区的保护与更新应立足于服务当地居民，而非外地游客，只有以居民的全面发展为目标，才是符合科学发展观的、真正的"以人为本的城镇化"。

第五，在实际操作中必须依赖一些具体的举措，包括但不限于以下几个方面。

一是立法先行。如上文所述，历史城镇保护的关键是阻止对非文物保护单位传统建筑的破坏，目前虽然尚未出台相应的国家法规，但有关部门已经认识到该问题可能带来的严重后果。例如，2017 年国家文物局专门下发了《关于加强尚未核定公布为文物保护单位的不可移动文物保护工作的通知》，要求各省、自治区、直辖市文物主管部门加快对该类文物的登记和认定工作，并完善出台相关法规，同时加强巡视，严防各类人为破坏等。可见，至少在国家层面，该问题已受到相当重视，有鉴于此，地方当局更应顺势为之，积极出台相应的保护规定，彻底改变保护与更新无法可依的现状。

二是理顺管理体制。据了解，当前至少在整个陕西省境内，地级市、县一级普遍出现了文物部门与旅游部门合并的趋势。为了避免重蹈覆辙，如多头领导、外行指导内行、文物保护为旅游让路等，各地应设置专门的古城区保护机构，并拥有对该区域内各种违法利用行为的执法权，以及时遏止人为破坏的发生。

三是学界应运用类型学的方法，系统研究当地传统民居建筑的材料、形制、营造方式、时代特征等，为保护及更新提供详尽可靠的技术依据。

在以上三步工作的基础上，开展传统风貌建筑的保护与更新工作，同时积极引导、鼓励居民在新建住宅或翻修旧宅时以传统建筑为模板，并逐步改善城区内环境与基础设施。

总之，"新旧分治"模式既非众善之首，亦非万恶之源（"新旧同治"模式亦同此理），历史城区衰落的根源不在于某种发展模式，而在于固有城市功能的消解与劣化；改善的方法也并非依靠培育新的机能（如旅游产业），而是在尊重历史传统的前提下，在加强立法、改善体制的基础上，逐渐恢复其固有功能，以人为本，实现保护与发展的融合，也只有认识到这一点，才能避免在即将到来的新型城镇化时代举棋不定、进退失据。

参 考 文 献

一、方志

道光《神木县志》，清道光二十一年（1841年）刻本。

道光《石泉县志》，清道光二十九年（1849年）刻本。

道光《增修怀远县志》，清道光二十二年（1842年）刻本。

光绪《麟游县新志草》，清光绪九年（1883年）刻本。

光绪《旬阳县志》，清光绪二十八年（1902年）刻本。

康熙《米脂县志》，清康熙二十年（1681年）刻本。

（唐）李吉甫撰，贺次君点校：《元和郡县图志》，北京：中华书局，1983年。

民国《横山县志》，民国十八年（1929年）石印本。

民国《同官县志》，民国三十三年（1944年）铅印本。

乾隆《韩城县志》，清乾隆四十九年（1784年）刻本。

神木县《高家堡镇志》编纂委员会：《高家堡镇志》，西安：陕西人民出版社，2016年。

二、中文著作

（美）C. 亚历山大、S. 伊希卡娃、M. 西尔佛斯坦等著，王昕度、周序鸿译：《建筑模式语言：城镇·建筑·构造》（下），北京：知识产权出版社，2002年。

（美）爱德华·格莱泽著，刘润泉译：《城市的胜利：城市如何让我们变得更加富有、智慧、绿色、健康和幸福》，上海：上海社会科学院出版社，2012年。

湖南省文物考古研究所：《濂溪故里——考古学与人类学视野中的古村落》，北京：科学出版社，2011年。

金其铭：《农村聚落地理》，北京：科学出版社，1988年。

（美）凯文·林奇著，方益萍、何晓军译：《城市意象》，北京：华夏出版社，2001年。

（美）克莱尔·库伯·马库斯、卡罗琳·弗朗西斯著，俞孔坚、孙鹏、王志芳等译：《人性场所——城市开放空间设计导则》（第二版），北京：中国建筑工业出版社，2001年。

（加）梁鹤年：《旧概念与新环境：以人为本的城镇化》，北京：生活·读书·新知三联书店，2016年。

（美）刘易斯·芒福德著，宋俊岭、倪文彦译：《城市发展史——起源、演变和前景》，北京：中国建筑工业出版社，2015年。

卢渊：《陕北米脂传统石雕技艺与传统建筑环境的共生性保护、利用研究》，天津：天津大学出版社，2016年。

（美）霍尔姆斯·罗尔斯顿著，刘耳、叶平译：《哲学走向荒野》，长春：吉林人民出版社，2000年。

吕静：《陕北史城研究》，北京：文物出版社，2014年。

（德）马克斯·舍勒著，倪梁康译：《伦理学中的形式主义与质料的价值伦理学——为一种伦理学人格主义奠基的新尝试》，北京：商务印书馆，2011年。

（英）迈克·詹克斯、伊丽莎白·伯顿、凯蒂·威廉姆斯编著，周玉鹏、龙洋、楚先锋译：《紧缩城市——一种可持续发展的城市形态》，北京：中国建筑工业出版社，2004年。

（英）尼格尔·泰勒著，李白玉、陈贞译：《1945年后西方城市规划理论的流变》，北京：中国建筑工业出版社，2006年。

浦欣成：《传统乡村聚落平面形态的量化方法研究》，南京：东南大学出版社，2013年。

阮仪三、王景慧、王林：《历史文化名城保护理论与规划》，上海：同济大学出版社，1999年。

王建国：《城市设计》，南京：东南大学出版社，2004年。

王莉、于长飞：《陕北近代建筑研究》，西安：西北工业大学出版社，2015年。

王昀：《传统聚落结构中的空间概念》，北京：中国建筑工业出版社，2009年。

（美）威廉·H. 怀特著，叶齐茂、倪晓晖译：《小城市空间的社会生活》，上海：上海译文出版社，2016年。

吴敏：《凤山楼——聚落考古视角中的粤东古村落》，北京：社会科学文献出版社，2019年。

中共中央马克思恩格斯列宁斯大林著作编译局：《1844年经济学哲学手稿》，北京：人民出版社，2014年。

三、英文著作

B. Michael，*Rural Settlement in an Urban World*，London：Croom Helm，1982.

D. Farr，*Sustainable Urbanism：Urban Design with Nature*，New York：John Wiley & Sons，2007.

E. W. Soja，*Thirdspace：Journeys to Los Angeles and Other Real-and-Imagined Places*，Oxford：Wiley-Blackwell，1996.

H. Lefebvre，*The Production of Space*，Trans. by D. Nicholson-Smith，Oxford：Wiley-Blackwell，1991.

L. Smith，*Cultural Heritage，Volume 1：History and Concepts*，London：Routledge，2007.

N. S. Price，M. K. Talley，Jr.，A. M. Vaccaro，*Historical and Philosophical Issues in the Conservation of Cultural Heritage*，Los Angeles：Getty Conservation Institute，1996.

R. B. Mandal，*Systems of Rural Settlements in Developing Countries*，New Pelhi：Concept Publishing Company，1989.

W. Rybczynski，*Makeshift Metropolis：Ideas About Cities*，New York：Scribner，2010.

四、中文论文

白少甫：《韩城古城保护与利用中的传统商业空间建构研究》，西安建筑科技大学 2014 年硕士学位论文。

苌笑：《漫川关古镇空间形态演化及其空间规律研究》，西安建筑科技大学 2015 年硕士学位论文。

邵耿豪：《论经制兵制度下的传统粮台》，《军事历史研究》2004 年第 4 期。

何依、李锦生：《明代堡寨聚落砥洎城保护研究》，《城市规划》2008 年第 7 期。

黄家平、肖大威、魏成等：《历史文化村镇保护规划技术路线研究》，《城市规划》2012年第 11 期。

黄明华、王静：《韩城老城复兴与城市总体布局关系思考》，中国城市规划学会：《和谐城市规划——2007 中国城市规划年会论文集》，哈尔滨：黑龙江科学技术出版社，2007 年。

李严：《明长城"九边"重镇军事防御性聚落研究》，天津大学 2007 年博士学位论文。

李琰君、马科、杨豪中：《刍议陕南传统民居建筑形态及对应保护措施》，《西安建筑科技大学学报》（社会科学版）2012年第4期。

李玉红：《城市化的逻辑起点及中国存在半城镇化的原因》，《城市问题》2017年第2期。

刘冠男：《人居视野中的韩城历史环境保护研究》，清华大学2014年硕士学位论文。

刘临安、王树声：《对历史文化名城"新旧分离"保护模式的再认识——以历史文化名城韩城与平遥为研究案例》，《西安建筑科技大学学报》（自然科学版）2002年第1期。

吴朋飞、李令福：《从本体保护到环境保护——以历史文化名城韩城为例》，《西北民族研究》2006年第4期。

相虹艳：《神木地区高家堡镇传统街区及其文化的延续性研究》，西安建筑科技大学2007年硕士学位论文。

闫杰：《陕南民居建筑及其文化特征》，《四川建筑科学研究》2009年第4期。

袁占钊：《陕北长城沿线明代古城堡考》，《延安大学学报》2000年第4期。

张彬：《功能转变下的韩城古城传统风貌延续的研究》，西安建筑科技大学2014年硕士学位论文。

张明辉、黄明华：《新旧分离，"分"而"不离"——对韩城未来城市发展的思考》，《城市时代 协同规划——2013中国城市规划年会论文集》，青岛：青岛出版社，2013年。

赵勇、唐渭革、龙丽民等：《我国历史文化名城名镇名村保护的回顾和展望》，《建筑学报》2012年第6期。

钟运峰：《蜀河聚落形态及传统建筑研究》，《四川建筑科学研究》2014年第2期。

五、英文论文

A. Hitthaler, Urbane Resilienz: Eine Strategie Zur Erhaltung Historischer Siedlungen und Ortskerne? *Die Denkmalpflege*, Volume 79, Issue 2, 2021, pp. 116-122.

P. Liao, N. Gu, R. R. Yu, et al., Exploring the Spatial Pattern of Historic Chinese Towns and Cities: A Syntactical Approach, *Frontiers of Architectural Research*, Volume 10, Issue 3, 2021, pp. 598-613.

P. Pedrycz, Form-based Regulations to Prevent the Loss of Urbanity of Historic Small Towns: Replicability of the Monte Carasso Case, *Land*, Volume 10, Issue 11, 2021, pp. 1-23.

Q. Liang, G. Wang, The First Exploration to Traditional Style Protection of the Historic Villages and Towns, *Applied Mechanics and Materials*, Volume 357-360, 2013, pp. 1832-1835.